[STマイクロエレクトロニクス監修]

今どきプログラミング入門付き

定番STM32で始める IoT実験教室

JN107154

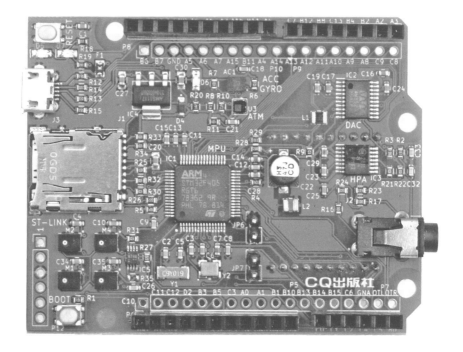

CQ出版社

目　次

※本書は，月刊「トランジスタ技術」2020年3月号の特集「世界スタンダード！ STM32Fマイコン教科書」
　および別冊付録1「IoT基本のキ！ STM32F Armマイコン・プログラミング・ガイドブック」に掲載され
　た記事を再編集し，新たな記事を加えたものです．

Introduction
IoT開発の入門レッスン

[著者] 大中 邦彦，[作画] 神崎 真理子

古今先生，僕もIoT機器を作ってみたいです

どんなものを作ってみたいのかな？

僕は玄関のチャイムが鳴ったらスマートフォンに知らせてくれるマシンが欲しいなぁ

私は外出先から，猫がどうしているかのぞいたり，部屋の温度がわかるものがほしいわ！

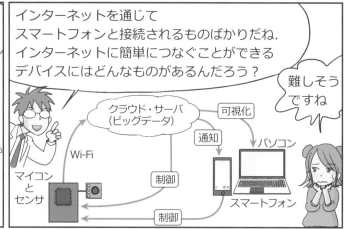

インターネットを通じてスマートフォンと接続されるものばかりだね．インターネットに簡単につなぐことができるデバイスにはどんなものがあるんだろう？

難しそうですね

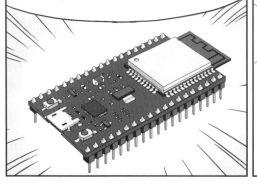

例えばこのESP32．見た目は普通のマイコンだけど，Wi-Fi（Bluetoothも）を内蔵しているから，簡単にインターネットに接続できるんだ．しかも1,000円以下！

これならお小遣いで買えちゃう

家の中にたくさん置けば，いつでも猫に話しかけられそうですね

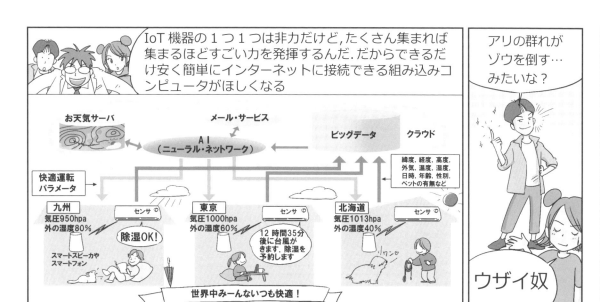

IoT 機器の 1 つ 1 つは非力だけど, たくさん集まれば集まるほどすごい力を発揮するんだ. だからできるだけ安く簡単にインターネットに接続できる組み込みコンピュータがほしくなる

アリの群れがゾウを倒す… みたいな？

ウザイ奴

お天気サーバ　　　　メール・サービス

AI
（ニューラル・ネットワーク）

ビッグデータ　クラウド

緯度, 経度, 高度, 外気, 温度, 湿度, 日時, 年齢, 性別, ペットの有無など

快適運転パラメータ

九州
気圧950hpa
外の湿度80%

センサ

除湿OK!

スマートスピーカやスマートフォン

東京
気圧1000hpa
外の湿度60%

センサ

12 時間35分後に台風がきます. 除湿を予約します

北海道
気圧1013hpa
外の湿度40%

センサ

ワン♪

世界中みーんないつも快適!

マイコンよりも高性能なシングルボード・コンピュータを使うという手もある. 代表格は Raspberry Pi（ラズベリー・パイ）！ Wi-Fi が搭載されているものを選べば, インターネットに簡単に接続できるよ. Wi-Fi 搭載でも 5,000 円以下で買える

ESP32 とはどういう違いがあるんですか？

Raspberry Pi は Linux OS も動く本格的なコンピュータで性能が高いんだけど, その分消費電力も大きめだ

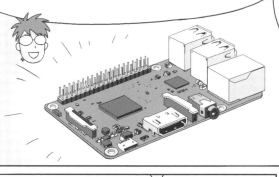

どうちがう？

ずしっ

屋外など電源が取れないところでは, ESP32 のような低消費電力のマイコンのほうが電池が長持ちする

そうか. 機能だけじゃなくて, 消費電力のことも考えないといけないんですね

ここからは, IoT 機器の作り方を学ぶぞ. 基本はマイコンを正しく制御するプログラミング技術だ

水やり装置

あさがお

カメラ

ESP32

ソースコード

デバイス

イントロ
基礎知識
実験の準備
プログラミング入門
本格実験
あれこれ実験室

[1時間目] IoTのキー・デバイス「マイコン」の基礎知識

まずはおさらい.
組み込み機器の中心
(頭脳)はマイコンだ.
何だかわかるかな?

炊飯器とかポットとか,
身の回りの家電の中に入
っている小さなコンピュ
ータのことですよね?

そのとおり!
マイコンは先生が子供の頃か
らある.目新しいものではな
いけれど,

高性能で安価な
マイコンが登場し
開発環境も充実して
きている

AIスピーカには
どんなマイコンが
入ってるんだろう?

このパッケージを64ピンQFPと
呼ぶ.QFPは
Quad(=4つの),Flat(=平面の),
Package(=容器)という意味だ

最近の注目株はこれ!
IoT機器でよく使われ
るARMコアを搭載し
た32ビット・マイコ
ンSTM32F405(STマ
イクロエレクトロニク
ス製)だ

端子が多すぎて
超ビビるっす

48・・・・・33

49　　　　　　32

64　　　　　　17

1・・・・・16

ピンには何を接続
するんですか?

まずは
電源だね

どうして同じ
端子が何個も
あるんです
か?

電流が1つの端子に集中すると電圧
が下がってしまったりして誤動作す
る.つまり,消費電流を分散させるのさ

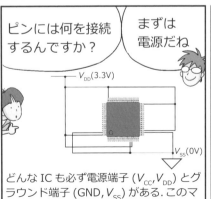

$V_{DD}(3.3V)$

$V_{SS}(0V)$

どんなICも必ず電源端子(V_{CC}, V_{DD})とグ
ラウンド端子(GND, V_{SS})がある.このマ
イコンは13, 19, 32, 48, 64番が電源端
子で,12, 18, 63番がグラウンド端子だ

電源が
13, 19, 32,
48, 64

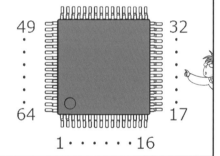

電圧

時間

電圧

時間

残りはパソコンとのインターフェースである USB 端子やスイッチ, LED, センサを接続する入出力端子だ

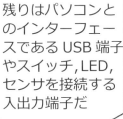

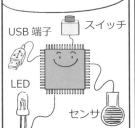

USB 端子　スイッチ
LED
センサ

STM32F405 を搭載したマイコン・ボード「ARM-First」は, マイコンの 50 番端子に 1kΩ の抵抗と LED が直列につながっている

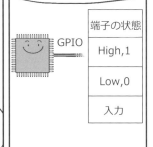

50 番
(GPIO の A15)

1kΩ

ARM
STM32F405

LED

GND

50 番端子は GPIO の A15 にあたる.
GPIO は General Purpose Input Output, つまり汎用入出力端子だ. LED やセンサ, スピーカを制御するとても重要な端子だよ

GPIO は, 内部の設定を切り替えることで信号を出力する端子として働かせたり, 入力する端子として働かせたりできる

GPIO

端子の状態
High,1
Low,0
入力

マイコン内部の切り替えはどうやってするの？

書き込むプログラムで設定するんだよ. 例えば MicroPython のプログラムだったらこんな感じで制御できる

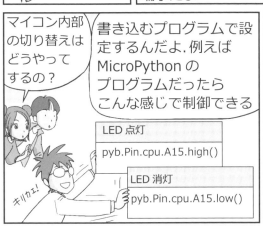

キリカエ

LED 点灯

pyb.Pin.cpu.A15.high()

LED 消灯

pyb.Pin.cpu.A15.low()

pyb.Pin.cpu.A15 は GPIO のうちの A15 という名前の端子を表している.

high() という関数を呼び出すと A15 端子, つまり 50 番端子の電圧が 3.3V になって LED が点灯するのさ

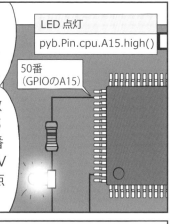

LED 点灯

pyb.Pin.cpu.A15.high()

50 番
(GPIO の A15)

low() 関数を呼び出せば 0V になって消えるんですね！

LED 消灯

pyb.Pin.cpu.A15.low()

50 番端子 (A15) が 0V になる

消灯

その通り！ high() や low() の代わりに, on() や off() を使ってもいい. こんな風に GPIO の端子から電圧を出力すれば, LED を点灯させたり他の電子回路に情報を伝えることができるんだ

各端子がどんな機能をもっているのか, どうやって調べるんですか？

データシートという仕様書に書かれているんだ. マイコン・ボードにも回路図や説明書が付いている

ST

STM32F405xx
STM32F407xx

ARM Cortex-M4 32b MCU+FPU,210DMIPS,up to 1MB Flash/192+4KB RAM,USB OTG HS/FS,Ethernet,17TIMs,3ADCs,15comm.interfaces&camera

Features

イントロ
基礎知識
実験の準備
プログラミング入門
本格実験
あれこれ実験室

GPIO 端子に信号を入力してみよう.
37 番端子にある GPIO の C6 を入力と
した場合, MicroPython のプログラム
からは, value() という関数を使えば
読み取ることができる

C6 端子の電圧が低ければ 0 が, 電圧が
高ければ 1 が読み取れる. C6 端子は
ARM-First の右上のコネクタに配線されて
いる. GND につなぐと 0 が V_{DD} に
つなぐと 1 が読み取れる

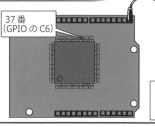

LED 消灯
pyb.Pin.cpu.C6.value()

37 番
(GPIO の C6)

GPIOをV_{DD} (3.3V) に接続すると
1が読み取れる

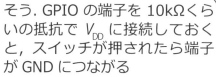

GPIOをGNDに接続すると
0が読み取れる

スマート・スピー
カの音量ボタンは,
この GPIO 端子に
つながっていたり
するんでしょうか
？

ON?
OFF?

そう. GPIO の端子を 10kΩ くら
いの抵抗で V_{DD} に接続しておく
と, スイッチが押されたら端子
が GND につながる
・スイッチが離れている間は高
　い電圧 (High)
・スイッチが押されている間は
　低い電圧 (Low)
が GPIO に入力される. これを
プルアップ方式という

value() 関数の結果が 1 なら
スイッチは押されていない, 0
なら押されている, と判断で
きるのですね？

0 と 1 が逆のほうが直感的に
わかりやすいけれど, 電気的に
は, このほうが作りやすい.
もちろん, スイッチと抵抗を入れ
替えたプルダウン方式を使えば
正論理のスイッチも作れる

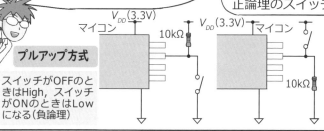

V_{DD} (3.3V)
マイコン
10kΩ

プルアップ方式

スイッチがOFFのと
きはHigh, スイッチ
がONのときはLow
になる(負論理)

V_{DD} (3.3V)
マイコン
10kΩ

プルダウン方式

スイッチがOFF
のときはLow, ス
イッチがONのとき
はHighになる
(正論理)

スイッチがたくさんある
と抵抗の配線がちょっと
面倒ね

どれなのよ～～

プルダウン抵抗
ON　OFF

マイコンは
プルアップ用と
プルダウン用の抵抗を
内蔵しているんだ

MicroPython の init()
関数を使うと内蔵の
プルアップ / プルダウン
抵抗を有効にできる

プルアップ抵抗を有効にする
pyb.Pin.cpu.C6.init(pyb.Pin.IN, pyb.Pin.PULL_UP)

プルダウン抵抗を有効にする
Pin.cpu.C6.init(pyb.Pin.IN, pyb.Pin.PULL_DOWN)

プルアップ, プルダウン抵抗を無効にする
pyb.Pin.cpu.C6.init(pyb.Pin.IN, pyb.Pin.PULL_NONE)

プログラムで内蔵
の抵抗をつないだ
り外したりできる
なんてすごいぜ

たくさんある GPIO 端子のうちどれが入力でどれが出力なんでしょうか？

「汎用入出力」っていう名前のとおり，入力端子として使うか出力端子として使うかは，自分で決められる

GPIO の内部には，入力バッファと出力バッファのペアが入っている．GPIO を出力端子として使いたいときは，出力バッファを有効にすればいいのさ．入力端子として使いたいときは無効にする

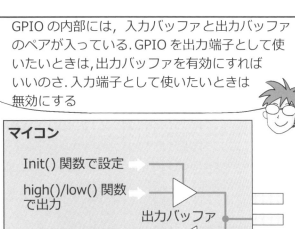

マイコン

Init( ) 関数で設定

high( )/low( ) 関数で出力

出力バッファ

value( ) 関数で読み取る

入力バッファ

入力と出力は init( ) 関数で設定できる．最初の引き数を IN にすれば，出力バッファは無効になって 入力モードになる．OUT にすれば，出力バッファが有効になって出力モードになる

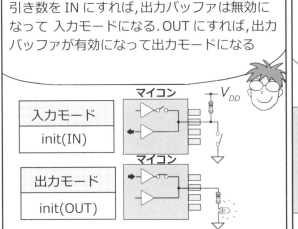

マイコン

入力モード

init(IN)

V_{DD}

マイコン

出力モード

init(OUT)

不用意に出力モードに設定すると，ショート事故に見舞われる．数十〜数百Ωの抵抗を直列に入れるのが常識的だ

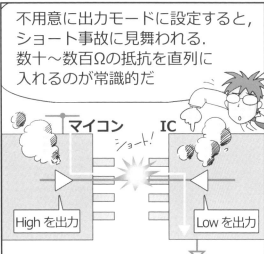

マイコン　　　　IC

ショート！

High を出力

Low を出力

GPIO の入力と出力がマイコン内部でつながってるってことは，High を出力しているときに，value( ) 関数で入力を調べたら 1 が読めたりして！

【GPIO の出力端子の入力値を調べる】

```
pyb.Pin.cpu.C6.init(pyb.Pin.OUT) # 出力モードに変更
pyb.Pin.cpu.C6.high() # High を出力
pyb.Pin.cpu.C6.value() # 1 が読める
pyb.Pin.cpu.C6.low() # Low を出力
pyb.Pin.cpu.C6.value() # 0 が読める
```

やってみよう！

入出力を読み取る value( ) 関数

よく気づいたね！その通りだ．プログラムを動かして実際に試して確認してみるといい

イントロ

基礎知識

実験の準備

プログラミング入門

本格実験

あれこれ実験室

[2 時間目] センサ等をつなぐ定番 I²C 通信

ADT7410 という温度センサ・モジュールを買ったら,「マイコンとあいにしーで接続せよ」と, 書いてありましたけど…

ああ, I²C(アイ・スクエアード・シー, またはアイ・ツー・シー) のことだね. マイコンにたくさんの周辺装置を接続するためのバスの規格だよ. I²C は通信方式もシンプルで, 消費電力も低いから IoT 機器にはもってこいだ

青精霊さん 温度を教えて!

あ, 自分あてだ

98℃です!

自分あてじゃないから黙っていよう

自分あてじゃないから黙っていよう

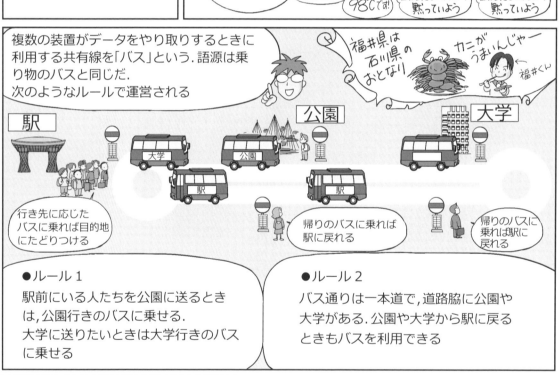

複数の装置がデータをやり取りするときに利用する共有線を「バス」という. 語源は乗り物のバスと同じだ.
次のようなルールで運営される

福井県は石川県のおとなり

カニがうまいんじゃー

福井くん

駅

公園

大学

行き先に応じたバスに乗れば目的地にたどりつける

帰りのバスに乗れば駅に戻れる

帰りのバスに乗れば駅に戻れる

●ルール 1
駅前にいる人たちを公園に送るときは, 公園行きのバスに乗せる. 大学に送りたいときは大学行きのバスに乗せる

●ルール 2
バス通りは一本道で, 道路脇に公園や大学がある. 公園や大学から駅に戻るときもバスを利用できる

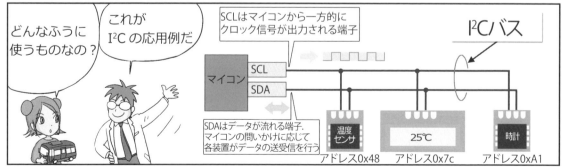

どんなふうに使うものなの ?

これが I²C の応用例だ

SCLはマイコンから一方的にクロック信号が出力される端子

I²Cバス

マイコン
SCL
SDA

SDAはデータが流れる端子. マイコンの問いかけに応じて各装置がデータの送受信を行う

温度センサ
アドレス0x48

25℃
アドレス0x7c

時計
アドレス0xA1

I²C バスの交通整理を行う親機を
「マスタ (master)」と呼ぶ

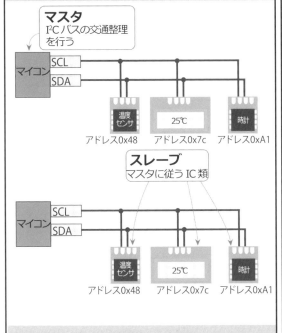

マスタ
I²Cバスの交通整理
を行う

マイコン
SCL
SDA

温度センサ　25℃　時計
アドレス0x48　アドレス0x7c　アドレス0xA1

スレーブ
マスタに従うIC類

マイコン
SCL
SDA

温度センサ　25℃　時計
アドレス0x48　アドレス0x7c　アドレス0xA1

マスタの指示に従って動くICを
「スレーブ (slave)」と呼ぶ

1つのマスタと複数のスレーブは,
・SCL(Serial CLock) というクロック信号線
・SDA(Serial DAta) というデータ信号線
の2本の信号線でつなぐ

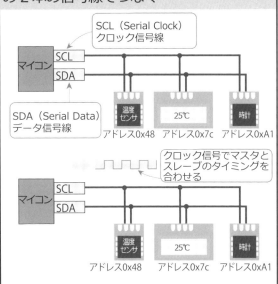

SCL（Serial Clock）
クロック信号線

マイコン
SCL
SDA

SDA（Serial Data）
データ信号線

温度センサ　25℃　時計
アドレス0x48　アドレス0x7c　アドレス0xA1

クロック信号でマスタと
スレーブのタイミングを
合わせる

マイコン
SCL
SDA

温度センサ　25℃　時計
アドレス0x48　アドレス0x7c　アドレス0xA1

SCL は, マスタ（マイコン）が出力する0と1
を一定のリズムで繰り返すクロック信号だ.
マスタとスレーブはタイミングを合わせて
会話をするんだ

スレーブ（温度センサIC）
から温度データを
取り出したいときは,
マスタ（マイコン）がSDA
に「アドレス 0x48 から読
みたい」という意味の
データ列 (10010001) を
出力する

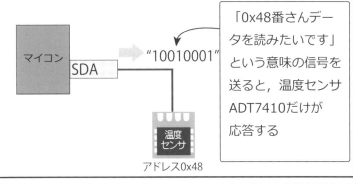

マイコン
SDA

"10010001"

「0x48番さんデー
タを読みたいです」
という意味の信号を
送ると, 温度センサ
ADT7410だけが
応答する

温度センサ
アドレス0x48

データ列を受け取った
スレーブ（温度センサIC）
は SCL のクロック信号に
タイミングを合わせて
SDA 信号線に温度データ
を出力する

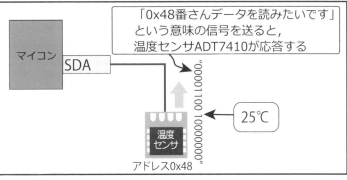

マイコン
SDA

「0x48番さんデータを読みたいです」
という意味の信号を送ると,
温度センサADT7410が応答する

"00001100 10000000"

25℃

温度センサ
アドレス0x48

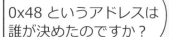

0x48 というアドレスは誰が決めたのですか？

A1	A0	Hex	J4設定	J3設定
0	0	0x48	オープン	オープン
0	1	0x49	オープン	ショート
1	0	0x4A	ショート	オープン

アドレスはメーカが決めていて,温度センサ ADT7410 には 0x48 が割り当てられている.ジャンパなどで変更できるものもある.使うときはデータシートを確認しよう

SDA の信号線は温度センサ以外の IC にもつながっているんですよね？両方が SDA 信号線に出力したらぶつかっちゃうんじゃないでしょうか？

複数のスレーブが同時にデータを出力するとショートして壊れてしまうかもしれない.だから,「SDA に出力して良いのはマスタが指定したアドレスに一致した IC だけ」という決まりがある.どれかが出力している間,他の IC は SDA をハイ・インピーダンス状態にして流れているデータを読むんだ.そして自分の番が来るのを待つ

GPIO を自分で制御して I²C バスを動かすのは難しそうだなぁ…

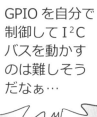

多くのマイコンは I²C バスを制御する専用ハードウェアを内蔵している

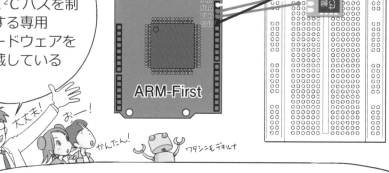

ARM-First は SCL と SDA の端子が出ているから,それを温度センサ ADT7410 に接続すればいい.温度センサにも V$_{DD}$ と GND を接続して電源を供給しておこう

I²C バス経由で ADT7410 の温度を表示する

```
from pyb import Pin, I2C
i2c = I2C(1, I2C.MASTER)
data = bytearray(2)
i2c.recv(data,addr=0x48)
num = (data[0] << 5 | data[1]
>> 3)
temp = num * 0.0625 if num < 4096
else (num - 8192)
* 0.0625
print(temp)
```

たったこれだけの配線で温度を測定できるんだ.あとは MicroPython でプログラムを書けば表示や制御も自由自在だ

[3 時間目] I²Cだけじゃない…アナログ信号の入出力

イントロ

基礎知識

実験の準備

プログラミング入門

本格実験

あれこれ実験室

音声などの自然量を電気信号にしたものをアナログ信号という. マイクに音声を入力すると, 音波が電圧（アナログ信号）に変わる

マイクが音波を受けると電圧が発生する

電圧 →時間

しゃべったり, 話を聞いたりするマシンを作るためには, アナログ信号を取り込んで処理しなければならないの？

温度センサ・モジュールの中はどうなっているんだろう

温度センサ・モジュールは, A-DコンバータとI²C通信回路を内蔵していて, 温度というアナログ信号をディジタル信号に変換してI²Cバスにデータを出力する

マイコンもA-Dコンバータを内蔵している.

A-Dコンバータはアナログ信号をディジタル (Digital) 信号に変換して電圧をディジタル化するんだ

アナログ信号　A-Dコンバータ　ディジタル信号　電圧が測れる

分解能が4ビットのA-Dコンバータなら, 基準電圧とGND(0V)の間の電圧を16段階（15等分）に分解して計測する. 基準電圧が3Vなら1段階が0.2Vだね

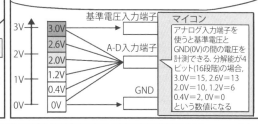

基準電圧入力端子　A-D入力端子　GND

マイコン
アナログ入力端子を使うと基準電圧とGND(0V)の間の電圧を計測できる. 分解能が4ビット(16段階)の場合, 3.0V=15, 2.6V=13 2.0V=10, 1.2V=6 0.4V=2, 0V=0 という数値になる

0.1V以下の信号は, 測れないんですか？

16 段階　4ビット
4096 段階　12ビット
65536 段階　16ビット

微小な電圧を測りたいときはもっと分解能の高いA-Dコンバータを使う. 12ビットなら3Vを4096段階, 16ビットなら65536段階に分解してくれる

ディジタル化するメリットはなんですか？

音声や温度がディジタル化されれば, SDカードに保存したり, サーバにアップしたりできる

ワタシニモアル

ディジタル信号をアナログ信号に変換するD-Aコンバータを内蔵したマイコンも多い

010010101

電圧 アナログ信号 →時間

D-Aコンバータ

自然量には「光の強さ」「温度」「圧力」「加速度」などさまざまなものがある. A-DコンバータやD-Aコンバータをディジタルで自在に扱えるようになると, IoT機器の応用範囲も広がるね

光の強さ　温度　圧力　加速度

[4時間目] IoT の神髄！ インターネット接続

マイコンをインターネット接続するには

インターネットに接続できなければ IoT 機器とは呼べない.
マイコンをインターネットに接続する方法は大きく分けて 3 つある

NOT IoT 機器　　IoT 機器

1 つ目は「有線 LAN」を使う方法だ. Raspberry Pi などは Ethernet ケーブルでルータに接続するだけでインターネットに接続できる.
有線接続は高速で安定した通信ができるけれど設置場所がルータの近くに縛られる

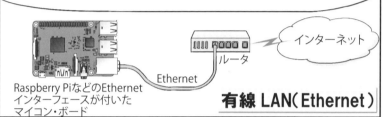

Raspberry Pi などの Ethernet インターフェースが付いたマイコン・ボード

Ethernet
ルータ
インターネット

有線 LAN (Ethernet)

屋外に置こうと思ったら電源だけじゃなくて Ethernet の配線もしないといけないんですね

ドローンのように自由に動き回る装置にも有線 LAN は向かない

2 つ目の方法とは「無線 LAN」だ.
君たちもスマホで Wi-Fi を使っているから, なじみがあるんじゃないかな. ESP や一部の Raspberry Pi のように Wi-Fi を持ったマイコン・ボードを使えば, アクセス・ポイントを経由してインターネットに接続できる

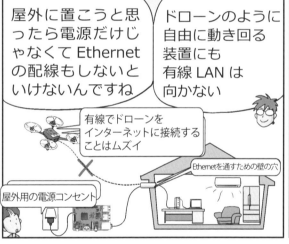

有線でドローンをインターネットに接続することはムズイ

Ethernetを通すための壁の穴

屋外用の電源コンセント

Wi-Fi
Wi-Fi アクセス・ポイント
インターネット

無線 LAN (Wi-Fi)

Wi-Fi が利用できない場所は多いですよね？
スマホみたいにどこでもつながる IoT 機器はどうやって作るのでしょうか？

IoT 機器をスマホと同じ「携帯電話の回線」に接続すればいいんだ. それが. 3 つ目の方法だよ. 携帯電話回線通信用のモジュールをマイコンに接続すればいい. 回線使用料を払う必要があるから, 契約情報が書かれたSIMを用意するのさ

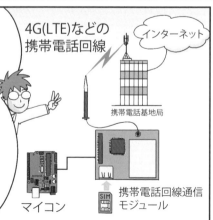

4G(LTE)などの携帯電話回線

インターネット

携帯電話基地局

マイコン

SIM

携帯電話回線通信モジュール

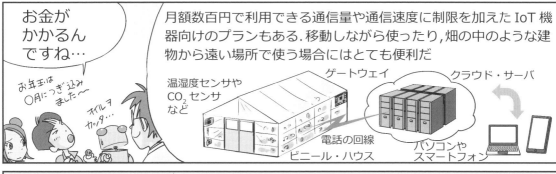

お金が
かかるん
ですね…

月額数百円で利用できる通信量や通信速度に制限を加えた IoT 機器向けのプランもある.移動しながら使ったり,畑の中のような建物から遠い場所で使う場合にはとても便利だ

温湿度センサや CO_2 センサなど

ゲートウェイ

クラウド・サーバ

電話の回線

ビニール・ハウス

パソコンやスマートフォン

ネット接続でやりとりするデータについて

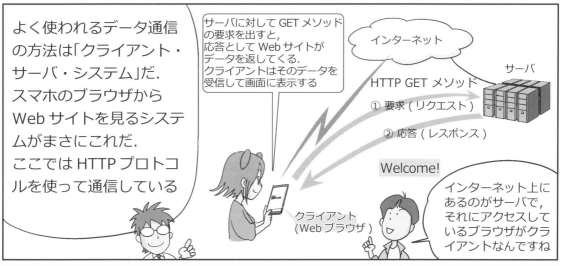

よく使われるデータ通信の方法は「クライアント・サーバ・システム」だ.スマホのブラウザからWeb サイトを見るシステムがまさにこれだ.ここでは HTTP プロトコルを使って通信している

サーバに対して GET メソッドの要求を出すと,応答として Web サイトがデータを返してくる.クライアントはそのデータを受信して画面に表示する

インターネット

サーバ

HTTP GET メソッド

① 要求(リクエスト)

② 応答(レスポンス)

Welcome!

クライアント(Web ブラウザ)

インターネット上にあるのがサーバで,それにアクセスしているブラウザがクライアントなんですね

そうだ.クライアント(client)は「依頼する人」,サーバ(server)は「要求に応じて答える人」という意味だ.HTTP プロトコルではクライアントからサーバにデータを要求する命令を GET(ゲット)メソッドと呼ぶ

サーバ

データをおくれよ〜

GET メソッド

クライアント

スマホだけでなく IoT 機器もクライアント・サーバ・システムを使うのが一般的だ.温度を測る IoT 機器がクライアントとなって定期的に温度データを送信して,サーバがそれを蓄積する.このサーバはスマホのブラウザからも接続できて,過去の温度変化をグラフにして表示できる

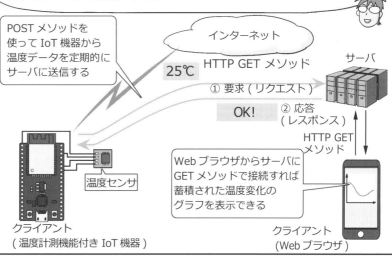

POST メソッドを使って IoT 機器から温度データを定期的にサーバに送信する

インターネット

25℃

HTTP GET メソッド

① 要求(リクエスト)

OK!

② 応答(レスポンス)

HTTP GET メソッド

サーバ

温度センサ

Web ブラウザからサーバにGET メソッドで接続すれば蓄積された温度変化のグラフを表示できる

クライアント(温度計測機能付き IoT 機器)

クライアント(Web ブラウザ)

IoT機器とサーバの間もHTTPプロトコルを使うんですか？

そうだ.
HTTPプロトコルは, 人間がWebサイトのページを見るために作られたもの. 今ではいろいろなものに応用されていて, IoT機器の通信にも利用されている

IoT機器はクライアントなのに温度を送る側で, サーバがデータを受け取る側なんですか？

通販サイトで名前や住所を入れると, サーバにデータが送信されるよね？ あれはHTTPプロトコルのPOST(ポスト)メソッドを使っている. POSTメソッドならクライアントからサーバに対して「データを送るから受け取って」と要求できるんだ

どちらがクライアントでどちらがサーバなのかはデータの流れる向きとは関係ない

IoT機器がサーバになる逆のパターンもある. IoT機器はクライアントからの要求を待ち, ブラウザなどのクライアントからアクセスがくると, そのときの温度データをクライアントに送信するんだ

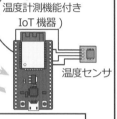

インターネット

サーバ
(温度計測機能付き
IoT機器)

HTTP GET メソッド
① 要求(リクエスト)
② 応答(レスポンス)
25℃

温度センサ

現在の
気温は
25℃です

クライアント
(Webブラウザ)

IoT機器をサーバにしてクライアントからGETメソッドで温度を取得する. サーバは要求があったときだけ動作すればよいので, IoT機器の消費電力や通信量を下げることができる

IoT機器はバッテリで動いていたり, 通信速度に制限がかかっていたりすることが多いよね. それに通信量が増えると利用料も高くなるから, 必要ないのに定期的に通信をするのは無駄だ

バッテリ　通信速度　利用料

こういうときは, IoT機器をサーバにして, クライアントから要求があるまで, おとなしく待っているほうが効率的なんだよ

何℃?　25℃や!

奥が深いな～

理屈だけじゃ面白くない！さっそく, マイコン・ボードを動かしてIoT開発を体験してみよう

第1部

世界の定番
STM32マイコンの
基礎知識

イントロ

基礎知識

実験の準備

プログラミング入門

本格実験

あれこれ実験室

第1章 STM32マイコンが世界標準になった理由

Armマイコンの代表格

新里 祐教　Hirotaka Niisato

STマイクロエレクトロニクスは，大手半導体メーカでは世界初となるArm Cortex-M搭載32ビット・マイコン「STM32」を2007年に発売しました．汎用マイコン市場でのシェアは，2007年当時3%未満でしたが，2018年には20%を超え，約10年で世界標準のArmマイコンになりました．なぜこれほどの人気製品になったのでしょうか？本稿ではその理由を紹介します．

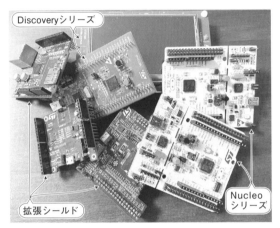

写真1　STM32Fマイコンの魅力1：千円台で入手できる開発ボードが各種販売されている
手持ちのSTM32Fボードと拡張シールド．左からEthernet Shield，SensorTile Shield，X-NUCLEO-IHM04A1デュアル・モータ・ドライバ，STM32F0 Discovery，STM32F7 Discovery，NUCLEO-F446RE，NUCLEO-F302R8

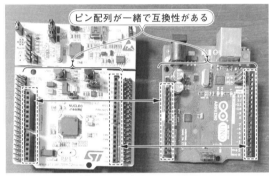

（a）NucleoとArduino UNO

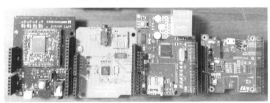

（b）Arduino用の拡張基板「シールド」

写真2　NucleoシリーズにはArduino UNO R3と同じピン配列の拡張コネクタが付いている
NUCLEO-F446RE，Arudino UNOはピン配列が同じ．拡張ボードも各種同じインターフェースなので，Arduino用のものでもNucleoで利用できる．拡張シールドは左からeVY1，MP3 Player，Ethernet Shield，SensorTile Shield

STM32Fは，STマイクロエレクトロニクスから発売されている32ビット・マイコンです．"F"はFoundationの頭文字から採られており[1]，本シリーズは，非常に多くの開発シーンで利用されています．私も，IoT向けの開発や電動自転車レース，ホビー向けのドローンでSTM32Fを利用しました．

STM32Fが人気を集めるのには，どういった理由があるのでしょうか？ここでは，STM32Fの魅力や利用するメリットについて紹介します．

理由その1： 開発ボードが入手しやすい

写真1に示すのは，私の自宅にあったSTM32Fの開発ボードNucleo，Discoveryと拡張シールドです．STマイクロエレクトロニクスは，DiscoveryとNucleoと呼ばれる2種類の開発ボードを提供しています．

特にNucleoシリーズは，IoT（Internet of Things）向けの展示会やイベントでSTマイクロエレクトロニクスが無料で配布していたり，2,000円以下と非常に安価に入手できたりするので，持っている開発者も多いと思います．私も気づいたら多くのSTM32F開発ボードが自宅にありました．

STM32Fは，STM32シリーズの中でもメイン・ストリーム〜高スペックに位置付けられています（図1）．特に高スペックな製品は，AI（ディープ・ラーニング/CNN）やGUIを動かすことができます．このような

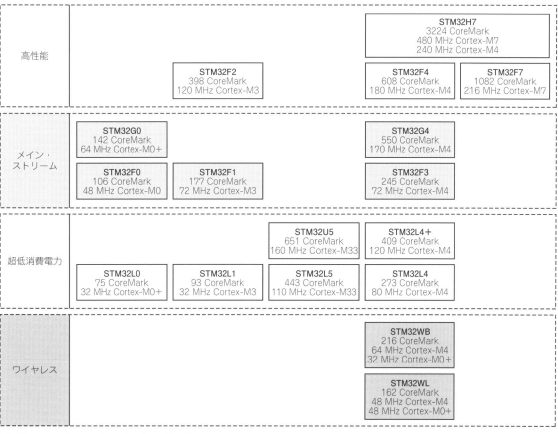

図1[(2)]　STM32シリーズのラインナップと用途
STM32Fは，STM32シリーズの中でメイン・ストリーム～高スペックに位置付けられている

高性能なマイコンを搭載したNucleoシリーズは，ほぼ原価と考えられる価格でSTマイクロエレクトロニクスから提供されています．より多くの開発者に面白い用途で使ってほしいというSTマイクロエレクトロニクスの思いが伝わってきます．

● Arduino UNO用の拡張基板をそのまま接続できる
　Nucleoシリーズには，**写真2**のようにArduino UNO R3と同じピン配列の拡張コネクタが付いているので，Arduino用の拡張基板「シールド」をそのまま接続できます．
　Arduino UNOは2005年から発売されて，数多くのシールドが発売されています．これらは，そのままNucleoでも利用できるので，既存の資産をそのまま流用できます．Arduinoで作成したアプリを高性能なSTM32Fで低コストに開発できるというのも，多くの開発者を惹きつける点です．

理由2：さまざまな無料の開発環境が用意されている

　STM32Fには，STマイクロエレクトロニクスが提供するSTM32CubeIDEをはじめ，無料で使える開発環境がいろいろと用意されています．私が主に利用している開発環境を**表1**に示します．
　Keilは，Arm純正コンパイラが付属した環境です．Armコアであればどのメーカのマイコンでも開発することができる統合環境です．STマイクロエレクトロニクスのほかにもNordic SemiconductorのnRFシリーズ，サイプレス セミコンダクタのPSoCなど，各メーカの製品を広くカバーしています．Keilは，無料で評価，利用できるものの，アプリ・データのサイズが32Kバイト以下に制限されています．
　System Workbench，PlatformIO，Arduino，mbedは，コードの制限無しで利用できます．ベースになっている開発環境も，それぞれEclipse，Visual Studio Code，Arduino IDE，Webブラウザと分かれています．自分の用途に合った開発環境を選んで無料で利用すれば良いでしょう．
　私は，もっぱらPlatformIOを利用しています．ライセンスがApache2なので，コードの再配布，開示，頒布，ライセンスの継承に制限がなく，自由に利用できます．ベースのVisual Studio Codeは，エディタや

表1 STM32Fマイコンの魅力2：無料の開発環境がいろいろ用意されている
私が主に使っているSTM32シリーズの開発環境

環境名	Keil	System Workbench	PlatformIO	Arduino IDE	mbed
開発・提供元	Arm	OpenSTM32/AC6	PlatformIO	Arduino	Arm
概要	Arm純正のコンパイラを含む開発環境	EclipseベースのSTM32向けGCC C/C++開発環境	VScodeベースの組み込み向け開発環境	主にArduino互換ボードが対象のC/C++開発環境	主にWeb上で開発を行うmbed向け開発環境
ライセンス	商用	GPL	Apache2	LGPL/GPL	Apache2
提供形式	ダウンロード	ダウンロード	ダウンロード	ダウンロード	ダウンロード・ブラウザ
制限	無償版で32Kバイト制限で利用可	なし	なし	なし	なし
対応OS	Windows	Windows/Linux/Mac	Windows/Linux/Mac	Windows/Linux/Mac	非依存(Webブラウザ上で動作)

図2 STM32Fマイコンの魅力3：開発者コミュニティが活発
コミュニティ・サイト(https://community.st.com/)では，プロダクトごとにグループが分かれていて，聞きたいグループに入って何でも質問できる．最新情報やイベント，技術的にわからない点について質問を上げるとコミュニティ内のエンジニアやSTマイクロエレクトロニクスのエンジニアが答えてくれる

写真3 STM32Fマイコン利用シーン1：電動自転車
鈴鹿サーキットでのEne-1グランプリのために製作した電動自転車．STM32F446をブラシレス3相モータの制御やスロットル・緊急停止などの制御で利用した

表2 STM32Fマイコンの魅力4：オープン・ソース・ライブラリが豊富
Platform IO上での各プラットフォーム別ライブラリ数(2019年12月16日現在)．STM32が利用できるライブラリ数が一番多い

プラットフォーム	STM32	Arduino	Espressif32	Atmel AVR	Intel
ライブラリ数	5247	3909	2453	2973	2176

コンパイル環境としても非常に使いやすく，多くの開発者の支持を集めています．

理由3：コミュニティが活発でわからないことはすぐ聞ける

　STマイクロエレクトロニクスは，**図2**に示すコミュニティ・サイトを運営しており，開発者は技術的な質問をしたり新しい情報を得たりできます．

　開発においてコミュニティの存在は大切です．多くの人は，開発でわからないことや知りたい情報を「まずググってみる」と思いますが，専門的な内容はなかなか見つかりません．そこで，同じような開発時の問題を共有できたり，メーカのエンジニアが直接答えてくれたりするコミュニティ・サイトの存在は，「なんでも聞けるところ」として非常に有用です．

理由4：オープン・ソース・ライブラリが豊富

　STM32Fは，有志が公開しているOSS(Open Source Software)のライブラリが非常に多いので，効率良く開発を進められます．

　表2に示すのは，PlatformIO上で検索すると出てくるプラットフォーム別ライブラリ数の比較です．Arduino，STM32の両方に対応するライブラリが一部重複していますが，STM32のライブラリ数が一番多い結果になりました．

　豊富にOSSライブラリがあるということは，それだけたくさんの技術者が使っていて，開発も活発な証拠です．

　私も組み込み用途向けに通信系のライブラリを公開していて，約30万ダウンロードされています．OSSライブラリの開発者としては，たくさん使ってもらってフィードバックをもらえるのは嬉しいものです．

広がる可能性

● その1：電動自転車
　実際にSTM32Fを使った事例をいくつか紹介しま

（a）キット全体

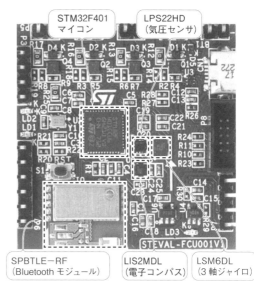

STM32F401
マイコン

基板には気圧センサや
3軸MEMSジャイロ,
電子コンパス,
Bluetoothモジュール
が搭載されている

STM32F401
マイコン

LPS22HD
（気圧センサ）

SPBTLE-RF
（Bluetooth モジュール）

LIS2MDL
（電子コンパス）

LSM6DL
（3軸ジャイロ）

（b）基板

写真4　STM32Fマイコン利用シーン2：ミニドローン開発キット
STM32F401を搭載したミニドローン・キットSTEVAL-DRONE01. コアレス・モータを制御してBluetooth経由でスマホ・アプリから操作もできる

す. まず最初に紹介するのは, 私が製作した単3乾電池40本で走る電動自転車です（**写真3**）.

STM32F446を使って, ブラシレス3相モータの制御, スロットルや緊急停止などを行うコントローラを製作しました. この自転車で鈴鹿サーキットで行われたEne-1グランプリに出場したところ, 順位は27チーム中24位でしたが, 自転車以外の部品を全て自作（インホイール・モータも手巻き）したのが評価されて, 技術賞をいただくことができました.

● その2：ミニドローン開発キット

STマイクロエレクトロニクスは, Discovery, Nucleoのような開発ボードのほかに, **写真4**に示すようなミニドローン開発キットSTEVAL-DRONE01を販売しています. 4個のコアレス・モータと飛行の制御にSTM32F401が使われています.

他にもインターネット接続機能を持つ開発キットも販売されています. STM32F413H Discoveryキットは, Wi-Fiに接続してAWS（Amazon Web Services）と連携したIoT端末を開発できます.

● その3：組み込みAI

深層学習を行った学習済みモデルをSTM32F上で動作させれば, センサと連携した組み込みAIマシンを開発できます.

開発には, STマイクロエレクトロニクスが提供するAI開発環境STM32Cube.AI（**図3**）が無料で使えます. Keras, TensorFlow, Caffe, Lasagneなど主要な深層学習プラットフォームの学習済みモデルに対応

Neural Networks on STM32

図3　STM32Fマイコン利用シーン3：AI開発環境「STM32Cube.AI」
STM32FM4, M7ではAIを動かすことができる. 無料で利用できるCube.AIを利用して組み込みAIの開発でも利用可能になっている

しています.

高い性能を持つSTM32Fを使えば, センサから取得したデータを使って, 深層学習から推論を行うことで, 加速度センサによる姿勢推定や気圧センサによる転倒検知, 音声認識なども可能です.

＊　＊　＊

32ビット・マイコンでSTM32Fを利用するときのメリットを挙げてきました. この他にも多くの利点・使いやすさを感じている読者の皆さんや開発者はいるでしょう. 本書を通じて, STM32Fのさらなる魅力を感じていただけたら幸いです.

◆引用文献◆
（1）STマイクロエレクトロニクス：STM32 Arm Cortex 32 bit マイクロコントローラ.
https://www.st.com/ja/microcontrollers - microprocessors/stm32 - 32 - bit - arm - cortex - mcus.html
（2）Maker.IO：Understanding STM32 Naming Conventions.
https://www.digikey.com/en/maker/blogs/2020/understanding-stm32-naming-conventions

イントロ
基礎知識
実験の準備
プログラミング入門
本格実験
あれこれ実験室

STM32マイコンの
基本思想&特徴

基本的な作りが同じなので用途に合わせて移行しやすい

原 文雄 Fumio Hara

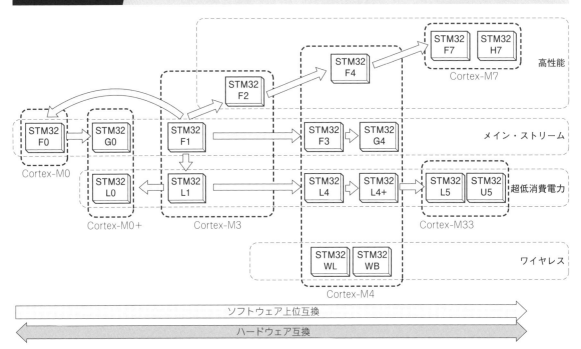

図1 STM32マイコンの各シリーズの位置付け

全体像

STM32は，英国Arm社のCortex-Mプロセッサを搭載する32ビット・マイコンです．STマイクロエレクトロニクスが開発しています．

従来，STマイクロエレクトロニクスは，ARMプロセッサ（ARM7など）を搭載したマイコンを製品化してきました．Cortex-Mの発表後，すぐに世界初のCortex-M搭載マイコンとしてSTM32をリリースし，2008年6月には量産を開始しました．

Cortex-Mプロセッサは，M3（Cortex-M3の略，以下同様）に始まり，M0，M0+，M4，M7，M33，M23とバリエーションが増えました．それに合わせてSTマイクロエレクトロニクスも，各Cortex-Mを搭載したSTM32マイコン・ファミリを発表しています．

2021年現在，STマイクロエレクトロニクスは，M23を除くほぼすべてのCortex-Mを搭載したマイコンを製品化しています（図1）．

基本思想

STM32マイコンの内部は，図2に示す構成になっています．Cortex-Mプロセッサや汎用DMAなどのバス・マスタやメモリなどのバス・スレーブは，バス・マトリクスを中心にデータのアクセスを行います．

ペリフェラルへのアクセスは，メイン・バスのAHBから，各周辺バスAPB1またはAPB2を介して行われます．APB1とAPB2は動作周波数が異なります．

この2つのバスには，同じ機能を持つペリフェラルがつながっていて，ユーザはバスの動作周波数を考慮して，どちらのペリフェラルを使うかを選択できます．動作周波数が高ければ，パフォーマンスは高くなりますが，電流が大きくなります．動作周波数が低いとパ

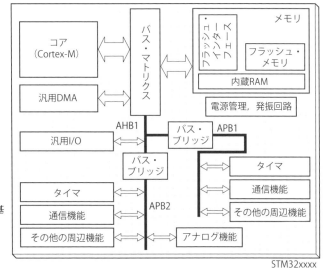

図2 STM32マイコンの基本内部回路
バス・マスタやメモリなどのバス・スレーブはバス・マトリクスを中心にデータのアクセスを行う

図中ラベル：コア（Cortex-M）、汎用DMA、汎用I/O、タイマ、通信機能、その他の周辺機能、バス・マトリクス、メモリ、フラッシュ・メモリ、内蔵RAM、電源管理，発振回路、バス・ブリッジ、AHB1、APB1、APB2、タイマ、通信機能、その他の周辺機能、アナログ機能、STM32xxxx

イントロ
基礎知識
実験の準備
プログラミング入門
本格実験
あれこれ実験室

フォーマンスは落ちますが，消費電流は抑えることができます．

STM32の各製品には発振回路(PLLを含む)や電源管理回路(PORやPDR)が搭載されているので，外付け部品点数を最小限に抑えることができます．

このように内部構成に一貫性を持たせ，Cortex-Mを搭載し，ピン配置に互換性を持たせてあるので，製品間の移行が容易で，共通プラットフォームとして使うことが可能です．

各シリーズの特徴

● 定番Cortex-M4搭載STM32F4シリーズ

STマイクロエレクトロニクスは，Arm社からCortex-M4が発表されると，いち早く製品に採用してSTM32F4シリーズをリリースしました．STM32F4は，STM32F1/F2の高機能版という位置付けです．ソフトウェア/ハードウェア互換性があるので，STM32F1/F2のユーザは容易に高性能のSTM32F4へ移行できます．

● IoT向け！ 低消費電力と性能を両立させたCortex-M4搭載STM32L4シリーズ

スピードと機能を落として低消費電力を実現する手法の常識を覆したのがSTM32L4シリーズです．Cortex-M4を搭載して高性能を実現しているにもかかわらず，8ビット/16ビット・マイコンよりも低い消費電力を実現しています．

これによりSTM32Lにローエンド，ミドルレンジ，ハイエンドの3製品シリーズがそろいました．従来の待機時電流はμAレンジでしたが，STM32Lの登場で，nAレンジまで下がりました．

● 性能とグラフィック機能を強化したCortex-M4搭載STM32L4+シリーズ

STM32L4+シリーズは，STM32L4の上位機種です．最大動作周波数は，120 MHzで150DMIPS/410Core Markの性能を達成しています．また，Runモード時の消費電流はもちろん，豊富な低消費電力モードにも対応しています．

● 低消費電力！ Cortex-M0+搭載STM32L0シリーズ

STM32F1が軌道に乗った後，STマイクロエレクトロニクスは，低消費電力マイコンであるSTM32L1を発表しました．さらに，Cortex-M0+を搭載したSTM32L0シリーズをリリースし，低コスト/低消費電力マイコンの市場に本格参入しました．

● ミクスト・シグナル・マイコンのCortex-M4搭載STM32F3とSTM32G4シリーズ

IoT時代のアナログ・センシングや，産業用モータ制御向けに開発されたマイコンがSTM32F3シリーズとSTM32G4シリーズです．STM32F3にはΔΣ ADCを搭載した製品があり，STM32G4には産業用途に必要とされる高分解能タイマや高機能エンコーダ・モジュールが搭載されています．高精度のアナログ・データやモータからの高速フィードバック信号を，Cortex-M4のDSP命令や浮動小数点命令を使って，素早く処理できます．

● Cortex-Mマイコンの元祖…M3搭載STM32F1 & 後継STM32F2シリーズ

Arm社によるCortex-M3の発表後，最初に製品化されたマイコンがSTM32F103です．日本では2008年ごろから販売が始まりました．その後，STM32F100/

101/102/105/107と，あっという間に5シリーズが追加されました．

STM32F1シリーズが順調に売り上げを伸ばす中，先進的な90nm不揮発性メモリ・プロセス上にCortex-M3を作り込むことで高速動作を可能にしたSTM32F2シリーズが発表されました．STM32F1シリーズと互換性が保たれていますので，ユーザは容易にSTM32F1からSTM32F2に移行できました．

● 低コスト！ Cortex-M0搭載 STM32F0シリーズ

高機能化と並行して，コスト重視のマイコンの開発も進めてきました．Arm社からCortex-M0が発表されると，STマイクロエレクトロニクスはSTM32F0シリーズをリリースしました．STM32F0は，32ビット・マイコンの性能を持ちながら8/16ビット・マイコンの価格帯を実現した低コスト・マイコンです．

● メイン・ストリームのエントリ・レベル！ Cortex-M0+搭載 STM32G0シリーズ

メイン・ストリームでCortex-M0+を搭載したマイコンがSTM32G0シリーズです．小型化も可能なエントリ・レベルのマイコンです．最大動作周波数は64MHzで，標準的なエントリ・レベルのマイコンからのアップグレードや，8/16ビット・マイコンの上位置き換えに最適です．

● プロセッサ級の超高性能！ Cortex-M7搭載 STM32F7シリーズ

STマイクロエレクトロニクスは，Arm社からCortex-M7が発表されると同時に，STM32F7シリーズを発表しました．

Cortex-M7は，今までのCortex-Mとは異なるアーキテクチャのスーパスカラ方式を採用しており，性能が格段に向上しました．さらにコアにL1キャッシュを内蔵し，命令とデータ処理の性能を向上させました．そこにSTマイクロエレクトロニクス独自のマルチバス・アーキテクチャとキャッシュを取り入れ，Cortex-M7の本来の性能を100％引き出すマイコンを開発しました．もちろん，これまでのSTM32と互換性があるので，ユーザは容易に置き換えが可能です．

● さらなる高速高機能へ！ Cortex-M7 & M4搭載 STM32H7シリーズ

STマイクロエレクトロニクスは，STM32F7の上位製品としてSTM32H7シリーズを発表しました．STM32H7はCortex-M7（最大480MHz）とCortex-M4（最大240MHz）を搭載したデュアル・コア・マイクロコントローラ，およびCortex-M7（最大550MHz）のみを搭載したシングル・コア・マイクロコントローラの

製品ラインです．デュアル・コアのSTM32H7は，内蔵スイッチング電源（SMPS）機能によりダイナミック電力効率を得ることができます．

● マルチプロトコル対応RFトランシーバ搭載！ Cortex-M4 & M0+搭載 STM32WBシリーズ

64MHzで動作するCortex-M4（アプリケーション・プロセッサ）および32MHzで動作するCortex-M0+（ネットワーク・プロセッサ）をベースとするSTM32WBは，Bluetooth 5.0およびIEEE 802.15.4のワイヤレス通信規格をサポートしています．

超低消費電力のSTM32L4と同じテクノロジで開発されているため，複雑な機能と長いバッテリ寿命の両立を要するアプリケーションに適したディジタル／アナログ・ペリフェラルを提供します．

● LPWA対応Sub-GHz無線トランシーバ搭載！ Cortex-M4 & M0+搭載 STM32WLシリーズ

STM32WLシリーズは，LoRaベースの低消費電力広域ネットワーク（LPWAN）に対応し，システム・オン・チップ（SoC）として提供される世界初のワイヤレス・マイコンです．Cortex-M4とCortex-M0+を搭載したデュアル・コア・マイクロコントローラ，およびCortex-M4のみを搭載したシングル・コア・マイクロコントローラの製品が提供されています．

無線変調方式としてLoRa，（G）FSK，（G）MSK，BPSKをサポートし，LoRaWAN，Sigfox，W-MBUSなどの通信プロトコルに対応します．

● セキュリティ機能と低消費電力を両立させた Cortex-M33搭載 STM32L5シリーズ

新しいCortex-M33を搭載し，STM32L4の低消費電力を継承したのがSTM32L5シリーズです．Arm TrustZone対応で，機密性の高い処理を完全に分離し，セキュリティを最大限に高めることができます．

● さらなる低消費電力とセキュリティ機能を実現！ Cortex-M33搭載 STM32U5シリーズ

STM32U5シリーズは，STM32L5シリーズの低消費電力とセキュリティ機能を継承した超低消費電力マイコンです．効率的な40nmプロセス技術と革新的な低消費電力機能により，全ての動作モードで消費電力を極限まで抑えています．

PSAおよびSESIP（Security Evaluation Standard for IoT Platforms）保証レベル3を対象としたハードウェア・ベースの保護機能を含み，AES暗号化アクセラレータと公開鍵アクセラレータ（PKA）により，電力差分分析（DPA）によるサイドチャネル攻撃をハードウェアで防止します．

Appendix 1

STM32マイコン早見図鑑

イントロ

基礎知識

実験の準備

プログラミング入門

本格実験

あれこれ実験室

① STM32F4：高性能な超定番！Cortex-M4

写真1　STM32F4シリーズの定
番STM32F411VET6

表1　仕様

項　目		仕　様
最高動作周波数		180 MHz
型名		STM32F401/410/411/412/405/407/415/417/423/427/429/437/439/446/469/479
ROM/RAM		2 Mバイト/384 Kバイト
通信	SPI	Quad SPI
	USB	USB 2.0 OTG（HS）
	オーディオ	シリアル・オーディオ・インターフェース，S/PDIF
画像		グラフィックス・アクセラレータ，LCD-TFTコントローラ，MIPI-DSI
外部メモリ・アクセス		SDRAMインターフェース

　定番Cortex-M4ベースで，最高動作周波数180 MHzのSTM32で最も定番のマイコン・シリーズです（写真1，表1）．

　STマイクロエレクトロニクス独自の高速フラッシュ・メモリ・アクセス技術（ARTアクセラレータ）を使って，最高動作周波数180 MHzを実現し，フラッシュ・メモリへのゼロ・ウェイト・アクセスが可能です．

　最高225 DMIPS/608CoreMarkという，Cortex-M4搭載マイコンとしては，業界最高レベルの性能（ベンチマーク・スコア）を達成しています．

　低消費電力性能にも優れ，動作時の動的消費電流は 89 μA/MHz（STM32F410）から 260 μA/MHz（STM32F439）です．

② STM32L4：IoT向けの定番！性能＆消費電力を最適化したCortex-M4

写真2　STM32L4シリーズの定
番STM32L476V6T6

表2　仕様

項　目	仕　様
最高動作周波数	80 MHz
型番	STM32L4x1/4x2/4x3/4x5/4x6（xには数字が入る）
ROM/RAM	1 Mバイト/128 Kバイト
低消費電力周辺機能	Low power UART，Low powerタイマ，OPアンプ，コンパレータ，LCDドライバ，ハードウェア・オーバーサンプリングによる16ビット A-Dコンバータ，RTC
通信	Quad SPIほか
暗号化	AES

　Cortex-M4を搭載し，STマイクロエレクトロニクス独自のダイナミック電圧スケーリング技術によって，高性能と低消費電力を両立しています（写真2，表2）．低消費電力マイコンのベンチマーク指標であるEEMBC ULPBenchテストでは，187という高スコアを達成しています．

　ロー・パワーUARTやロー・パワー・タイマなどのような低消費電力ペリフェラルを搭載しているだけでなく，IoTノード向けにAES暗号エンジン，ファイアウォール（Firewall），フラッシュ・メモリ保護機能，ユニークID，真乱数発生器といったセキュリティ機能を内蔵しています．

注：STM32マイコンの最新情報についてはSTマイクロエレクトロニクスのWebサイトにて確認ください．

③ STM32L4+：性能とグラフィック機能を強化した高性能・超低消費電力 Cortex-M4

写真3 STM32L4＋シリーズの定番 STM32L4R5

表3 仕様

項 目	仕 様
最高動作周波数	120 MHz
型 名	STM32L4R5/4S5/4R7/4S7/4R9/4S9
ROM/RAM	2 M バイト /640 K バイト
特徴機能	Octo-SPI, Chrom-ART アクセラレータ, カメラ・インターフェース, 低電圧動作(1.7 V), タッチ・センシング対応

　STM32L4の上位機種です．動作周波数がL4の1.5倍(120 MHz)であるにもかかわらず，STM32Lシリーズの DNA を引き継ぎ，Run モードの消費電流はもちろん，各低消費電力モードの電流も低減しています(写真3, 表3).

　Chrom-ART グラフィック HW アクセラレータと大容量の RAM によって，グラフィック操作時の CPU 負荷の低減と外付けメモリの削減が可能です．Octo-SPI を搭載し，外部メモリとの高速通信も実現しています．

④ STM32L0：低コスト＆低消費電力 Cortex-M0＋

写真4 低コスト＆低消費電力 STM32L053R8T6

表4 仕様

項 目	仕 様		項 目	仕 様
最高動作周波数	32 MHz		USB	外部水晶振動子不要の USB 通信
型名	STM32L0x1/2/3		画像	LCD ドライバ
フラッシュ	192 K バイト		アナログ	OP アンプ, コンパレータ
RAM	20 K バイト		A-D コンバータ	16 ビット
EEPROM	6 K バイト		暗号化	AES

　コスト・パフォーマンスと低消費電力を同時に追求すると共に，32ビット性能を持たせた超低消費電力マイコンです(写真4, 表4)．バッテリや環境発電で駆動する機器など，低消費電力アプリケーション向けです．

　高温動作時(125 ℃)の消費電力は世界最小クラス

です．ペリフェラル(USART, I²C, タッチ・センス・コントローラなど)は低消費電力モードでの動作が可能です．そのため，プロセッサの負荷を低減できるだけでなく，ウェイクアップ回数が減らせるので，消費電力を低減できます．

⑤ STM32F3：アナログ用途向け Cortex-M4

写真5 STM32F3シリーズの定番の STM32F303VCT6

表5 仕様

項 目		仕 様
最高動作周波数		72 MHz
型名		STM32F301/302/303/3x4/373/3x8
ROM/RAM		512 K バイト /80 K バイト
アナログ	汎用	コンパレータ(応答時間 26 ns), OP アンプ(ゲイン可変)
	A-D コンバータ	高速12ビット(最大18 MSPS), 16ビットΔΣ(21チャネル)
	D-A コンバータ	12ビット
その他		高解像度タイマ(最小217 ps)

　Cortex-M4を搭載し，FPU および DSP 命令を備えた，アナログ用途向けのミクスト・シグナル・マイコンです(写真5, 表5)．さまざまなアナログ・ペリフェラルを内蔵していてアナログ用途の設計が簡単＆低コストにできます．

⑥ STM32G4：Cortex-M4コア搭載高性能
ミクスト・シグナル・マイコン

写真6　高性能ミクスト・シグナル・マイコンSTM32G4シリーズの定番STM32G431

STM32F3の上位機種です．STM32F3のDNAを引き継ぎ，Cortex-M4コアを搭載したFPUおよびDSP命令を備えたミクスト・シグナル・マイコンです（**写真6，表6**）．

国内の産業アプリケーションで要求のあった，高

表6　仕様

項　目	仕　様
最高動作周波数	170 MHz
型名	STM32G431/441/473/474/483/484
ROM/RAM	512 K バイト/128 K バイト
特徴機能	超高速コンパレータ，OPアンプ，DAC，ハードウェア・オーバーサンプリング機能搭載のADC，高解像度タイマ（最小184 ps）

解像度タイマや高機能エンコーダ・モジュールを新たに搭載しました．IoT時代のアナログ・センシングや産業用モータ制御に最適なマイコンです．

⑦ STM32F1＆後継STM32F2：ARM Cortex-Mマイコンの本家本元！
Cortex-M3

写真7　元祖Cortex-M3マイコンSTM32F103RET6

写真8　汎用Cortex-M3マイコンSTM32F207ZGT6

表7　STM32F1シリーズの仕様

項　目		仕　様
最高動作周波数		72 MHz
型名		STM32F100/101/102/103/105/107
ROM/RAM		1 M バイト/96 K バイト
モータ制御		6相補出力PWMタイマ
通信	Ethernet	Ethernet MAC
	USB	USB 2.0 OTG
その他特徴		HDMI-CEC

表8　STM32F2の仕様

項　目		仕　様
最高動作周波数		120 MHz
型名		STM32F205/215/207/217
ROM/RAM		1M バイト/128 K バイト
通信	Ethernet	Ethernet MAC
	USB	USB 2.0 HS OTG
画像	カメラ	ディジタル・カメラ・インターフェースDCMI
暗号化		DES/3DES/AES256 ビット /SHA-1 hash/RNG

STM32F1シリーズは，産業・医療・コンシューマ市場の幅広いアプリケーションで使える初代Arm Cortex-Mマイコンです（**写真7，表7**）．Cortex-M3をベースに，高性能のペリフェラルを搭載しており，低消費電力かつ低電圧動作による高い性能をシンプルなアーキテクチャと使いやすいツールで実現できます．

STM32F1の後継にあたるSTM32F2シリーズは，Cortex-M3を先進的な90nm 不揮発性メモリ・プロセス上に作り込むことで，高速動作を可能にした汎用マイコンです（**写真8，表8**）．ARTアクセラレータによるフラッシュ・メモリのゼロ・ウェイト読み出し，およびマルチレイヤ・バス・マトリックスによるバスの並列処理を実装しています．

イントロ

基礎知識

実験の準備

プログラミング入門

本格実験

あれこれ実験室

⑧ STM32F0：小規模で入門向け Cortex-M0

写真9　STM32F0シリーズ
の定番STM32F051R8T6

表9　仕様

項　目	仕　様
最高動作周波数	48 MHz
型番	STM32F0x0/1/2/8
ROM/RAM	256 K バイト/32 K バイト
特徴	外付け水晶振動子不要でUSB通信可能

　32ビット・マイコンの性能なのに，コストと消費電力は16ビット・マイコン並みの優れ者です（**写真9，表9**）．Cortex-M0を搭載しており，例えてい

うならSTM32ファミリの末っ子です．ペリフェラルも他のSTM32とほぼ同じモジュールを採用しています．

⑨ STM32G0：エントリ・レベルの Cortex-M0+

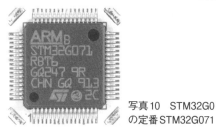

写真10　STM32G0シリーズ
の定番STM32G071

表10　仕様

項　目	仕　様
最高動作周波数	64 MHz
型名	STM32G0x0/1
ROM/RAM	512 K バイト/32 K バイト
特徴機能	12ビット ADC（2.5 MSPS），AES256ビット，セキュアラブル・メモリ・エリア

　STM32F0の兄貴分です．動作周波数を64 MHzに性能アップし，フラッシュ・メモリとRAMもサイズ・アップしています（**写真10，表10**）．STM32G0x0バリュー・ラインとSTM32G0x1アクセス・ラインの2ラインを揃え，パッケージも8～

100ピンで提供するため，小型化も可能なエントリ・クラスの32ビット・マイコンです．セキュアラブル・メモリ・エリアでIoT時代のセキュリティを提供します．STM32F0からのアップグレードや，8/16ビット・マイコンの置き換えに最適です．

⑩ STM32F7：究極性能！汎用マイコンの最高峰 Cortex-M7

写真11　Cortex-M7
マイコンSTM32F7
46NGH6

表11　仕様

項　目		仕　様
最高動作周波数		216 MHz
型名		STM32F7300/750/7x2/7x3/7x5/7x6/7x7/7x8/7x9
ROM/RAM		2 M バイト/512 K バイト
画像	ディスプレイ	TFT-LCDコントローラ（最大XGA），MIPI-DSI
	処理回路	グラフィックス・アクセラレータ，JPEGコーデック
	カメラ	CMOSカメラI/F

　汎用マイコンのアーキテクチャを超越したスーパスカラ方式のCortex-M7ベース超高性能マイコン（プロセッサ）シリーズです（**写真11，表11**）．プロセッサ内蔵L1キャッシュとAXI-AHBマルチレイ

ヤ・バスに加え，STマイクロエレクトロニクス独自のフラッシュ・メモリ技術とフラッシュ・メモリ・アクセス技術（ARTアクセラレータ），分散型大容量内蔵SRAMを採用しています．

⑪ STM32H7：STM32マイコン・ファミリで最高レベル Cortex-M7 & M4

写真12　STM32H7シリーズの定番STM32H747XIH6

表12　仕様

項　目	仕　様
最高動作周波数	480 MHz（M7）/240 MHz（M4）
型名	STM32H723/725/730/733/735/742/743/745/747/750/753/755/757/7A3/7B0/7B3
ROM/RAM	2 M バイト・デュアル・バンク/1 M バイト
特徴機能	デュアル Quad-SPI, TFT-LCD JPEG コーデック, $\Delta\Sigma$ 変調器用ディジタル・フィルタ, 16 ビット ADC（3.6 MSPS）, イーサネット MAC IEEE1588

Cortex-M7（最大480MHz）とCortex-M4（最大240 MHz）を搭載したデュアル・コア・マイコンおよびCortex-M7（最大550 MHz）のみを搭載したシングル・コア・マイコンの製品シリーズです（写真12，表12）．高性能に加え，最大125 ℃（T_A）の広範な動作温度範囲により，産業アプリケーションなど，過酷な環境での使用を可能にします．

⑫ STM32WB：RFトランシーバ搭載Cortex-M4 & M0+

写真13　STM32WBシリーズの定番STM32WB55

表13　仕様

項　目	仕　様
最高動作周波数	64 MHz（M4）/32 MHz（M0+）
型名	STM32WB10/15/30/35/50/55/5M
ROM/RAM	1 M バイト/256 K バイト
特徴機能	BLE 5.0, IEEE 802.15.4, DC/DC 低電圧動作（1.71 V）, HW セキュリティ, 12 ビット ADC（4.25 MSPS）

Bluetooth 5.0 と IEEE 802.15.4 のワイヤレス通信規格をサポートしています．Mesh 1.0 ネットワークと複数のプロファイルをサポートし，Bluetooth Low Energy プロトコル・スタックを集積する柔軟性をもっています．IEEE 802.15.4 MAC 層によって ZigBee や Thread の低電力メッシュ・ネットワーク・プロトコルといったプロトコルおよびスタックを実装でき，さまざまな IoT 機器に接続できます．Bluetooth 5.0 と 802.15.4 のワイヤレス・プロトコルの同時実行にも対応しています（写真13，表13）．

STM32L4 と同じテクノロジで開発しているため，高機能かつ長寿命バッテリを必要とする通信系アプリケーションに最適です．

⑬ STM32WL：LPWA対応Sub-GHz無線トランシーバ搭載 Cortex-M4 & M0+

写真14　STM32WLシリーズの定番 STM32WL55

表14　仕様

項　目	仕　様
最高動作周波数	48MHz（Cortex-M4）/ 48MHz（Cortex-M0+）
型名	STM32WL54/55/E4/E5
ROM/RAM	256K バイト / 64K バイト
無線変調方式	LoRa, (G)FSK, (G)MSK, BPSK
トランシーバ動作周波数	150 ～ 960 MHz

Sub-GHz 無線トランシーバを搭載し，SoC として提供されるワイヤレス・マイコンです．Cortex-M4（最大48MHz）とCortex-M0+（最大48MHz）を搭載したデュアル・コア・マイクロコントローラ，およびCortex-M4のみを搭載したシングル・コア・マイクロコントローラの製品ラインが提供されています（写真14，表14）．無線変調方式としてLoRa，(G)FSK，(G)MSK，およびBPSK をサポートしており，LoRaWAN，Sigfox，W-MBUSなどの通信プロトコルに対応．デュアル・コア・アーキテクチャにより，サイバー・セキュリティを強化する効果的なハードウェア分離が可能です．

⑭ STM32L5：Arm TrustZone を実装した高セキュリティ，高性能，超低消費電力の Cortex-M33

写真15　STM32L5シリーズの定番STM32L552

表15　仕様

項　目	仕　様
最高動作周波数	110 MHz
型名	STM32L552/562
ROM/RAM	512 K バイト /256 K バイト
特徴機能	TrustZone，デュアル Quad-SPI，SAI-audio PLL，低電圧動作(1.7 V)，タッチ・センシング対応

　各I/O，ペリフェラル，フラッシュ・メモリやSRAMの領域を，TrustZone による保護環境の内部または外部に柔軟に設定できるため，機密性の高い処理を完全に分離し，セキュリティを最大限に高めることができます(写真15，表15).

　STM32Lシリーズで培われた高度な低消費電力技術が継承されており，コイン電池やエナジーハーベスト(環境発電)で長時間駆動する消費電力重視のシステムに最適です.

⑮ STM32U5：先進的な性能とセキュリティ，超低消費電力の Cortex-M33

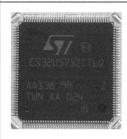

写真16　STM32U5シリーズの定番STM32U575

表16　仕様

項　目	仕　様
最高動作周波数	160MHz
型名	STM32U575/585
ROM/RAM	2M バイト /786K バイト
特徴機能	TrustZone，デュアル Octo-SPI，Chrome-ART アクセラレータ，低電圧動作(1.7V)，AES暗号化アクセラレータ，公開鍵アクセラレータ(PKA)

　Arm TrustZone搭載のCortex-M33コアとST独自のセキュリティ機能に加え，最大2Mバイトの内蔵フラッシュ・メモリ，および外部メモリへの高速インターフェースによるメモリ容量の拡張が可能です(写真16，表16). 最先端ノードである40nmプロセス技術を使用して製造されており，動的な動作

モードと低消費電力モードの両方で消費電力を低減. 自律動作モードでは，ダイレクト・メモリ・アクセス(DMA)とペリフェラルを動作させたままマイコンの大部分をスリープ状態にして消費電力を削減します.

〈原 文雄〉

Appendix 2

STM32のメーカ純正開発環境
まずはここから始める

イントロ

基礎知識

実験の準備

プログラミング入門

本格実験

あれこれ実験室

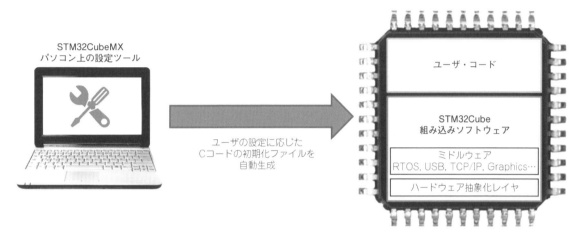

図1 STM32Cubeソフトウェア開発ツールの概略
STM32CubeMXにて，ターゲット・マイコンの初期化や設定をするCコードを生成し，コンパイルしてからファームウェアを書き込む

　ここでは，STマイクロエレクトロニクスの32ビット・マイコンSTM32の開発環境を紹介します[注1]．

　STマイクロエレクトロニクスは，2014年よりSTM32ファミリ向けに完全無償のソフトウェア開発ツールとしてSTM32Cubeを提供しています．これは，組み込みソフトウェア・コンポーネントと，パソコン・ベースの初期設定ツールであるSTM32CubeMXを組み合わせた包括的なソフトウェアです．

▶ソフトウェア環境
- STM32CubeIDE：統合開発環境
- STM32CubeMX：ソフトウェア開発支援ツール
- STM32CubeFW：デバイス・ドライバ＆ミドルウェア
- STM32Cube Expansion：拡張ソフトウェア

▶ハードウェア環境
- Nucleoボード：マイコン単体ボード
- X-NUCLEOボード：拡張ボード

その1…総合開発環境 STM32CubeIDE

　STマイクロエレクトロニクスは，Atollic社[注2]のTrueSTUDIOをベースとした開発環境「STM32Cube

IDE」を2019年4月にリリースしました．

　STM32CubeIDEは，EclipseベースのIDEにGCCコンパイラを採用した統合開発環境のため，さまざまなプラグインを追加できます．付属の機能としてSTM32CubeMXを内蔵しているため，デバイス選択，ピン割り当て，クロック設定，ミドルウェアの追加などをGUI上で行うことができ，設定に応じた初期化コードを含むプロジェクト・ファイルを生成できます．したがって，STM32CubeIDEだけで，ソフトウェア開発に必要なデバイスの選択からコード実行まで完結します．

　コアや周辺機能のレジスタ・ウィンドウ，メモリ・ウィンドウ，変数のライブ・ウォッチなどの一般的な機能から，システム分析やリアルタイム・トレース，フォルト分析など，効果的なデバッグを実現する機能も搭載しています．

● 使用できる書き込み/デバッグ・アダプタ
　ターゲットとの接続は，STマイクロエレクトロニクス製のST-LINKと，SEGGER社製のJ-LINKが使用できます．さらに，Atollic社 TrueSTUDIOやAC6 System Workbench for STM32の統合開発環境で作られたプロジェクト・ファイルをインポートする機能もあり，従来の開発環境で開発した資産を無駄にせずに新しい開発環境への移行がスムーズに行えます．ツールの動作環境(パソコンのOS)としてはWindows，Linux，macOSに対応しています．

注1：開発環境はこれからもどんどん新しくなるので，最新情報はSTマイクロエレクトロニクスのWebサイトにて確認いただきたい．
https://www.st.com/ja/development-tools/stm32-software-development-tools.html
注2：STマイクロエレクトロニクスは，2017年12月にAtollic社を買取した．

その2…支援ツール STM32CubeMX

STM32CubeMX は，あらゆる STM32 マイコンの設定，および対応する周辺機能の初期化 C コードの生成に役立つツールです（図1）．STM32CubeMX を使用して，STM32Cube 組み込みソフトウェア・コンポーネントに含まれるミドルウェアやリアルタイム OS（RTOS）の各種設定をしたり，ST マイクロエレクトロニクスが提供する拡張ソフトウェアの追加をしたりできます．図2 に示すのは，初期設定で割り当てられたピンの名称が表示される例です．さらに，付属の消費電力計算ツールにより，さまざまな消費電力パターンの評価ができます．

STM32CubeMX では，各種開発環境向けに設定内容を反映したプロジェクト・ファイルを生成します．設定内容を網羅したレポート（PDF／テキスト形式）およびピン割り当て情報を Excel（.csv）形式で生成できるため，開発者間で情報をスムーズにシェアできます．

図3 に示すように，STM32Cube 組み込みソフトウェア・コンポーネントは，移植性の高いデバイス・ドライバ（HAL：ハードウェア抽象化レイヤ）とフット・プリントのコンパクトなロー・レイヤ・ドライバをベースに構成されています．STM32 ファミリの全製品に対応するだけでなく，RTOS，USB，TCP/IP，タッチ検出，ファイル・システム，グラフィックスなど

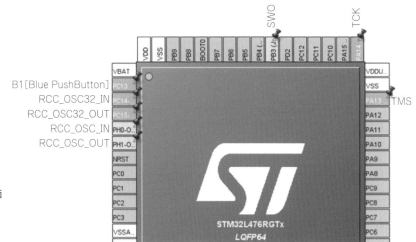

図2 STM32CubeMX の設定画面の例：ピン割り当て画面
STM32 マイコンのピンの有効／無効と設定の意味を示すピン名称が表示される

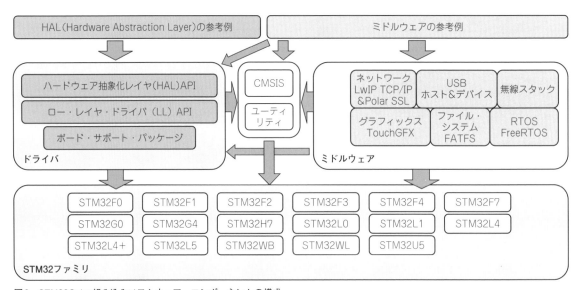

図3 STM32Cube 組み込みソフトウェア・コンポーネントの構成
ロー・レイヤ・デバイス・ドライバから TCP/IP や USB などのミドルウェアを部品として使えるようになっている

のミドルウェア・コンポーネント・パッケージも付属しています.

STM32Cube組み込みソフトウェア・コンポーネントと,STM32CubeMX初期設定ツールは,それぞれ個別に使用できますが,組み合わせることで能力を最大限に発揮できます.

イントロ

基礎知識

実験の準備

プログラミング入門

本格実験

あれこれ実験室

その3…拡張ソフト STM32CubeExpansion

STM32Cube組み込みソフトウェアとは別に,STM32CubeExpansionという拡張ソフトウェア・パッケージが用意されています.

STM32の入門ボードあれこれ   Column 1

STM32シリーズは,新しい製品が発売されると,3種類の評価ボード(標準評価ボード,STM32 Discoveryボード,STM32 Nucleoボード)のうちいずれかが同時にリリースされます.どのボードにもデバッガが搭載されているため,外付けのデバッガ・ケーブルが不要です.ホストのパソコンとUSBケーブルで接続するだけで,デバイスの開発が簡単に始められます.ここでは,3種類の評価ボードの中から開発/評価のスタート・アップに最適なSTM32 NucleoボードとX-NUCLEO機能拡張ボードについて紹介します.

● STM32 Nucleoボード

3種類のボードの中で最もシンプルなボードです.リセット・ボタンやLEDなど必要最小限の機能が搭載されており,デバイスの全ての信号線を使用できるST Morphoピン・ヘッダとArduino準拠のコネクタが標準装備されています.したがって,各種Arduinoシールドを利用することで,拡張基板を自ら作成する手間を省きます.

ARM mbedにも対応しているため,mbedが提供する無償のオンライン・コンパイラを使用できます.デバイス単体のパフォーマンスの検証や,別ボードと組み合わせたアプリケーション開発などに最適です.

写真Aに示すように,32ピン,64ピン,144ピンの3タイプのボードがあり,同じタイプのボードは,製品ファミリをまたいで共通の基板を使用しています.

● X-NUCLEO機能拡張ボード

STM32 Nucleoボードに必要に応じて機能を追加できるのがX-NUCLEO機能拡張ボードです.X-NUCLEO機能拡張ボードには,センサ,通信,モータ制御,電源,オーディオなど,さまざまなアプリケーション設計に利用できるラインナップが用意されています.　　　　　　　　　　　　〈塩川 暁彦〉

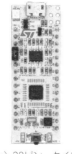
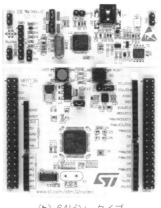

写真A
3種類のSTM32 Nucleoボード
ピン数が32ピン,64ピン,144ピンの3種類に限定され,ボード上にはリセット・ボタンやLEDなど必要最小限の部品が搭載されている

(a) 32ピン・タイプ　　　　(b) 64ピン・タイプ

(c) 144ピン・タイプ

STM32Cube組み込みソフトウェアは，デバイス・ドライバ，USBやイーサネットのプロトコル・スタック，リアルタイムOSやファイル・システムなど，マイコンに搭載された機能を使用するためのパッケージです．STM32CubeExpansionは，モータ制御，センサ，Bluetooth Low Energyやクラウド接続，オーディオなど，よりアプリケーションに近いパッケージ・シリーズです．これらはSTM32Cube組み込みソフトウェアをベースに作られています．

STM32CubeExpansionにはさまざまな用途向けのものが用意されています．その中に組み込みAI向け

ソフトウェア・パッケージ（X‑CUBE‑AI）があります．このパッケージはSTM32CubeMXと合わせて使うソフトウェアで，組み込みAIの学習済みモデルをSTM32向けのコードに変換します．これにより，GPUや高性能なプロセッサ，FPGAなどがなくても，AIの学習済み推論モデルを汎用のフラッシュ内蔵マイコンで動作させることができます．現在，Keras，TensorFlow Lite，Caffe，Lasagne，ConvNetJS や，ONNX形式をサポートする各種ディープ・ラーニング・フレームワークに対応しています．

〈塩川 暁彦〉

イントロ

基礎知識

実験の準備

プログラミング入門

本格実験

あれこれ実験室

第2部

実験に使う
ハードウェア&
ソフトウェア

第**1**章

IoTプログラミング実験回路の準備

Wi-Fi＆センサ搭載でインターネット接続やアナログ信号処理の
基本をマスタできる

白阪 一郎　Ichiro Shirasaka，永原 柊　Shu Nagahara

ここでは，CQ出版社が開発したIoTプログラミング学習ボード「ARM-First」を紹介します．このボードだけで，気圧や加速度／角速度の測定，音声処理，マイクロSDカードの読み書き，ネットワークへの接続ができます．

IoTプログラミング学習ボード ARM-First

写真1に示すのは，CQ出版社が開発したIoTプログラミング学習ボード「ARM-First」です．STマイクロエレクトロニクス社のSTM32F405RGT6（Cortex-M4）を搭載したマイコン・ボードです．

図1に示すように，このボードだけで，気圧や加速度／角速度の測定,音声処理,マイクロSDカード（SDIOシリアル4ビット）の読み書き，ネットワークへの接続ができます．

音声処理は，MEMSマイク（4個），I²S（Inter-IC Sound）インターフェースを持つD-Aコンバータ（192 kHz，24ビット），ヘッドホン・アンプを搭載し，

写真1　気圧や加速度／角速度（ジャイロ）の測定，音声処理，マイクロSDカード（SDIOシリアル4ビット）の読み書き，ネットワークへの接続ができるIoTプログラミング学習ボード「ARM-First」（設計：白阪 一郎）
学生向けマイコン・ボードArduino Unoとサイズが同じ（約5×7 cm）

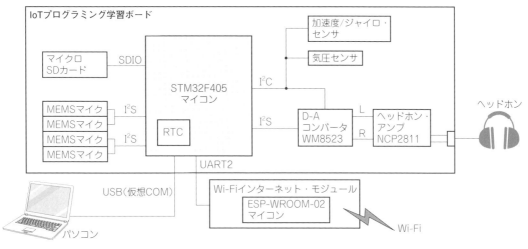

図1 IoTプログラミング学習ボードだけで，気圧・温度や加速度/角速度（ジャイロ）の測定，音声処理，マイクロSDカード（SDIO シリアル4ビット）の読み書きができる

高音質の音声処理や音楽再生ができます．

　Arduino仕様の拡張コネクタも搭載しています．液晶ディスプレイやグラフィック・ディスプレイ，モータ・ドライバなど，周辺I/Oを拡張するボード（Arduinoシールド）を接続することにより，実用的なアプリケーションにも活用できます．

　本ボードは，AVRマイコンを搭載した学生向けマイコン・ボードであるArduino Unoとサイズが同じで，約5×7cmです．

● 特徴①：さまざまな開発環境が使える

（1）STマイクロエレクトロニクス社純正の開発環境STM32CubeIDEを使って，C言語やC++言語によるプログラム開発ができます．
（2）Arduino用のボード・ライブラリSTM32GENERICを利用して，Arduino IDEによるプログラム開発ができます．
（3）Pyboard用MicroPythonのライブラリを使ったプログラム開発ができます．MicroPythonの1行入力でコマンドを実行できるコマンド・インターフェースにより，ビギナでもすぐに組み込み機器のプログラムが作れます．

● 特徴②：Armマイコンのデファクト・スタンダードSTM32F4マイコン（STM32F405）を搭載

　IoTプログラミング学習ボードに搭載されたArmマイコン（写真2）は，STマイクロエレクトロニクス社のSTM32F405RGT6（Cortex-M4）です．クロック周波数168 MHz，RAM：192Kバイト，フラッシュ・メモリ：1024Kバイトを搭載した64ピンの32ビット・プロセッサです．最新のプロセッサではありませんが，そのぶん多くのライブラリが蓄積されています．
　初めて使うマイコンのプログラム作成は，マイコンの仕様書を読むだけでは難しいものです．このときに大きな助けとなるのが，実際に動作するサンプル・プログラムです．デファクト・スタンダードのマイコンは，ネット上にたくさんサンプル・プログラムがあり，プログラム作成の敷居を大幅に下げてくれます．

● 特徴③：Wi-Fi接続用モジュールを搭載

　IoTプログラミング学習ボードの裏面側にインターネット接続用のWi-Fiモジュールを搭載しています（写真3，写真4）．
　インターネット・ラジオの再生や，クラウド上のAIサーバにセンサ・データを送ればインターネットを介した高度なデータ処理ができます．

● 特徴④：AIスピーカやIoT機器を作るためのセンサを各種搭載

　オーディオ入力用のMEMSマイク（4個），出力用のハイレゾ対応D-Aコンバータ，ヘッドホン・アンプ，大量データの高速保存・読み出しができるマイクロSD用のソケットを搭載しています．外付け部品なしでビーム・フォーミングやハイレゾ音楽再生などの音響関連のアプリケーション製作や実験ができます．

写真2 IoTプログラミング学習ボード「ARM-First」に搭載されたArmマイコンSTM32F405RGT6（STマイクロエレクトロニクス）
クロック周波数168 MHz，RAM：192Kバイト，フラッシュ・メモリ：1024Kバイトを搭載した64ピンの32ビット・プロセッサ

飛び出している部分がアンテナ

First Bee

（a）表　　　（b）裏

写真3　無線通信を担当するESP-WROOM-02搭載モジュール

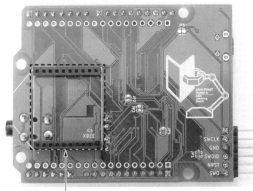

Wi-Fiモジュール取り付けコネクタ

写真4　Wi-FiモジュールはARM-Firstボードの裏面側のソケットに接続する
Wi-Fiモジュールの代わりに，市販のXBeeや，XBeeとピン互換のBluetoothモジュールなども使用できる

オーディオ用デバイスとオンボードのWi-Fiモジュールとの組み合わせや，I²C（Inter-Integrated Circuit）インターフェースに対応した気圧センサ，加速度/ジャイロ・センサを使って，AIサーバとの連携やセンサ情報のインターネット・クラウドへの送信，クラウドなどIoTやエッジ機器の学習もできます．

● 特徴⑤：USB経由でプログラムを書き込める
パソコンとIoTプログラミング学習ボードをUSBケーブルでつなぎ，マイコンにあらかじめ書き込まれたフラッシュ・メモリ書き込み用ブート・プログラムを起動する［DFU（Device Firmware Upgrade）モードにする］ことで，すぐにプログラムの書き込みができます．
図2に示すように，DFUモードはSTM32CubeプログラマやArduinoIDEから使用できます．

● 特徴⑥：仮想COMインターフェースでプログラムのデバッグができる
USBは仮想COMポートとしても使用できます．パソコンとつないで，printfデバッグなどの用途に使えます．

図2　ブート・プログラム（DFUモード）を起動するとフラッシュ・メモリにプログラムを書き込める
DFUモードはSTM32CubeProgrammerやArduino IDEから使用できる

● 特徴⑦：Arduino拡張コネクタを搭載
I/O機器増設のためのArduino仕様の拡張コネクタを搭載しています．安価なArduino用の周辺機器を利用した学習や実験ができます．

● 特徴⑧：ST-LINK用コネクタを搭載
本格的なデバッグを行うためのST-LINK接続用のコネクタを搭載しています．市販のST-LINKやNucleoなどに付属のST-LINKを利用し，フラッシュ・メモリへの書き込みやデバッグができます．

回路の仕様＆構成

IoTプログラミング学習ボード「ARM-First」の仕様を表1に示します．図3（章末に掲載）にボードの回路図を，図4にネットワーク部（Wi-Fiモジュール）の回路図を，図5（章末に掲載）にボードのピン説明図を示します．本書の実験をほかのSTM32ボードで行う方は，読み替えていただければと思います．

キー・デバイス

● マイコン（STM32F405RGT6）
Arm Cortex-MのIPを搭載したSTマイクロエレクトロニクスの32ビット汎用マイコンSTM32は，低消費電力シリーズからハイパフォーマンス・シリーズまで十数種類があります．
ボードで使用しているSTM32F405RGT6は，FPUを内蔵したハイパフォーマンス・シリーズになります．高速なクロック・スピードと大きなメモリ・サイズが

表1 IoTプログラミング学習ボード「ARM-First」の仕様

項　目		仕　様
マイコン	型名	STM32F405RGT6
	クロック周波数	最高168 MHz
	フラッシュ・メモリ	1 Mバイト
	RAM	192 Kバイト
	パッケージ	64ピン LQFP
	主な周辺機能	A-Dコンバータ，D-Aコンバータ，GPIO，タイマ，ウォッチ・ドッグ・タイマ，USART，I²C，I²S，SPI，DMA，RTC
スイッチ		リセット・スイッチ×1，ブート・スイッチ×1
LED		電源インジケータ(赤色×1)，ユーザ(黄色×1，緑色×1)
気圧センサ		I²Cインターフェース
加速度/ジャイロ・センサ		I²Cインターフェース
MEMSマイク・アレイ(4個)		PDMインターフェース
マイクロSDソケット		SDIOインターフェース
D-Aコンバータ(ハイレゾ対応)		I²Sインターフェース(192 kHz/24ビット)
ヘッドホン・アンプ		16 Ω，27 mW，ヘッドホン・ジャック出力
拡張コネクタ		Arduinoの配置に準拠
USB		マイクロB-USB，フラッシュ・メモリ書き込み，仮想COM
ST-LINKコネクタ		ST-LINKデバッガ接続用
XBeeコネクタ		XBeeとピン互換のネットワーク・モジュールを使用可能
基板サイズ		約53×69 mm

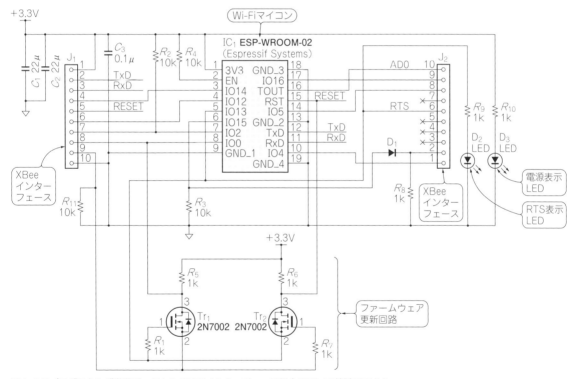

図4　IoTプログラミング学習ボードからUARTインターフェース経由でWi-Fi接続ができる
Wi-Fiモジュールの回路構成

あり，使い勝手の良いマイコンです．

　ネット上にはたくさんの応用事例や，日本語のマニュアルもあり，ビギナにも最適です．

　STM32F405RGT6は，192 KバイトのRAM，1 Mバイトのフラッシュ・メモリ，単精度FPU，USARTやI²C，SPI，A-Dコンバータなどの基本的な周辺機器に加えて，オーディオ入出力用のI²Sを内蔵しています．

● MEMSマイク×4

　PDM(Pulse Density Modulation)出力のMEMSマイクが，4個搭載されています．4つのPDM出力は，STM32F405のI²Sインターフェースに接続されていて，ソフトウェアによりPCM信号に変換されます．

　マイクのアナログ回路は，マイク・モジュール内に収まっているため，周りのデジタル回路のノイズに影

響されづらく，アナログ出力のマイクに比べ，クリアな音声データを得られます．

4つのマイク・アレイ出力を演算することで，ビーム・フォーミングやノイズ・リダクションの実験ができます．

● D-Aコンバータ

IoTプログラミング学習ボードには，最大サンプリング・レート192 kHz，分解能24ビットのCirrus Logic製のD-AコンバータWM8523を搭載しています．このD-Aコンバータによって，44.1 kHzや48 kHz，16ビットのCDデータ，ビデオ音質の音声データ，より高精度なハイレゾ音質の音声データが扱えます．ただし，外付けD-AコンバータはマイコンのI²Sインターフェースの性能限界により，扱える最大サンプリング・レートは96 kHzになります．

このD-AコンバータにはI²Cインターフェース制御の電子ボリュームが内蔵されており，24ビットの分解能を損なうことなく音量調整ができます．

また，負電源生成用チャージ・ポンプを内蔵しており，音声出力はGNDが基準電位になります．そのため，音質に影響しやすいカップリング・コンデンサは不要です．

● ヘッドホン・アンプ

外付けD-Aコンバータの出力信号をオン・セミコンダクター製のヘッドホン・アンプNCP2811で増幅します．このヘッドホン・アンプも負電源を生成するチャージ・ポンプ機能を持っているため，カップリング・コンデンサは不要です．

ボード上にはヘッドホンを接続するためのφ3.5ステレオ・ジャックを搭載しています．

● 気圧センサ

気圧センサには，STマイクロエレクトロニクスのLPS22HBを使用しています．この気圧センサの出力は，I²Cインターフェースです．内蔵のA-Dコンバータは24ビット精度で，最小±0.1 hPaの精度を持っています．天候による気圧の移り変わりだけでなく，気圧による高度測定を，高精度に行うこともできます．

気圧データは次式で出力されます．

気圧[hPa]＝LPS22HB読み出しデータ(24ビット)
／スケール・ファクタ

ただし，スケール・ファクタ：4096 [LSB/hPa]

● 加速度／ジャイロ・センサ

STマイクロエレクトロニクスのLSM6DSLを加速度／ジャイロ・センサに使用しています．加速度3軸(x, y, z)，ジャイロ(角速度)3軸(x, y, z)の6軸を，

I²Cインターフェースで読み出せます．

加速度の計測レンジには，各軸とも±2／±4／±8／±16 Gの4種類があります．2 Gレンジでは，地球の重力加速度の1 Gを正確に計測できるので，ボードの傾きを測る傾斜計が作れます．歩いたり走ったりすることで発生する振動を計測すると，歩数計も作れます．

ジャイロ(角速度)の計測は，各軸ともに±125／±250／±500／±1000／±2000 dps(度／秒)の5種類のレンジがあります．角速度を積分すると動いた角度がわかるため，カメラの手振れ防止，カーナビ，ドローンの姿勢制御に使えます．

ジャイロの出力には微小なドリフトがあります．積分を続けるとドリフトによる誤差が積算されて，正しい角度から少しずつずれていきます．そこで，ドローンの姿勢制御などでは，角度計算時に鉛直方向がわかる加速度センサのデータを使って，ドリフト補正をします．

● マイクロSDソケット

ボードにはマイクロSDソケットが実装されています．音声や画像などの大容量のデータを扱えます．4ビット・シリアル・インターフェース(SDIO)を使用しており，一般的な1ビット・シリアル・データ転送のSPIインターフェースに比べ，高速なデータ転送が可能です．

SDIOはSTM32のドライバやHAL(ハードウェア抽象化レイヤ)で標準サポートされており，開発ツールのC言語や，Arduino言語，MicroPythonで使用できます．

● Arduino仕様の拡張コネクタとI/O接続コネクタ

ボードにはArduino仕様の拡張コネクタが搭載されているため，Arduino用に市販されているさまざまなシールド(拡張ボード)が装着できます．

本ボードのArduino拡張コネクタの内側には，Arduino拡張コネクタにはないマイコンのI/O信号を引き出せるスルーホール・パッドがあります．必要に応じてピン・ヘッダやソケットを実装して使用できます．

Arduino拡張コネクタのピンはPA4，PA5を除いて，5 Vトレラントです．

● ST-LINKインターフェース・コネクタ

フラッシュ・メモリの書き込みはDFUモードを使って，USBコネクタを介してできますが，別途，ST-LINKインターフェース機器を用意することで，RESETボタンやBOOTボタンを操作することなしにフラッシュ・メモリに書き込んだり，STM32Cube IDEのデバッガを動かしたりできます．

● その他I/O(ボタン, LED)

ボード上には2つのタクタイル・スイッチ(RESET ボタンとBOOTボタン)が搭載されています. DFUモードを使用して, マイコンのフラッシュ・メモリにプログラムをダウンロードするときに使用します.

その他, 電源インジケータ用に赤色LEDや, ユーザ用に黄色と緑色のLEDがそれぞれ搭載されています.

● 電源

電源(5 V)は, USB端子から供給されます.

● ネットワークWi-Fi接続用モジュール

写真4に示したように, ボードの裏面にはEspressif Systems製のESP-WROOM-02マイコンを搭載したWi-Fiモジュール(First Bee)を, ソケットを介して取り付けられます.

ESP-WROOM-02には, Wi-Fi接続用のATコマンド・ファームウェアが書き込んであります. IoTプログラミング学習ボードからUARTインターフェース経由でWi-Fi接続ができます.

本モジュールをXBeeのパソコン接続用に販売されているUSB変換ボードに実装することで, Arduino IDEによるプログラム製作や, ESP-WROOM-02マイコンのフラッシュ・メモリへの書き込みが簡単にできます. ネット上にあるESP-WROOM-02用のさまざまなプログラムを活用し, IoTプログラミング学習ボードと連携させたアプリケーションが作れます.

実装されているソケットはXBeeと同様の仕様に準拠しています. Wi-Fi接続用モジュールの代わりに, 市販のXBeeなども使用できます.

〈白阪 一郎〉

基本的な動かし方

STM32F405マイコンを搭載したARM-FirstとWi-FiモジュールであるFirst Beeの使い方をざっくりと解説します.

● ARM-Firstの基本的な使い方

ARM-Firstの外観を写真5に示します. ここでは, ARM-Firstを使い始めるときに関係のある部分に絞って説明します.

- **起動**:マイクロUSBコネクタにUSBケーブルを挿入してパソコンと接続すると, パソコンから電源が供給されARM-Firstが動作を開始します.
- **プログラムの書き込み**:RESETボタンとBOOTボタンを両方押し, RESETボタン, BOOTボタンの順に離してDFUモード(フラッシュ・メモリ書き込みモード)にします.
- **プログラムの実行**(マイコンのリセット):RESETボタンを押します.
- **プログラムの停止**:USBケーブルを抜く(=電源を切る)か, RESETボタンとBOOTボタンを押してプログラム書き込みモードにします.

デバッガ接続用コネクタを使えば, 別に用意したデバッグ・アダプタ(ST-LINKなど)も使えます.

● Wi-Fiモジュール(First Bee)の取り付け方向

First BeeをARM-Firstに取り付けたようすを写真6に示します. First Beeは逆向きに取り付けることもできてしまうので, 取り付け方向に注意してください.

〈永原 柊〉

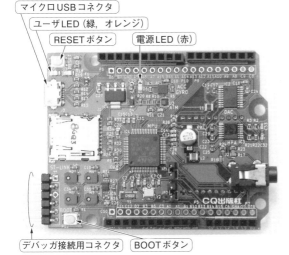

マイクロUSBコネクタ
ユーザLED (緑, オレンジ)
RESETボタン　電源LED (赤)
デバッガ接続用コネクタ　BOOTボタン

写真5　IoTプログラミング学習ボードARM-First

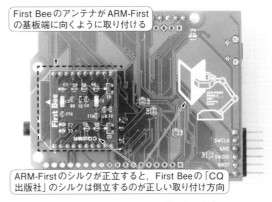

First BeeのアンテナがARM-Firstの基板端に向くように取り付ける

ARM-Firstのシルクが正立すると, First Beeの「CQ出版社」のシルクは倒立するのが正しい取り付け方向

写真6　First BeeをARM-Firstに取り付けたようす

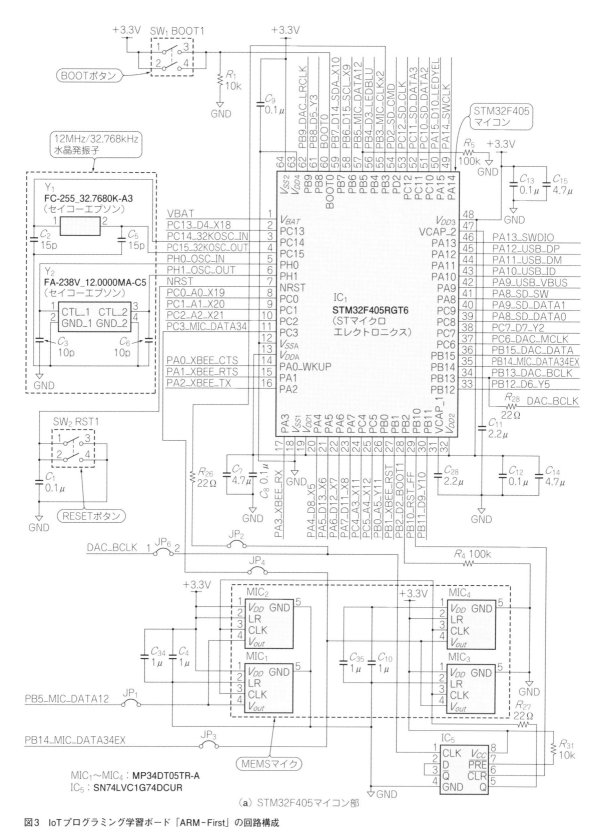

(a) STM32F405マイコン部

MIC$_1$～MIC$_4$: **MP34DT05TR-A**
IC$_5$: **SN74LVC1G74DCUR**

図3 IoTプログラミング学習ボード「ARM-First」の回路構成
マイコン（STM32F405RGT6），3.3Vレギュレータ，気圧センサ，加速度/ジャイロ・センサ，MEMSマイク・アレイ，D-Aコンバータ，ヘッドホン・アンプ，LED，マイクロSDカード・ソケット，ネットワーク・モジュール（XBeeインターフェース），Arduino仕様の拡張インターフェースを搭載

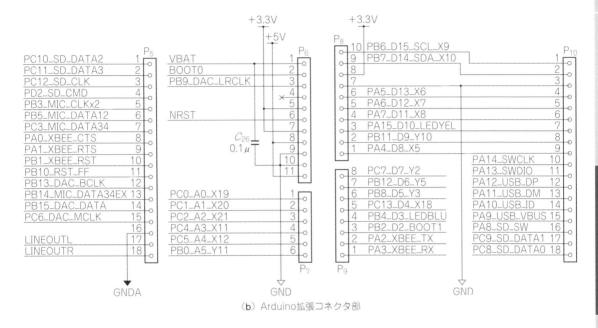

（b）Arduino拡張コネクタ部

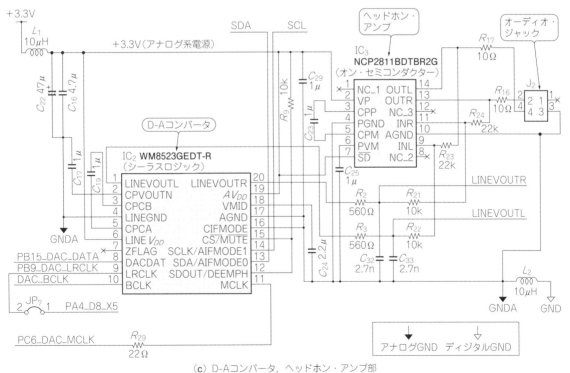

（c）D-Aコンバータ，ヘッドホン・アンプ部

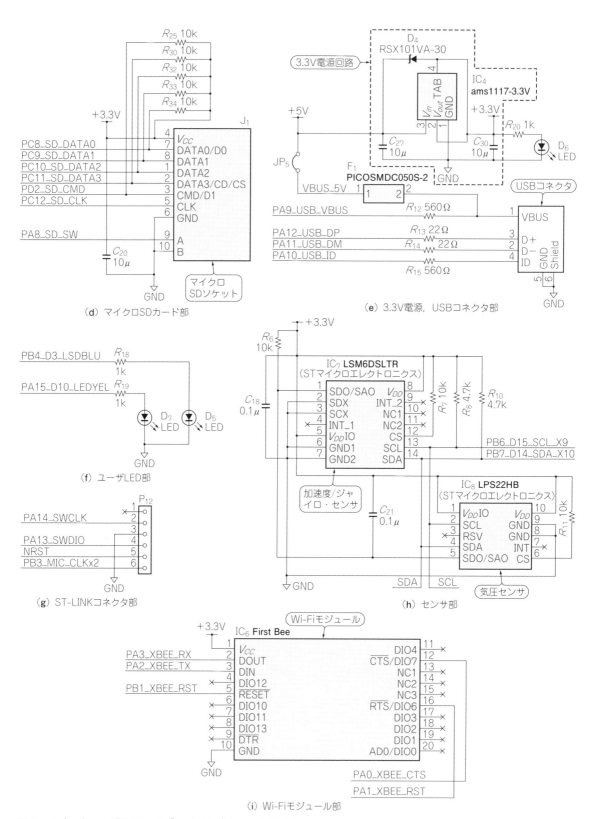

（d）マイクロSDカード部

（e）3.3V電源，USBコネクタ部

（f）ユーザLED部

（g）ST-LINKコネクタ部

（h）センサ部

（i）Wi-Fiモジュール部

図3　IoTプログラミング学習ボード「ARM-First」の回路構成（つづき）

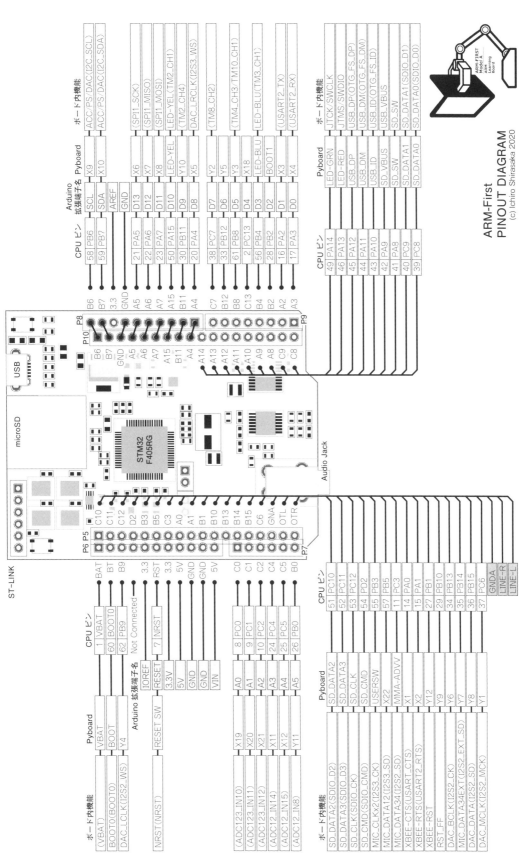

ARM-First
PINOUT DIAGRAM
(c) Ichiro Shirasaka 2020

図5　IoTプログラミング学習ボード「ARM-First」のピン説明図

第2章

開発環境の準備と動作確認

メーカ純正，無償で使える，Windows／MacOS／Linux上で動作する

永原 柊　Shu Nagahara

STM32マイコン・ボードでプログラムを動かすまでの作業を解説します．プログラムを作成するツール群（開発環境）はいろいろありますが，ここでは，マイコンの開発元であるSTマイクロエレクトロニクスが提供する無償の開発環境STM32CubeIDEを使用します．

● マイコンでプログラムを動かすまでの作業

マイコンでプログラムを動かすときは，大きく**図1**に示すステップを踏みます．

(1)エディタを使ってソース・コードを書く

(2)コンパイラにより，ソース・コードをマイコンで実行できる形式に変換する

(3)書き込みツールにより，実行形式コードをマイコンに書き込む

(4)プログラムを実行する機器にマイコンを組み込む（ARM-Firstの場合は最初から組み込まれていると考える）

(4)についてはマイコンの使い方によっていろいろな方法がありますが，(1)から(3)については使い方によらず，すべて同じ手順です．この(1)から(3)で使うようなツール類を開発環境と呼びます．

● 統合開発環境とは

開発環境は，さまざまなツールを組み合わせることによって構成されています．ツールを一つ一つ自分の好みに合わせて選ぶこともできますが，特に初心者の場合は必要なツールが一式まとめられたものがあると便利です．そういう必要なツールをまとめて，1つの統合された開発ツールにしたものを「統合開発環境」と呼びます．

統合開発環境は初心者にとっても，経験豊富な技術者にとっても便利で，使っている人は多くいます．

● 統合開発環境の種類

ARM-Firstに使用できる統合開発環境としては，有償ならArm Keil MDKやIAR Embedded Workbenchなどがあります．無償なら，System Workbench for STM32（SW4STM32）や，ここで使用するSTM32 CubeIDEなどがあります．特にSTM32CubeIDEは，

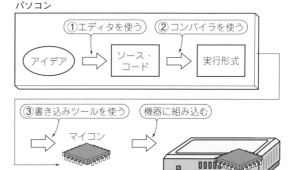

図1　マイコンでプログラムを動かすまでの作業と使用するツール

マイコンの開発元であるSTマイクロエレクトロニクスが2019年から配布を始めたツールであり，比較的規模の大きなプログラムの開発に利用できます．

● 作業を始める前に：ユーザ名について

ここでは統合開発環境STM32CubeIDEを用いて，マイコンでプログラムを動かすまでの手順を示します．STM32CubeIDEは，Windowsだけでなく MacOSやLinux上でも動作しますが，本書ではWindowsを使う場合について説明します．

作業を行う前に重要な注意点があります．統合開発環境をインストールするWindows パソコンへのログイン・ユーザ名は，半角英数字だけ（半角アルファベットと半角数字だけ）からなる名前にしてください．また，名前に空白を入れるのも避けてください．

例えば，「CQ出版」や「CQ pub」といったログイン・ユーザ名は避けてください．「CQpub」ならOKです．もし名前に全角文字などを使っている場合は，半角英数字だけからなる名前の新しいユーザを作成し，ログインして以降の作業を行ってください．

(a) STM32CubeIDEのWebページで「ソフトウェア入手」を選択する

(b) OSを選択する（ここではWindowsを選択）

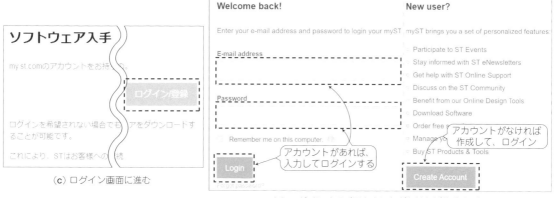

(c) ログイン画面に進む

(d) ログインする（アカウントがなければ作成する）

図2 統合開発環境STM32CubeIDEのダウンロード

ステップ1…統合開発環境 STM32CubeIDEの準備

● ダウンロード

ダウンロードはSTマイクロエレクトロニクスのWebサイトにログインするところから始めます．WebサイトでSTM32CubeIDEを検索します．本稿を執筆している時点では，https://www.st.com/ja/development-tools/stm32cubeide.htmlにて図2(a)のように表示されます．この「ソフトウェア入手」をクリックします．

図2(b)のOSの選択画面ではWindows版であるSTM32CubeIDE-Winを選び，「最新バージョンを取得」をクリックします．ライセンス契約画面が表示されるので，「同意」を選びます．図2(c)のソフトウェア入手画面には何も入力せず，「ログイン／登録」に進みます．図2(d)の画面では，あらかじめ作成したアカウントでログインします．

初回はアカウントがないので，アカウントの作成を行い，そのアカウントでログインしてください．ログインすると自動的にダウンロードが始まるので，ダウンロードしたファイルを保存します．

● インストール

ダウンロードしたSTM32CubeIDEのインストーラを実行して，インストールを開始します．設定によってはインストーラを実行してよいかを確認するメッセージが出るかもしれません．その場合は，インストールを実行するように進めてください．

インストーラの指示に従って作業を進めていきます．ライセンス契約画面では，「I Agree」をクリックします．インストール先は，空き容量のあるインストール先を選びます．フォルダ名に全角文字を使わないことと，空白を入れないことに注意してください．

図3のインストールするソフトの選択では，デフォルトのまま全部選択してください．「Install」をクリックするとインストールが始まります．インストールが完了したら，「Next」で次に進みます．

インストールの途中で，デバイス・ソフトウェアのインストール画面が出る場合があります（図4）．その場合は，必ずインストールしてください．複数回表示されることもありますが，すべてインストールします．

この図では「ユニバーサル シリアル バス デバイス」という名前ですが，実際に画面に表示される名前はさまざまです．名前にかかわらずインストールしてください．また，この画面が出ないこともありますが，問題ありません．

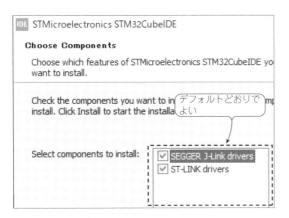

図3 統合開発環境STM32CubeIDEのインストール

図4 デバイス・ソフトウェアのインストール画面

インストールが完了したら「Finish」をクリックすると，デスクトップにアイコンが作成されます.

ステップ2…書き込みツール STM32CubeProgrammer の準備

統合開発環境で作成したプログラムをマイコンに書き込むツールSTM32CubeProgrammerをダウンロードし，インストールします. なおこのツール名は，STM32CubeProgと短縮して書かれることもあります.

● ダウンロード

ダウンロードの方法はSTM32CubeIDEと同様です. ここでは違いだけを説明します. まず，STマイクロエレクトロニクスのWebサイトでSTM32CubeProgを検索します. 本稿を執筆している時点ではhttps://www.st.com/ja/development-tools/stm32cubeprog.htmlにて図5(a)のように表示されるので，この「ソフトウェア入手」をクリックします.

図5(b)のソフトウェア入手では，該当するOSを選び「最新バージョンを取得」をクリックします. ライセンス契約画面からは，STM32CubeIDEと同じ画面の進め方になります.

● インストール

ダウンロードしたSTM32CubeProgのインストーラを実行すると，インストールが開始されます. 設定によっては，インストーラを実行してよいかを確認するメッセージが出るかもしれません. その場合は，イン

(a) STM32CubeProgrammerのWebページで「ソフトウェア入手」を選択する

(b) OSを選択する

図5 書き込みツールSTM32CubeProgrammerのダウンロード

ストールを実行するように進めてください.

図6(a)のような画面が現れて驚くかもしれません. 書き込みツールはインストールしても問題はないので，落ち着いて「詳細情報」をクリックして，「実行」で進めます.

このツールをインストールするパソコンに事前にJavaがインストールされていない場合は，図6(b)の表示になります. これが表示された場合は，先にJavaをインストールしてください. 「OK」を押すとJavaのダウンロード画面が出るので，ダウンロードしてインストールしてから，このツールのインストールをやり直してください.

ここまで問題がなければ，インストーラの指示にしたがって進めていきます. 実行の開始やツールの紹介は，「Next」をクリックして次に進みます. ライセンス契約画面では，「I accept …」を選択して「Next」をクリックします. インストール先の選択は，空き容量のあるインストール先を選んで「Next」をクリックします. フォルダ名に全角文字を使わないことに注意してください.

選んだフォルダが存在しなければ，作成してよいかを確認するダイアログが出るので「OK」で進めてください. 図6(c)のインストールするソフトの選択では，デフォルトで選択されているとおりにしてください. 「Next」をクリックするとインストールが始まります. インストールが完了したら，「Next」で次に進みます. 最後にデスクトップのアイコンなど，ショートカットの作成を指定します. デフォルトのままにしておくことをおすすめします.

(a) Windows Defenderが警告を出す場合があるが，このソフトは問題がないのでインストールを続行する

(b) Javaがインストールされていないと表示される

(c)コンポーネントを選択する(デフォルトどおり選択)

図6　書き込みツールSTM32CubeProgrammerのインストール

ステップ3…端末エミュレータ Tera Termの準備

　パソコンにはキーボードやディスプレイがありますが，ARM-Firstのようなマイコン・ボードにはありません．端末エミュレータは，本誌での用途を言えば，マイコン・ボードにキーボードやディスプレイをつけるためのソフトウェアです（図7）．ここでは端末エミュレータとして，Tera Termを使います．

● ダウンロードとインストール

　「Tera Term」で検索すると，窓の杜やTera Term Home Page（https://ttssh2.osdn.jp/）などが見つかるので，最新版をダウンロードしてください．zip形式とexe形式がありますが，exe形式をダウンロードすることをお勧めします〔図8(a)〕．

　ダウンロードしたプログラムを起動すると，インストーラの言語選択画面になります．日本語を選択し「OK」を押します．使用許諾契約で「同意する」を選びます．インストール先は，問題がなければデフォルトどおりにしてください．

　図8(b)のコンポーネントの選択も，デフォルトどおりにします．次にTera Term実行時に使う言語を

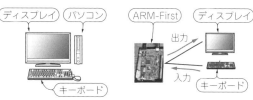

(a) パソコンにはキーボードとディスプレイがある
(b) ARM-Firstにもキーボードとディスプレイがあるとうれしい

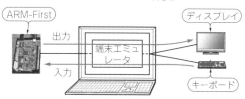

(c) 端末エミュレータを使えば図(b)のしくみを実現できる

図7　端末エミュレータとは

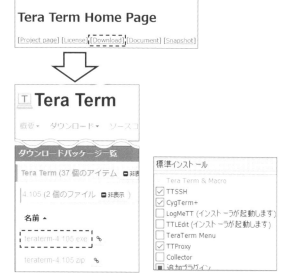

(a)TeraTermのインストーラをダウンロードして実行する
(b)インストールするコンポーネントを選択する（ここではデフォルトどおり）

図8　Tera Termのダウンロードとインストール

選びます（起動したときにも言語を選んだが，こちらはインストーラの言語の選択である）．プログラム・グループの指定はデフォルトどおりです．ショートカットもデフォルトどおりにします．問題がなければインストールを開始します．

ステップ4…プログラムの作成&ビルド

　インストールした統合開発環境を使ってプログラムを作成します．ここでは，ARM-Firstに搭載されているオレンジ色と緑色のLEDを1秒ごとに点灯/消灯するプログラムを作成します．

● 統合開発環境の起動

デスクトップにあるIDEと書かれたアイコンで統合開発環境を起動します．もちろん，メニューなどから起動してもかまいません．

次に，図9(a)に示したように，ワークスペースと呼ぶ，プログラムの作成に関連するファイルをまとめて保存するフォルダを指定します．前にも書きましたが，ユーザ名は半角英数字だけにしてください．またパス全体で，全角文字や空白を入れないでください．デフォルトどおりにするのがおすすめです．

● マイコンの選択とプロジェクトの作成

統合開発環境が起動すると，最初は図9(b)のような表示になります．ここで「Start new STM32 project」をクリックして作成を開始します．

次に，図9(c)のマイコン選択画面になります．ここで選択したマイコン向けのプログラムが作られるので，この選択は重要です．左上にある検索窓に「f405r」と入力すると，右下の一覧表にSTM32F405RGから始まる1行だけが表示されます．これがARM-Firstで使っているマイコンです．この行を選択して「Next」で次に進みます．

すると，初回起動時は必要なファイルのダウンロードが行われます．これは完了するまで待ってください．また，2回目以降に起動した場合でも，ときどき自動的にダウンロードが行われるようです．

しばらくすると図9(d)の画面が表示されます．これはプロジェクトと呼ばれる，作成するプログラムに関連するファイルをまとめたものを作成する画面です．ここでは作成するプログラム名を入力して「Finish」

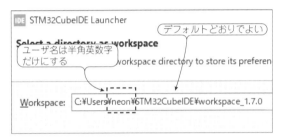

（a）ワークスペース（作成するプログラムの関連ファイルを保存するフォルダ）の指定

（b）STM32プロジェクトの作成を開始する

（c）Arm-Firstに搭載されたマイコンを選択する

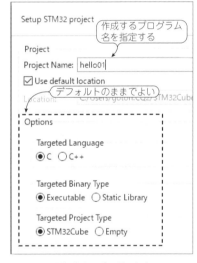

（d）作成するプログラム名を指定してプログラムのひな形を自動生成する

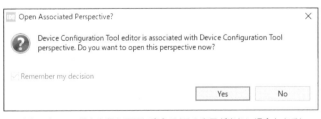

（e）マイコンの設定を行う画面に変える（この表示が出ない場合もある）

図9　プログラム作成の準備

図10 マイコンのピンに機能を割り当てる

プロジェクトで実行した各種設定は*.iocファイルに保存される

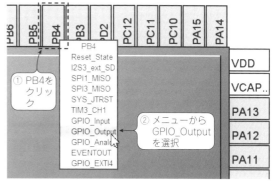

① PB4をクリック

② メニューから GPIO_Outputを選択

(a) LEDにつながるマイコンのピン(PB4)の設定を行う

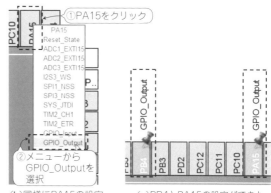

①PA15をクリック

② メニューから GPIO_Outputを選択

(b)同様にPA15の設定を行う

(c)PB4とPA15の設定ができた

図11 ピンの設定方法

保存アイコン　　　コード生成アイコン

図12 ツールバーからソース・コードの生成を実行する

をクリックします．その他の設定はデフォルトから変えないでください．次の画面に進むのに時間がかかることもありますが，がまんして待ってください．

図9(e)のような確認画面が表示されることがあるので，表示された場合は「Yes」を押します．

● マイコンの設定

少し待つと，マイコンのチップを上から見たような画面が表示されます(図10)．この画面では，マイコンのどのピンにどの機能を割り当てるか，その機能のパラメータをどうするか，を設定します．ここではARM-Firstの2つのLEDを点滅させたいので，LEDにつながるマイコンのピンの設定を行います．

まず，緑色のLEDから設定します．図11(a)のようにPB4をクリックします．このPB4と書かれた四角は，マイコンのピンを表しています．クリックすると，そのピンで利用できる機能の一覧が表示されます．ここではGPIO_Outputを選択します．表示が大きすぎたり，小さすぎたりする場合は，拡大縮小ができるので調整してください．

するとPB4が緑色になってピン留めされた表示になり，横にGPIO_Outputと表示されます．同様に，オレンジ色のLEDの設定を行うため，図11(b)のようにPA15をクリックして，やはりGPIO_Outputを選択します．これで図11(c)のように，PA15とPB4の設定ができました．

この設定をもとに，ソース・コードを自動生成します．図12のようにツールバーの歯車のアイコンをクリックすると，ソース・コードが生成されます．または，保存を行うとソース・コードの生成を行うかの確認画面が出るので「Yes」を押せば，ソース・コードが生成されます．

● ソース・コードの作成

図13のように，画面左のツリーからSrcの下にあるmain.cをダブルクリックすると，右側のマイコン

のチップが表示されているところに，さきほど自動生成されたmain.cのソース・コードが表示されます．

main.cにリスト1に示すプログラムを入力します．USER CODE BEGIN 3という行の直後に3行追加します．

注意する点として，自動生成されたコメントがいろいろありますが，削除や変更はしないでください．また，ソース・コードを入力するのは，USER CODE BEGIN nn(nnは数字か文字列)からUSER CODE END nnと書かれたコメントの間にしてください．その外に入力したソース・コードは，ソース・コードの生成をやり直したときに消えてしまいます．

入力する際，さまざまな入力支援機能が働くことがわかると思います．また，図14のように名前を入力するとき，途中でコントロール(Ctrl)キーを押しながらスペース・キーを押すと，名前の候補が表示されます．

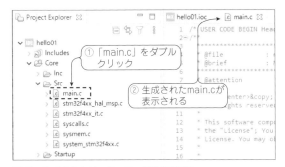

図13 生成されたソース・コードを表示する

リスト1 最初に作成するプログラム

```
92      /* Infinite loop */
93      /* USER CODE BEGIN WHILE */
94      while (1)
95      {
96        /* USER CODE END WHILE */
97
98        /* USER CODE BEGIN 3 */
99        HAL_GPIO_TogglePin(GPIOA, GPIO_PIN_15);
100       HAL_GPIO_TogglePin(GPIOB, GPIO_PIN_4);
101       HAL_Delay(1000);
102     }
103     /* USER CODE END 3 */
```

この3行を追加する

図14 ソース・コードの入力支援機能の例

関数名の一部を入力して[Ctrl]+[Space]で候補を表示

```
Project  Run  Window
   Open Project
   Close Project

   Build All
   Build Configuratio
   Build Project
   Build Working Set
```

図15 メニューからビルドを行う

● ビルドして実行可能形式に変換する

　ソース・コードの入力が終わったら，ビルドを行ってマイコンで実行できる形式に変換します．図15のように，メニューの［Project］-［Build Project］を選択します．

　初回は少し時間がかかりますが，最終的に図16のような表示が現れます．ここで「0 errors」になっていることが重要です．もしエラーがあれば，ここまでの手順を再度見直してください．

　これで，プログラムの作成は完了です．

図16 エラーがなければプログラムの作成が完了

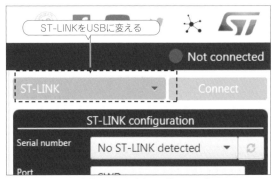

ST-LINKをUSBに変える

（a）動作モードを変える（初回のみ）

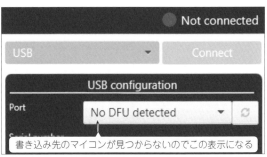

書き込み先のマイコンが見つからないのでこの表示になる

（b）書き込み先マイコンが見つからない表示になる

図17 書き込みツールの設定

ステップ5…マイコンへの書き込みと動作確認

　次の段階は，先ほど作成したプログラムをマイコンに書き込んで，実行できるようにすることです．それには，書き込みツールを使います．

● マイコンとの接続

　まず，ARM-FirstをUSBでパソコンと接続します．デスクトップにあるPrgのアイコンで書き込みツールを起動します．メニューなどから起動してもかまいません．すると書き込みツールが起動して，初回は図17(a)のような表示になります．このST-LINKをUSBに変更します．2回目以降に書き込みツールを起動すると，USBに変更した状態で立ち上がるはずです．

　書き込みツールは書き込めるマイコンを探しますが，

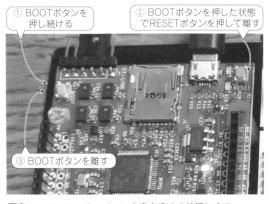

① BOOTボタンを押し続ける
② BOOTボタンを押した状態でRESETボタンを押して離す
③ BOOTボタンを離す

写真1 ARM-Firstのマイコンを書き込める状態にする

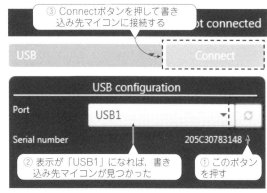

③ Connectボタンを押して書き込み先マイコンに接続する

... connected

USB　　　　　　　　　Connect

USB configuration

Port　　　　USB1

Serial number　　　205C30783148

② 表示が「USB1」になれば、書き込み先マイコンが見つかった

① このボタンを押す

図18 書き込み先マイコンに接続する

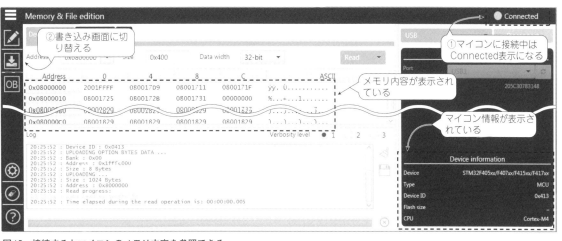

② 書き込み画面に切り替える

① マイコンに接続中はConnected表示になる

メモリ内容が表示されている

マイコン情報が表示されている

Device information

Device　　STM32F405xx/F407xx/F415xx/F417xx
Type　　　MCU
Device ID　0x413
Flash size
CPU　　　Cortex-M4

図19 接続するとマイコンのメモリ内容を参照できる

Erasing & Programming

① 先ほど作成したhello01.elfを選択する

Download

File path　C:\workspace\hello\Debug\hello.elf　Browse

Start ad...

☐ Skip flash erase before programming
☐ Verify programming
☐ Run after programming

② 書き込み開始　　　Start Program...

（a）マイコンに書き込むファイルを選択し、書き込み実行

図20 マイコンへの書き込みを実行

メッセージ

File download complete

（b）マイコンへの書き込みが完了

状態になります.

　写真1の操作を行った後,書き込みツールの画面で更新ボタン(回転しているマークのボタン)を押すと,図18のように「No DFU detected」が「USB1」という表示に変わります.これは,書き込みツールから書き込めるマイコンがUSB1につながっている,ということを意味します.Connectボタンを押して,書き込みツールをARM-Firstのマイコンに接続します.

● マイコンへの書き込み

　接続ができると図19のような表示になり,ARM-Firstのマイコンのメモリ内容などが表示されます.これは,マイコンのメモリ内容を編集できる画面です.表示内容はマイコンの状態によって異なります.画面左端のボタンを押して,画面表示を書き込み画面に切

まだARM-First側で準備していないので,書き込めるマイコンが見つかりません.図17(b)のように,「No DFU detected」と表示されるので,ARM-Firstを次の手順で操作します.

　写真1のように,ARM-FirstのBOOTボタンを押し続けた状態で,RESETボタンを押して離し,最後にBOOTボタンを離します.これでARM-Firstのマイコンは書き込みツールからプログラムを書き込める

イントロ
基礎知識
実験の準備
プログラミング入門
本格実験
あれこれ実験室

り替えます.

書き込み画面になると，表示は**図20(a)**のようになります．このFile pathのところに，先ほど作成したプログラムを指定します．この値は，次の内容を連結したものになります．パスを手で入力しなくても，Browseボタンで探せます．指定が終わったら，[Start Programming]ボタンを押せばプログラムがマイコンに書き込まれます．

File path＝ワークスペース名＼プロジェクト名＼
Debug＼プロジェクト名.elf
- ワークスペース名：**図9(a)**のワークスペースのパス
- プロジェクト名：**図9(d)**のプロジェクト名

書き込みが成功すれば，**図20(b)**の表示が出ます．

● 動作の確認

書き込んだプログラムを実行するには，ARM-FirstのRESETボタンを押します．オレンジ色と緑色のLEDが1秒ごとに点灯／消灯を繰り返せば成功です（**写真2**）．なお，RESETボタンを押すと，書き込みツー

図21 RESETボタンを押すと書き込みツールで警告が出るが問題ない

Warning: Connection to device 0x413 is lost

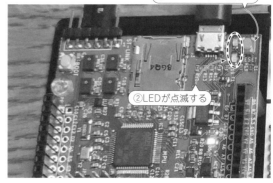
①RESETボタンを押す
②LEDが点滅する

写真2　RESETボタンを押すと動作開始

ルでは**図21**のような警告が出ますが，問題ありません．
プログラムを変更したときなど，再度書き込む場合は，ARM-Firstで**図18**の操作を行うところからやり直します．

どうしても動かないときのデバッグ方法…デバッガを使用する　Column 1

作成したプログラムが正しく動かない場合に，正しく動作するように修正する作業をデバッグと呼びます．このデバッグを支援するツールがデバッガです．デバッガを使うと，デバッグ作業を大幅に効率化できます．

ARM-Firstでデバッガを使う場合は，外付けデバッグ・アダプタが必要です．STマイクロエレクトロニクスのマイコン・ボードをデバッグ・アダプタとして使えます．

● デバッガでできること

デバッグするときに，条件分岐でどちらを実行しているのか，変数の値がどうなっているのか，といったことが気になると思います．デバッガを使うと，そう

いうことを容易に確認できます．

デバッガでできることの例を示します．
(1)指定した場所を実行する直前で実行を止める
(2)プログラムを1行ずつ実行する
(3)変数の値の表示や変更をする
(4)変数の値がある値になったら実行を止める

● デバッガを使う下準備

ARM-Firstとデバッガを接続するには，間にデバッグ・アダプタを入れます．ST-LINKというデバッグ・アダプタも販売されていますが，STマイクロエレクトロニクスの多くのマイコン・ボードはデバッグ・アダプタとしても利用できます．

ここでは，Nucleo64ボードをデバッグ・アダプタとして使います．このボードは，1500〜2000円で販

3本だけ接続
USB×2本
ジャンパを両方外す
CN₄　CN₂
ARM-First基板　Nucleo64基板

図A　ARM-First基板とNucleo64基板を接続する

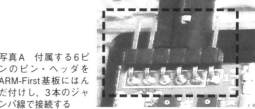
写真A　付属する6ピンのピン・ヘッダをARM-First基板にはんだ付けし，3本のジャンパ線で接続する

売されています．このシリーズのボードならどれでもかまいません．ここでは一番安かったSTM32 Nucleo Board STM32F072を使っています．

また，ARM-Firstのボード上のST-LINKコネクタ部に，ピン・ヘッダをはんだ付けします．**写真A**にその例を示します．

この2つのボードを接続するためには，両端がメス端子で長さ15 cm程度のジャンパ線が3本必要です．**図A**に示すように，ARM-FirstとNucleo64ボードを3本のジャンパ線で接続します．

● デバッガの起動

先ほど作ったプログラムを開いた状態で，統合開発環境からデバッガを起動します．**図B(a)**のように，メニューから [Run]-[Debug] を選びます．すると最初は，**図B(b)**の画面が現れます．ここではSTM32マイコンのプログラムをデバッグするので，「STM32 MCU…」というほうを選びます．

次に，**図B(c)**の画面が現れます．これは，デバッグのパラメータを指定する画面です．ここではデフォルトのまま「OK」を押します．さらに，画面表示を

デバッガの画面にしてよいかという確認が出る場合があるので，もし出れば「Switch」を押します．

これでようやくデバッガが起動した画面が表示されます（**図C**）．この状態でよく見ると，すでにプログラムの実行が始まっていて，main関数の最初の行を実行する直前で停止しています．

実はここまでの操作を行うと，プログラムのビルドを行って，ARM-Firstにプログラムを書き込んでデバッグを開始しています．プログラムの書き込みに，BOOTボタンを押しながらリセットしてSTM32CubeProgで書き込む，といった操作を行う必要はありません．

注意すべき点としては，デバッガを起動している間はマイコン基板側のRESETボタンを押さないでください．押してしまうと，様々な異常動作が起こりえます．マイコンをリセットしたいときは，デバッガからマイコンのリセットを実行します．

● デバッガの操作

デバッガのツールバーの一部を**図D**に示します．よく使う機能は次の通りです．

- **マイコンをリセットしてデバッグやり直し**：ARM-FirstのRESETボタンを押す代わりに，これでマイコンのリセットを行う
- **実行再開**：プログラムの実行が止まっているとき，続きから実行を再開する
- **実行を強制的に一時停止**：プログラムを実行している途中で，一時停止させる
- **デバッガ終了**：これを押すとデバッガは終了して編集画面に戻る
- **ステップ・イン実行**：プログラムをソース・コード上で1行実行する．もしその行に関数呼び出しがあれば，関数内に入ったところで一時停止する
- **ステップ・オーバ実行**：ステップイン実行と同様に，ソース・コード上で1行実行する．もしその

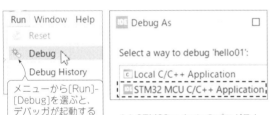

(a) デバッガの起動

(b) STM32マイコンのプログラムとしてデバッグする

(c) デバッグのパラメータを指定（デフォルトどおりで良い）

図B　デバッガの設定

これが，次に実行する行の表示．プログラムの実行を開始して，main関数の先頭の行を実行する直前で停止している

図C　デバッガが起動する

行に関数呼び出しがあった場合，その関数の実行を完了させて，行全体の実行が完了したところで一時停止する

- **ステップ・アウト実行**：その関数内から呼び出し元に戻るまで実行して，呼び出し元に戻ったところで一時停止する

他にも，カーソルがある行にブレーク・ポイントを置いたり，カーソルがある行まで実行したり，変数を選択してその値の参照や変更を行ったりできます．

● デバッガを使ってみる

▶ブレーク・ポイント設置

入力したソース・コードで1つめのHAL_GPIO_TogglePin関数呼び出しの行にカーソルを置いて，メニューから［Run］-［Toggle BreakPoint］を選びます．すると，その行の先頭に小さい丸が表示されます．

ちなみに，同じ操作をもう一度行うと，設置したブレーク・ポイントが解除されます．この操作を行うたびに，ブレーク・ポイントの設置と解除を繰り返します．

▶実行再開

ブレーク・ポイントを設置した状態でツールバーの「実行再開」アイコンを押すと，main関数の先頭で一時停止していたのが実行を再開し，ブレーク・ポイントを設置した行を実行する直前で一時停止します．このように，ブレーク・ポイントを置いておくと，その行を実行する直前で一時停止できます．

▶ステップ・オーバ実行

ツールバーから「ステップ・オーバ実行」を行うと，次に実行する行は先に進んで，オレンジ色のLEDが点灯します．これは，この関数の実行が完了したことを意味します．

▶ステップ・イン実行

ツールバーから「ステップ・イン実行」を行うと，今度はHAL_GPIO_TogglePin関数のソース・コードが表示され，その実行できる最初の行に進むはずです．このように，ステップ・イン実行を行うと関数呼び出しの場合はその関数内に入っていきます．

あと数回ほどステップ・イン実行を行うと，緑色のLEDが点灯するはずです．

▶ステップ・アウト実行

ステップ・オーバ実行やステップ・イン実行を繰り返して関数の最後まで実行すると，呼び出し元に戻ります．それを一度で行うのがステップ・アウト実行です．ステップ・アウト実行を行うと，関数の残りを実行して，呼び出し元に戻ったところで一時停止します．

緑色のLEDが点灯した状態でツールバーから「ステップ・アウト実行」を選ぶと，HAL_GPIO_TogglePin関数から呼び出し元に戻ります．

▶変数値の確認

HAL_Delay関数もステップ・イン実行して中に入ってみると，**図E**のようにローカル変数の値が表示されます．このように，ローカル変数を自動的に表示できますし，それ以外の変数も表示するよう指定できます．

▶ステップ実行で進まなくなったら

このように，ステップ・オーバ実行やステップ・イン実行を使うと，プログラムがどのように実行されていくかがよくわかります．しかし，うまくいかないこともあります．HAL_Delay関数内をステップ・オーバ実行やステップ・イン実行で進めていくと，途中で関数内のwhile文の条件が常に成立してしまい，先に進めなくなります．こういう場合は，一時停止して，ステップ・アウト実行や実行再開を行います．ステップ・アウト実行を行うと，HAL_Delay関数から呼び出し元に戻ったところで一時停止し，実行再開を行うと先ほど設置したブレーク・ポイントで一時停止します．　　　　　　　　　　　　　〈永原 柊〉

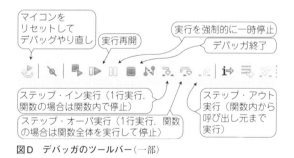

図D　デバッガのツールバー（一部）

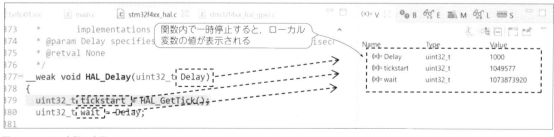

図E　ローカル変数の表示

IoTプログラミング入門

イントロ

基礎知識

実験の準備

プログラミング入門

本格実験

あれこれ実験室

ここでは，第2部で紹介したSTM32マイコン搭載ボード「ARM-First」とプログラミング環境STM32CubeIDEを使って，ボードに実装されているさまざまな機能の動かし方を解説します．「どういう場合にその機能が必要とされるのか」についても，あわせて示します．

第1章　ディジタル出力回路を動かす

ディジタル出力機能は，マイコンで照明のON/OFFを制御するなど，外付けのデバイスを動かすときに使う機能の1つです〔**表1(a)**〕．

扇風機をOFF/弱/中/強の4段階で制御したければ，**表1(b)**のようにディジタル出力を2つ組み合わせることで実現できます．

動かしてみる

● 実験回路

作成する回路を**図1**に示します．拡張端子D4（Arduiro拡張端子名で表記，以下同様）とGNDの間に，抵抗とLEDを直列に入れます．LEDには極性があるので注意してください．

この回路をブレッドボードで実現した例を**写真1**に示します．Arduinoのシールドにブレッドボードを載せたものがあるので，それを使うと便利です．

● マイコンの設定

前章（第2部 第2章）ではARM-First基板上のLEDを点滅させるために，PA15とPB4をGPIO_Outputに

表1　複数のディジタル出力を組み合わせる
2つのディジタル出力を組み合わせれば，4とおりの制御ができる

ディジタル出力	機器の状態
0	OFF
1	ON

ディジタル出力1	ディジタル出力2	扇風機の状態
0	0	OFF
0	1	弱
1	0	中
1	1	強

（a）ディジタル出力の値と制御する機器の状態　（b）複数のディジタル出力を組み合わせると多くの状態を指定できる

設定しました．今回，外付けLEDをつないだ拡張端子D4は，マイコンのPC13ピンに接続されています．そこで，PA15とPB4に加え，PC13もGPIO_Outputに設定します．

● プログラムの作成

設定を行った上で，前章で説明したように，プログラムのソース・コードを自動生成します．生成されたmain.cを開いて，**リスト1**のように記述を追加します．

このプログラムをコンパイルしてマイコンに書き込み，実行すると，ARM-First上のLEDと外付けLEDがすべて0.5秒消灯して1.5秒点灯する，という動作を

図1　ディジタル出力の
実験回路

リスト1　ディジタル出力させるプログラム例
3つの出力ピンに対して0.5秒間0を出力し，1.5秒間'1'を出力することを繰り返している

```
/* USER CODE BEGIN WHILE */        上の2行はARM-First上のLEDを操作
while (1)
{
  /* USER CODE END WHILE */         0.5秒間，'0'を出力

  /* USER CODE BEGIN 3 */                      1.5秒間，'1'を出力
      HAL_GPIO_WritePin(GPIOA, GPIO_PIN_15, GPIO_PIN_RESET);
      HAL_GPIO_WritePin(GPIOB, GPIO_PIN_4,  GPIO_PIN_RESET);
      HAL_GPIO_WritePin(GPIOC, GPIO_PIN_13, GPIO_PIN_RESET);
      HAL_Delay(500);

      HAL_GPIO_WritePin(GPIOA, GPIO_PIN_15, GPIO_PIN_SET);
      HAL_GPIO_WritePin(GPIOB, GPIO_PIN_4,  GPIO_PIN_SET);
      HAL_GPIO_WritePin(GPIOC, GPIO_PIN_13, GPIO_PIN_SET);
      HAL_Delay(1500);
}
/* USER CODE END 3 */                        3行目は外付けLEDを操作
```

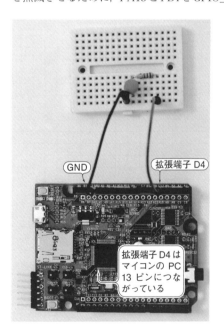

GND　拡張端子 D4

拡張端子 D4 はマイコンの PC13 ピンにつながっている

写真1　実験回路をブレッドボードで実現した例

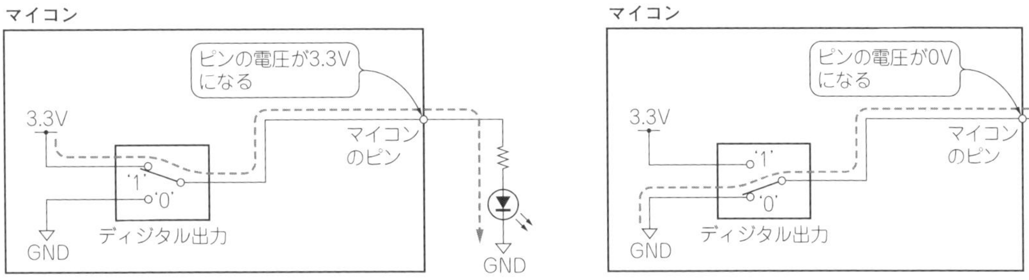

マイコン

（a）ディジタル出力を '1' に設定すると
LEDに電流が流れて点灯する

ピンの電圧が3.3V
になる

3.3V

マイコン
のピン

'1'
'0'

ディジタル出力

GND

GND

マイコン

（b）ディジタル出力を '0' に設定すると
LEDに電流が流れなくなって消灯する

ピンの電圧が0V
になる

3.3V

マイコン
のピン

'1'
'0'

ディジタル出力

GND

GND

図2 '1' を出力するとLEDが点灯するときのマイコンの内部動作

繰り返します.

プログラムの内容を見ると，HAL_GPIO_WritePin
という関数でディジタル出力を行っています．その引
き数は，最初の2つで出力するピンを指定し，最後の
値で出力する値を指定します.

最初の引き数はGPIOxの形式で，xのところにPA，
PB，PCのA，B，Cが入ります．最後の引き数は
GPIO_PIN_RESET か GPIO_PIN_SET で，GPIO_
PIN_RESETは0，GPIO_PIN_SETは1を表します．

● マイコンの内部動作

図2を見てください．ディジタル出力で1を出力す
ると，マイコン内部では図2(a)のような接続になり
ます．つまり，マイコンのピンには電源電圧である
3.3Vが出力されます．すると，このピンから抵抗を
通ってLEDに電流が流れるので，LEDが点灯します.

逆に，ディジタル出力で0を出力すると，マイコン
内部では図2(b)のような接続になります．つまり，
マイコンのピンの電圧はGNDと等しくなります．す
ると，LEDの両端がGNDにつながっていることにな
るので，LEDには電流が流れず消灯します.

「0を出力すると外付けLEDが 点灯する回路」に変える

外付けLEDをつなぐ回路の構成を変えて，ディジ
タル出力で0を出力したときに外付けLEDを点灯さ
せます.

● 実験回路

先ほどは拡張端子D4とGNDの間にLEDを入れま
したが，今度は図3のように3.3Vと拡張端子D4の間
にLEDを入れる構成に変更します.

● 動作の確認

先ほどは，ARM-First上のLEDと外付けLEDが
同時に点灯／消灯していましたが，今度はARM-
First上のLEDが点灯しているときは外付けLEDが消
灯し，ARM-First上のLEDが消灯しているときは外
付けLEDが点灯します.

プログラムの動作と関連付けて言うと，ディジタル
出力で1を出力すると外付けLEDは消灯し，ディジ
タル出力で0を出力すると外付けLEDは点灯します.

● マイコン内部の動作

ディジタル出力で1を出力した場合，図4(a)のよう
にマイコンのピンは3.3Vと接続されます．すると今
回の外付けLED回路では，LEDの両端が同じ3.3Vに
なって電流が流れないのでLEDが消灯します.

ディジタル出力で0を出力した場合，図4(b)のよう
にマイコンのピンはGNDと接続されます．すると，
LEDに電流が流れて点灯します.

図3 '0' を出力す
るとLEDが点灯す
る回路

抵抗
1k

赤色LED

3.3V

D4（PC13）

マイコン

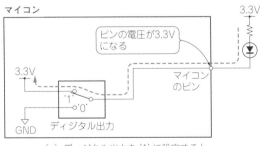

（a）ディジタル出力を '1' に設定すると
LEDに電流が流れなくなって消灯する

3.3V

ピンの電圧が3.3V
になる

マイコン
のピン

3.3V

'1'
'0'

GND ディジタル出力

図4 '0' を出力するとLEDが点灯するときのマイコンの内部動作

マイコン内部

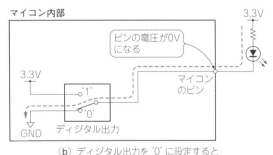

（b）ディジタル出力を '0' に設定すると
LEDに電流が流れて点灯する

3.3V

ピンの電圧が0V
になる

マイコン
のピン

3.3V

'1'
'0'

GND ディジタル出力

第2章 ディジタル入力回路を動かす

本章では，マイコンにON/OFFの2値を入力するディジタル入力機能の使い方を紹介します．

マイコンのピンに加える電圧が3.3Vのとき1が入力されます．ピンに加える電圧がGND(0V)のときは0が入力されます．

マイコンのピンには，基本的には電源電圧を超える電圧や，GNDを下回る電圧を加えてはいけません．もし加えてしまうと，マイコンが破壊する可能性があります．

動かしてみる

● 実験回路

ON/OFFするスイッチを使うのが便利なのですが，ARM-Firstにはユーザが自由に使えるスイッチがありません．そこで，スイッチを外付けして実験します．

▶スイッチを単純に外付けした回路

作成する回路を図1に示します．拡張端子D6とGNDの間にスイッチを入れただけです．ただし，この回路には問題があります．このスイッチをONにすると，拡張端子D6はGNDに接続されるのでマイコンのピンには0Vが加えられ，マイコンには0が入力されます．

それに対して，このスイッチをOFFにすると，拡張端子D6はどこにもつながりません．マイコンから見ると，何が入力されているのかわからない状態になります．この状態で拡張端子に大きいノイズが入ると，マイコンが異常動作を起こしたり，最悪の場合はマイコンが破壊する可能性があります．

▶プルアップ抵抗を追加する

1つの解決方法は，図2のように抵抗を追加することです．このように，対象となる信号線と電源をつなぐ抵抗を，プルアップ抵抗と呼びます．

スイッチをONにした場合，先ほどと同様に，拡張端子D6の電圧は0Vになるので，マイコンには0が入力されます〔図2(a)〕．一方，スイッチをOFFにしたとき，拡張端子D6は追加した抵抗を介して3.3Vにつながります．ディジタル入力の場合，拡張端子にはほとんど電流が流れないので，D6の電圧は電源電圧である3.3Vになり，マイコンには1が入力されます〔図2(b)〕．

このように抵抗を1つ追加すると，スイッチのON/OFFを確実にマイコンに入力することができます．ただし，スイッチをONにしたとき，電源からプルアップ抵抗を介してGNDに電流が流れます．例えば，ボタン電池で動く機器のように省電力が求められる場合は注意が必要です．

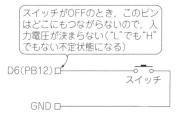

図1 スイッチを単純に外付けした回路

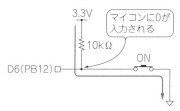

（a）スイッチON時，D6ピンは0Vになる

（b）スイッチOFF時，D6ピンは3.3Vになる

図2 プルアップ抵抗を追加した回路
これによりスイッチOFF時の電圧が決まる

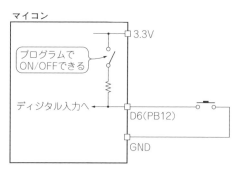

図3 マイコンはプルアップ抵抗を内蔵している
プルアップ抵抗を使うかどうかはプログラムで決められる

(a) 外付けスイッチを接続する
ピンPB12をGPIO_Input
に設定する

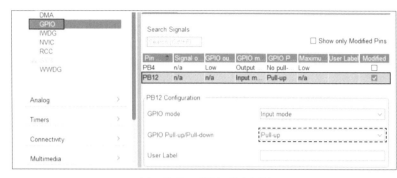

(b) プルアップ抵抗の設定を行う

図4 ディジタル入力機能の動作を確認するための設定

▶マイコン内蔵プルアップ抵抗を使う

図3のように，マイコン内部にプルアップ抵抗と，その抵抗を使うかどうか決めるスイッチがあり，プログラムでこのマイコン内のスイッチを操作できます．

プルアップ抵抗を使う設定にすれば，外付け抵抗なしの回路（図1）で，図2の回路と同じことができます．

● プログラムの作成

図3の外付け回路を作り，マイコン内蔵プルアップ抵抗を使ってプログラムを作ってみます．

外付けスイッチを押している間だけ，ARM-FirstのPB4につながっている緑色LEDが点灯する，というプログラムを作成します．

▶マイコンの設定

新しいプロジェクトを作成して，まずマイコンのピンの設定を行います．ARM-First上の緑色LEDを点灯させるためにPB4をGPIO_Outputに設定しました．外付けスイッチを接続する拡張端子D6はPB12につながっているので，PB12はディジタル入力を意味するGPIO_Inputに設定します〔図4(a)〕．

さらに，プルアップ抵抗を有効にするために，図4(b)のようにSystem CoreのGPIOを選んで，一覧から PB12を選び，下に出る GPIO Pull-up/Pull-down から「Pull-up」を選択します．

▶ソース・コードを入力

この設定を行ったうえで，プログラムのソース・コードを自動生成します．生成されたmain.cを開いて，リスト1のように記述を追加してください．

このプログラムをコンパイルしてマイコンに書き込んで実行すると，外付けスイッチを押している間，ARM-First上の緑色LEDが点灯します．

▶プログラムの説明

HAL_GPIO_ReadPinはディジタル入力された値を返します．1が入力されるとGPIO_PIN_SET，0が入力されるとGPIO_PIN_RESETを返します．

今回の回路では，スイッチを押すと0が入力されるので，HAL_GPIO_ReadPinが返す値がGPIO_PIN_RESETと一致するかどうか比較しています．一致すれば，スイッチが押されていると判断してLEDを点灯し，押されていなければLEDを消灯します．

スイッチが押されるとGPIO_PIN_RESETで，LEDを点灯するのはGPIO_PIN_SETです．SETとRESETがややこしいので注意してください．

リスト1 2値信号を取り込むプログラム
外付けスイッチがつながる入力ピンを読んで，スイッチが押されていれば（'0'が読めれば）LEDを点灯し，スイッチが押されていなければ（'1'が読めれば）LEDを消灯する

```
    /* USER CODE BEGIN 3 */
        if (HAL_GPIO_ReadPin(GPIOB, GPIO_PIN_12) == GPIO_PIN_RESET) {
                HAL_GPIO_WritePin(GPIOB, GPIO_PIN_4, GPIO_PIN_SET);
        } else {
                HAL_GPIO_WritePin(GPIOB, GPIO_PIN_4, GPIO_PIN_RESET);
        }
    }
    /* USER CODE END 3 */
```

入力ピンを読んで0なら（GPIO_PIN_RESET
なら）スイッチが押されている

第3章 割り込み回路を動かす

割り込みは，マイコンの重要な基本機能です．まず，イメージによる直感的な理解から始めます．

使い方

● 割り込みがないと：スイッチの状態を常にモニタすることになり，メインの処理を進められない

第2章のディジタル入力の例では，スイッチが押されたかどうかをプログラムのループの中で何度も確認しています．

▶問題点その1：いちいちスイッチの状態を確認していたら処理が進まない

例えば長い手順の計算処理を行っている途中に，ときどきスイッチを確認する場合を考えてみます．

計算の途中で，処理を中断しながらスイッチの確認を行う必要があります〔図1(a)〕．

▶問題点その2：すぐに処理が実行されない

スイッチを押す人の立場に立つと，スイッチを押してもすぐに処理されず，次にスイッチを確認する時まで待たされます．待ち時間を短くするには，スイッチを何度も確認する必要がありますが，すると，メインの処理がほとんど進まなくなります．

このように，スイッチを押す側も，押されたスイッチを確認する側も，両方に不満がたまります．

● 割り込みがあれば：スイッチが押されたときだけ知らせてくれる

これに対して，スイッチを押したときに割り込みが発生すれば，そのときに計算処理を行っていたとしても，その計算処理に割り込んでスイッチの処理を行うことができます．スイッチの処理が終わると，何事もなかったように通常処理の続きに戻ります〔図1(b)〕．

動かしてみる

● 外付け回路

外付け回路は，ディジタル入力の回路と同じです．第2章の図3で，マイコン内部で「ディジタル入力へ」と書いてあるところが「外部入力割り込みへ」に置き換わるだけです．

● マイコンの設定

新しいプロジェクトを作ります．今回も基板上のLEDを使用するので，PA15とPB4をGPIO_Outputに設定します．

▶PB12ピンの設定

PB12をクリックして出るメニューから，ここではGPIO_EXTI12を選びます〔図2(a)〕．これを選ぶことで，外部入力割り込みになります〔図2(b)〕．

System CoreのGPIOを選んで，一覧から，PB12を選びます．下に表示されるPB12 Configurationから，GPIO modeは「External Interrupt Mode with Falling edge trigger detection」，GPIO Pull-up/Pull-downから「Pull-up」を選びます〔図2(c)〕．

▶NVICの設定

ARM-Firstに搭載されたマイコンは，NVICとい

（a）割り込み機能なし

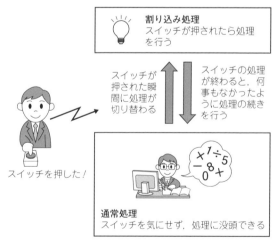

（b）割り込み機能あり

図1　割り込みのイメージ

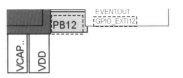

（a）PB12をGPIO_EXTI12に設定

（c）GPIOの設定でPB12のモードとプルアップを選択する

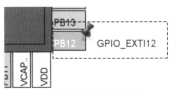

（b）「PB12の表示が変わる

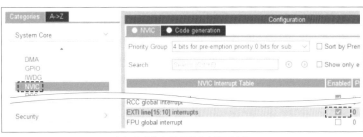

（d）外部入力割り込みを許可する

図2　マイコンの設定（PB12）

う割り込みコントローラを内蔵しています．この NVICにも設定が必要です．System CoreのNVICを 選ぶと，図2(d)のような一覧が表示されます．この 下から2番目に，EXTI line [15:10] interruptsという 行があります．そのEnabledにチェックを入れて，外 部入力割り込みを許可してください．

● プログラムの作成

▶通常処理

通常処理部分は，これまでに作ったプログラムと同 様にmain関数内に記述します．作成するプログラム をリスト1(a)に示します．処理内容は，緑色LEDを 点滅させるだけです．今回は時間待ちにforループ を100万回 回しています．

▶割り込み処理

割り込み処理部分は，専用の割り込み処理関数内に 記述します．main.cファイル内の下のほうにある 「USER CODE BEGIN 4」に，リスト1(b)のように HAL_GPIO_EXTI_Callback関数を追加します． この関数は，外部入力割り込みが発生したときに呼び 出されます．

リスト1(b)の処理内容は，この関数が呼び出され たら，オレンジ色のLEDを点灯させるだけです．

● プログラムを実行してみる

このプログラムを実行すると，オレンジ色のLED

リスト1　割り込み処理のプログラム例

（a）通常処理：緑色LEDを点滅させる

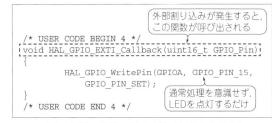

（b）割り込み処理：オレンジ色のLEDを点灯する

は消灯し，緑色LEDが点滅します．しばらく待って も何も変化はありません．これが通常処理です．その 状態で外付けスイッチを押すと，オレンジ色のLED が点灯します．これが割り込み処理です．割り込み処 理が終わると通常処理に戻り，緑色LEDの点滅が継 続します．

第4章 タイマ回路を動かす

私たちの身の回りには，時計やキッチン・タイマやストップウォッチなど，時間を計るものがいろいろあります．マイコンのタイマも同様で，単に時間を計るだけでも，設定によっていろいろな計り方ができます．ここではインターバル・タイマという，一定時間ごとに知らせてくれるモードでタイマを使ってみます．例えば1時間をセットすると，1時間ごとにアラームが鳴ります．

タイマの構成要素としくみ

プログラムを作る前に，タイマの基本的なしくみを単純化して説明します．タイマ内部を簡略化したものを，図1(a)に示します．

● タイマの構成要素

基本の構成要素であるクロック，カウンタ，比較値について説明します．また，追加要素としてプリスケーラについても説明します．

▶ クロック（外部）

クロックはタイマの内部にはなく，外部からクロック信号を与えます．タイマはクロックの信号が1回入ると，カウンタの値を＋1します．例えば，1秒ごとにクロックが1回入れば，カウンタの値は1秒ごとに1ずつ増えていきます．

▶ カウンタ

カウンタはタイマの値を保持しています．クロックが1回入ると，値を＋1します．クロックが入らないと，値は変わりません．ただし，後で説明する比較機能から，カウンタの値を0にする場合があります．また，マイコンをリセットした場合など，タイマがリセット

されると，カウンタの値は0になります．

▶ 比較値

カウンタの値の上限です．この値はプログラムから設定します．値を保持するだけの機能です．

▶ 比較機能

カウンタの値と比較値を比べます．値が異なれば何もしません．もし，カウンタ値が上限値と等しくなると，カウンタ値を強制的に0にします．タイマの設定により，このカウンタの値が0になるタイミングで割り込みを発生できます．もちろん，割り込みを発生させないこともできます．

ここまでがタイマ内部の基本構成です．

▶ プリスケーラ

実際のタイマは，これにプリスケーラというものを組み合わせます〔図1(b)〕．

例えば，1秒ごとに値が1ずつ増えていくタイマを作りたいのに，クロックが1/100秒ごとに入る場合はどうすればよいでしょうか．

プリスケーラはカウンタの前に位置していて，クロックを間引く働きをします．プリスケーラを100に設定しておくと，クロックが1/100に間引かれます．つまり，外部からクロックが100回入ったときに初めて，プリスケーラからカウンタへのクロックが1回入ります．

先ほどの，クロックが1/100秒ごとに入る例の場合，プリスケーラを100にすれば，カウンタには1秒に1回クロックが入ります．プリスケーラに1を設定すると，クロックを間引きません．

● タイマの動作

図2を見てください．一見複雑な図ですが，複数の

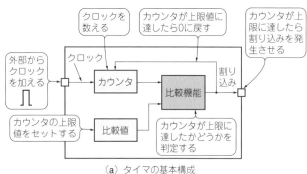

（a）タイマの基本構成

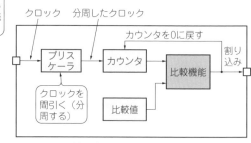

（b）プリスケーラがある場合

図1　タイマの構成要素

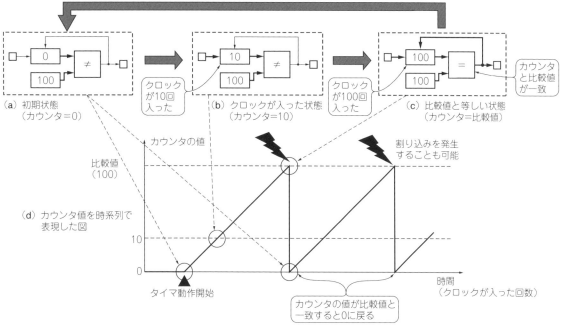

図2 タイマの内部状態

図を1つにまとめただけなので落ち着いて見れば大丈夫です．順を追って説明します．

▶初期状態

図2(a)の初期状態では，カウンタは0になっています．この図では，比較値として100を設定しています．この状態では，カウンタ値と比較値は異なるので，比較機能は何もしません．

▶クロックが入った状態

クロックが入ると，カウンタの値が増えていきます．図2(b)はクロックが10回入った状態です．この状態でも，カウンタ値と比較値は異なるので，比較機能は何もしません．

▶カウンタ値と比較値が等しい状態

クロックが入り続けると，図2(c)のようにカウン

タ値が比較値と等しくなります．この状態になると，比較機能が働いて，カウンタ値を強制的に0にします．また，設定によって割り込みを発生させることも，させないこともできます．カウンタ値が0になるので，タイマの状態は図2(a)の初期状態に戻ります．

▶動作をまとめると

このように，タイマの基本動作はクロックが入ると図2(a)から図2(c)の状態を繰り返すだけの動きをします．以上をまとめて，時間とともにカウンタ値がどのように変化するのかを示したのが図2(d)です．

正確に言うと，横軸は時間ではなく，クロックが入った回数です．もしクロックが一定周期で入るのであれば，横軸は時間にもなります．

タイマは時間じゃなく，クロックの数を測る　　　　　　Column 1

タイマには時間を直接計る機能はありません．もう少し正確に言うと，タイマは外部からクロック信号を受けて，そのクロック信号が何回入ったか数える機能です．

例えば，クロックが正確に16 MHzであれば，プリスケーラで1/16000に分周することで，1 kHzのクロックをカウンタに入力でき，カウンタの値は1 ms(ミリ秒)ごとに1ずつ増えていきます．しかし，

クロックが正確でなければ，この計算は成り立たず，正しく時間を計れません．

仮にクロックが正確でなかったとしても，タイマは入力されたクロックの数だけカウンタの値を変化させます．

第7章のパルス数入力機能のところで，カウンタ入力の具体例を説明します．

〈永原 柊〉

動かしてみる

ARM‐Firstのマイコン(STM32F405)は，多目的に使えるタイマを14個内蔵しています．それぞれのタイマには番号が付けられていて，その番号でタイマを区別します．タイマによって，使える設定が決まっています．

ここでは，ベーシック・タイマと呼ばれている2つ(タイマ6，タイマ7)を使ってみます．

● 作成する機能の概要

2つのタイマで，それぞれARM‐First上のLEDを点滅させます．今回は，外付け回路はありません．

▶ 一方のLEDはタイマ6で制御

1つのLEDは，0.5秒ごとにタイマ6により点滅させます．割り込みを使わず，プログラムでタイマ6のカウンタ値を読み出し，カウンタ値が0になればLEDを点灯/消灯します．

▶ 他方のLEDはタイマ7で制御

もう1つのLEDでは0.1秒ごとにタイマ7で割り込みを発生させ，その割り込み処理で点灯/消灯します．

● マイコンの設定

新しいプロジェクトを作成して，PA15とPB4をGPIO_Outputに設定し，タイマ6とタイマ7を有効にします．開発環境では，タイマ6はTIM6と表記され，タイマ7はTIM7と表記されています．ここでもそれに従います．

▶ TIM6の設定

TIM6では，図3(a)のようにActivatedにチェックを入れてタイマを有効にして，パラメータを設定します．パラメータとして，具体的にはPrescalerとCounter Periodを設定します．図1と対比して言えば，前者はプリスケーラ，後者は比較値に相当します．

● 設定値の考え方

0.5秒(500ms)ごとにLEDを点灯/消灯するので，500msごとにカウンタ値を0にして，そのときにLEDを操作します．

カウンタへのクロックが1msごとに入れば，比較値を500にすることで実現できそうです．つまり，カウンタへのクロックを1kHzにします．

一方，タイマに与えられるクロック信号は16MHzなので速すぎます．そこで，プリスケーラでクロックを間引きます．間引く割合は，1kHz/

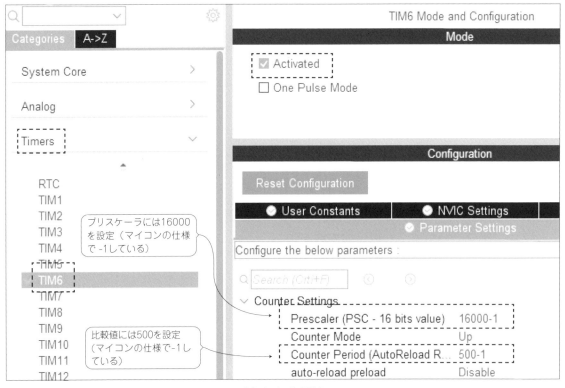

(a) タイマ6の設定

図3 マイコンの設定 ─

16MHz = 1/16000です.

● プリスケーラ

Prescalerには，プリスケーラの値を設定します．ARM - Firstのマイコンの仕様により，プリスケーラに設定する値は，1を引いた値にする必要があります．つまり，Prescalerには16000 - 1を設定します．

● 比較値

Counter Periodには，比較値を設定します．この値もARM - Firstのマイコンの仕様により，1を引いた値にする必要があります．つまり，Counter Periodには500 - 1を設定します．

▶ TIM7の設定

TIM7も同様に，Activatedにチェックを入れてタイマを有効にして，図3(b)のようにパラメータを設定します．設定するパラメータもTIM6と同様です．

ただし，割り込みを有効にするために，追加の設定が必要です．

● 設定値の考え方

タイマ7では，100 msごとに割り込みを発生させ，LEDを操作します．プリスケーラはタイマ6と同じにすれば，1 msごとにカウンタにクロックが入りそうです．すると，比較値は100にすればよさそうです．

● プリスケーラ

Prescalerに設定する値は，TIM6とまったく同じです．

● 比較値

Counter Periodには100を設定したいのですが，マイコンの仕様により，1を引いた値を設定します．

● 割り込みの設定

割り込みを使うことは，図3(c)で設定します．

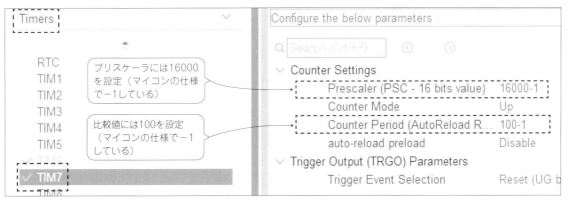

(b) タイマ7の設定（その1）

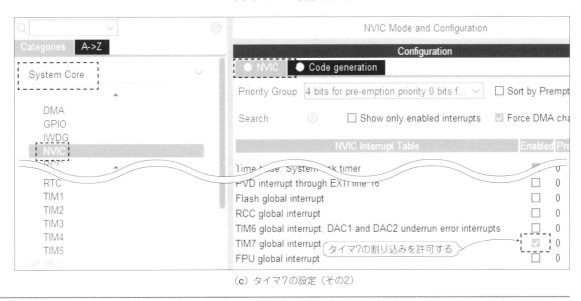

(c) タイマ7の設定（その2）

リスト1 タイマを使う
プログラム例

```
/* USER CODE BEGIN WHILE */
HAL_TIM_Base_Start(&htim6);
HAL_TIM_Base_Start_IT(&htim7);

while (1)
{
  /* USER CODE END WHILE */

  /* USER CODE BEGIN 3 */
      while (__HAL_TIM_GET_COUNTER(&htim6) != 0) ;
      HAL_GPIO_TogglePin(GPIOA, GPIO_PIN_15);
      HAL_Delay(10);
}
  /* USER CODE END 3 */
```

タイマ6を通常起動.
タイマ7を割り込みありで起動

カウンタ値を読み出して
0になるのを待つ

（a）main関数：タイマ6とタイマ7を起動し，タイマ6のカウンタ値でLED制御

タイマ割り込みで呼び出される

```
/* USER CODE BEGIN 4 */
void HAL_TIM_PeriodElapsedCallback(TIM_HandleTypeDef *htim)
{
    if (htim == &htim7) {
        HAL_GPIO_TogglePin(GPIOB, GPIO_PIN_4);
    }
}
/* USER CODE END 4 */
```

割り込みを発生させたのが
タイマ7かを確認

（b）割り込み処理関数：タイマ7の割り込みならLED制御

TIM7 global interruptのチェック・ボックスをチェックします. また, Preemption Priorityに1を設定します. TIM6は割り込みを使わないので, チェック不要です.

● プログラムの作成

このプログラムでは, タイマ6は割り込みを使わない通常処理, タイマ7は割り込みを使う割り込み処理になります.

▶タイマ6の処理

タイマ6の処理をリスト1(a)に示します.

● タイマ起動

最初にタイマを起動します. タイマ6だけでなく, タイマ7も合わせて起動しています. 割り込みを使うかどうかで, タイマの起動に使う関数が異なります.

HAL_TIM_Base_Startは割り込みなしでタイマ起動し, 後ろに_ITがついているHAL_TIM_Base_Start_ITは割り込みありでタイマを起動します. どちらも, 引き数で起動するタイマを指定します.

● タイマ6によるLED点滅

その後は, タイマ6専用の処理に移ります. プログラムはLED点滅の無限ループに入ります.

まず, __HAL_TIM_GET_COUNTERによりタイマ6のカウンタ値を読み出しています. 図2で説明したように, カウンタ値は0から増えていって, 比較値と等しくなると0に戻り, 再度増えていきます.

ここでタイマ6は, 500 msごとに値が0になるよう

に設定しています. この値が0になればwhileループから抜けるので, 500 ms経過するごとに, whileループを抜けてLEDの点灯状態を反転します.

その後, 少しの時間待って, LED点滅処理を繰り返します.

▶タイマ7

タイマ7は, メイン・ルーチンで割り込みありで起動しました. タイマの設定により, 100 ms経過すると割り込みが発生し, HAL_TIM_PeriodElapsed Callback関数が呼び出されます〔リスト1(b)〕. この関数は, どのタイマで割り込みが発生しても呼び出されます.

最初にどのタイマの割り込みか判断しています(今回のプログラムではタイマ7しかこの割り込みを発生させないので, このプログラムでは不要). タイマ7の割り込みであれば, LEDの点灯状態を反転しています. 割り込みは100 msごとなので, LEDは100 msごとに点滅します.

● プログラムを実行してみる

プログラムを実行すると, 2つのLEDがそれぞれの時間間隔で点滅することがわかります.

このプログラムでは割り込みと使う方法と使わない方法を示しました. タイマ6は, タイマの値を何度も確認しながら処理する必要がありますが, タイマ7は起動した後は割り込み処理で必要な処理だけを行っています.

第5章 USB経由で端末エミュレータと通信する

今後の実験をしやすくするために，パソコン上の端末エミュレータ（Tera Term）との通信を可能にします．端末エミュレータの入手方法とインストールの手順は，第2部 第2章で説明しました．

本章では，ARM-Firstのプログラムから文字列を出力し，パソコン上で動作する端末エミュレータに表示してみます．これにより，ARM-Firstの動作状態を端末エミュレータで表示できるようになります．

USB経由で通信するためには，これまでとは違った設定が必要です．

設　定

● 水晶発振子の設定

ARM-First上の水晶発振子を使う設定を行います（図1）．System CoreからRCCを選び，右側のHigh

図1　水晶発振子の設定

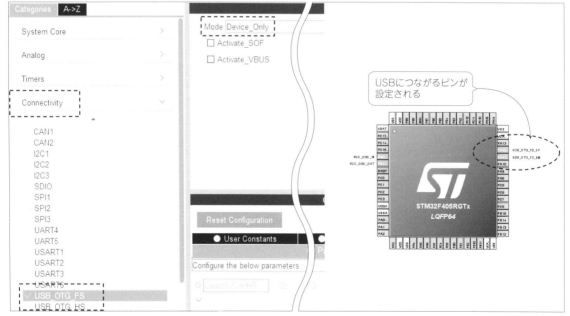

図2　USB機能の設定

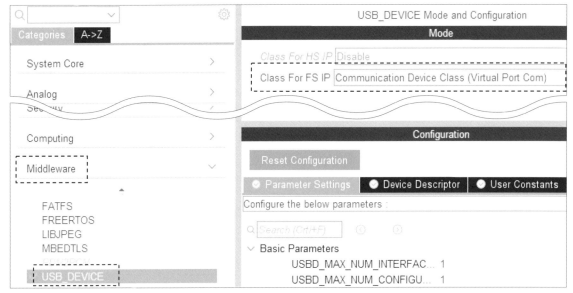

図3　USBデバイスの設定

Speed Clock（HSE）から「Crystal/Ceramic Resonator」を選択します。この選択を行うと、水晶発振子につながるマイコンのピンの色が変わります。

● USB機能の設定

続いて、マイコンに搭載されたUSB機能を利用可能にします。利用の方法がいくつかあり、ここではUSBデバイスとして使います。図2のように、ConnectivityのUSB_OTG_FSを選び、右側のModeから「Device_Only」を選びます。これを行うと、USBにつながるマイコンのピンの色が変わり、設定されたことを表します。

● USBデバイスの設定

パソコン上の端末エミュレータと通信するための設定を行います。図3のように、MiddlewareのUSB_DEVICEを選び、右側のClass For FS IPから「Communication Device Class（Virtual Port Com）」を選びます。

● クロックの設定

最後に、クロックを設定します。

▶クロック設定画面に移る

図4（a）のClock Configurationタブを選択します。

▶クロック自動設定機能は使わない

これでクロック設定画面に移るのですが、場合によっては図4（b）のような画面が出る場合があります。これはクロック設定に問題があるときに、自動的に解決してくれる機能です。しかし、試してみるとこの機能では希望する設定ができない場合があるので、この画面では「No」を押して自分で設定します。

▶クロック設定画面

図4（c）がクロック設定画面です。何もわからないと圧倒されそうな画面ですが、次のように設定していきます。なお、以下の設定を行っていくと、画面の一部が赤く表示されることがあります。これはクロックの設定に問題があることを意味します。最終的に赤い表示がなくなればよいので、設定途中で赤い表示になっても問題はありません。

また私の環境では、この画面はとても操作しにくいときがありました。例えば、数字を入力しようとしても入らないとか、選択を切り替えようとしても切り替わらないなどですが、粘り強く操作を繰り返していけば、そのうち入力できます。

（1）水晶発振子の設定

画面左端のHSEと書かれた箱の左側に数値を入力できます。ここには水晶発振子の周波数を入力します。ARM - Firstでは12MHzの水晶発振子が使われているので、12を入力します。

（2）PLLの入力の設定

PLL Source MuxというPLLへの入力を設定します。初期状態では上側（HSI）が選択されていますが、下側（HSE）を選択します。おそらく、この選択を行うと赤い表示が出ると思いますが、設定を続行して問題ありません。

（3）/Mの設定

/Mと書かれたドロップダウンリストから、/12を選びます。

(a)Clock Configurationタブを選択　　　　　　　　　(b)この画面が現れたら「No」を選択

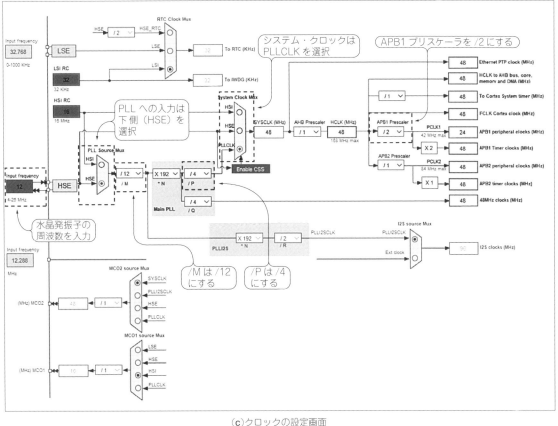

(c)クロックの設定画面

図4　クロックの設定

（4）/Pの設定

続いて，その右にある/Pと書かれたドロップダウンリストから，/4を選びます．

（5）システム・クロックの選択

その右上にあるSystem Clock Muxから，一番下にあるPLLCLKを選択します．

（6）APB1プリスケーラの設定

最後に，APB1 Prescalerを/2に設定します．

● 割り込みコントローラNVICの確認

以上で設定は完了ですが，念のために割り込みコントローラNVICの確認を行います．System Coreから

NVICを選び，右側の一覧にあるUSB On The Go FS global interruptのところにチェックが入っていることを確認してください（図5）．このチェックは自動的に入るようなのですが，もし入っていなければチェックを入れてください．また，Preemption Priorityを1に設定します．

動かしてみる

● プログラムの作成

プログラムをリスト1に示します．まず，このプログラムで使用するヘッダ・ファイルをインクルードし

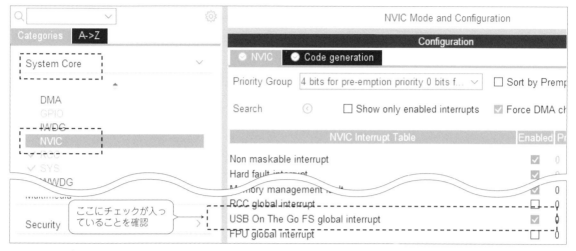

図5 NVICの確認

リスト1　USB出力のプログラム例
1秒ごとにカウンタ値を増やしながらパソコンにメッセージを表示する

```
/* Includes ----------------------
#include "main.h"
#include "usb_device.h"            ヘッダ・ファイルを
                                   追加
/* Private includes ---------------
/* USER CODE BEGIN Includes */
#include "usbd_cdc_if.h"
#include <stdio.h>

/* USER CODE END Includes */

   (中略)

int main(void)
{                                  カウンタ値
  /* USER CODE BEGIN 1 */
        int i;
        char msgbuf[128];          送信するメッセージを
                                   格納するバッファ
  /* USER CODE END 1 */

   (中略)

  /* USER CODE BEGIN WHILE */      カウンタ初期化
  i = 0;
  HAL_Delay(1000);                 パソコン側の処理のため
  while (1)                        1秒待ち(必須ではない)
  {
    /* USER CODE END WHILE */      送信するメッセージを
                                   msgbufに準備して,
    /* USER CODE BEGIN 3 */        CDC_Transmit_FSで
                                   USBから送信
      snprintf(msgbuf, sizeof(msgbuf),
        "USB:count=%d\r\n", ++i);
      CDC_Transmit_FS((uint8_t *)
      msgbuf, strlen(msgbuf));
       HAL_Delay(1000);
  }                                USB送信処理待ちと
  /* USER CODE END 3 */            1秒待ちを兼ねている
}
```

ます．main関数では，使用する2つの変数を宣言します．msgbufは，パソコンに送信するメッセージの作成に使います．

whileループの直前では，カウンタの初期化を行います．また，ここで1秒待ちをしていますが，これは必須ではありません．私の環境では，これがないとパソコン側の処理が間に合わず，一番最初に送信するメッセージが表示されなかったので追加しています．

ループ内では，snprintfでmsgbuf内にメッセージを作成して，CDC_Transmit_FSでUSB経由で送信しています．プログラム内のいろいろなところでメッセージを表示したい場合は，この2行をコピーしてください．

このプログラムでは1秒ごとに処理するので，送信後に1秒待っています．もし続けてメッセージを表示したい場合は，USB送信処理が終わるのを待つため，少しの時間（10 ms程度）待つようにしたほうがよいでしょう．

● 動作の確認

動作の確認は，ARM - First側から動かす必要があります．ARM - First側でこのプログラムを動かすと，USB経由でパソコンにメッセージを送信したいという通知が行きます．パソコン側ではその通知を受けると，マイコンと通信するためのCOMポートが自動的に作られます．

リスト1でwhileループに入る直前で1秒待っているのは，COMポートを作るのに少し時間がかかるので，その作成を待つためです．COMポートができると，端末エミュレータでそのCOMポートを開けばパソコンからのメッセージを受信できます．

次に，パソコン側の具体的な操作を示します．

▶ARM-FirstとパソコンをUSBで接続する

　まず，このプログラムを書き込んだARM-FirstとパソコンをUSBで接続します．

▶端末エミュレータを起動する

　端末エミュレータTeraTermを起動すると，**図6(a)**のような接続先の選択画面になります．シリアルを選んで，ポートからARM-Firstと接続するポートを選択します．接続できれば，**図6(b)**のような表示になります．ARM-Firstをリセットすると，カウンタの値は1からリスタートします．

(a)接続先の選択画面

```
USB:count=4
USB:count=5
USB:count=6
USB:count=7
```

(b)接続されると現れる画面

図6　端末エミュレータの起動

デバッガ起動時にエラーが出る場合　　　　　Column 2

　デバッガを初めて起動したとき，**図A**のようなエラーが出ることがあります．これは，デバッグ・アダプタとして使っているマイコン・ボードに書き込まれたプログラムのバージョンが古いことにより起こります．このプログラムは工場出荷時に書き込まれているもので，ユーザが更新できます．つまり，新しいバージョンに更新すれば，この問題は解決します．

　図Aで「OK」を押すと，**図B**の更新確認画面に進みます．さらに「Yes」で進むと**図C**の更新機能が立ち上がります．「Open in update mode」ボタンを押すと，デバッグ・アダプタとして使っているマイコン・ボードに書き込まれたプログラムのバージョンが表示されます．「Upgrade」ボタンを押すと，最新版への更新が始まります．

　更新が終わったらこの画面を閉じます．デバッガの起動からやり直せば解決するはずです．

〈永原　柊〉

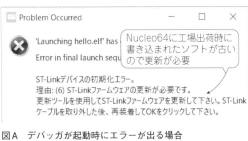

図A　デバッガが起動時にエラーが出る場合

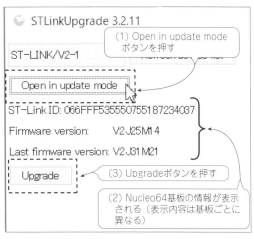

図B　Nucleo64基板のUSBケーブルを抜いて挿し直す

図C　更新機能が起動する

第6章

アナログ入力回路を動かす

マイコンに接続するセンサが、スイッチのようにON/OFFを知らせるセンサであれば、ディジタル入力で扱えます。本章では、アナログ値をマイコンに入力する方法について説明します。

アナログ入力機能とは

ディジタル入力では、入力する値の1/0は電圧で表現されていました。マイコンに1を入力する場合は3.3 Vの電圧を入力し、0を入力する場合は0 Vを入力する、といった具合です。

アナログ入力機能は、その間の電圧を入力できるようにしたものです。とはいえ、マイコンで扱うにはその中間の電圧もディジタル値で表現する必要があります。そこで、図1のように考えます。

アナログ信号入力を1ビットのディジタル値に変換すると、0と1の2値信号になります。2ビットのディジタル値に変換すると、00から11まで4段階で表現でき、3ビットのディジタル値なら000から111までの8段階を表現できます。このようにディジタル値のビット数が増えると、アナログ値を高い分解能で表現できます。

ARM - Firstのマイコンのアナログ入力機能では、入力電圧を12ビットのディジタル値で表現します。単純に計算すると、0 Vから3.3 Vまでの範囲を約0.8 mV単位で表現できます。このようなアナログ値を複数ビットのディジタル値に変換する機能は、A-D変換機能と呼ばれます。

● アナログ入力を利用するイメージ

図2(a)のCdS(硫化カドミウム)セルは、明るさによって抵抗値が変化するセンサ(フォトレジスタ)です。抵抗値を読み取れば、明るさがわかります。

とはいえ、マイコンでは抵抗値を直接読み取れない

ので、図2(b)のような回路により抵抗値を電圧で表し、その電圧を読み取ることを考えます。明るさによって抵抗値が変わると、マイコンが読み取る電圧が変わるので、逆に電圧から明るさを計算できます。

センサによっては、抵抗値ではなく、測定値に対応する電圧を出力するものもあります。こういうセンサも同じように使うことができます。

動かしてみる

● 実験回路

抵抗値を変化させられる可変抵抗器(ポテンショメータ)を使って、アナログ入力で電圧を読み取り、パソコンに表示します。

外付けの実験回路を図3に示します。可変抵抗を調整することにより、マイコンへの入力電圧を0 Vから3.3 Vまで変化させられます。アナログ入力でこれを読み取ります。読み取った値は、USB経由でパソコンに表示します。拡張端子A0を使います。これはマイコンのPC0ピンにつながっています。

● マイコンの設定

USBの設定を行った上で、アナログ入力機能の設定を行います。マイコンのPC0ピンを選択して、ADC1_IN10を選んでください(図4)。今回はデフォルト設定をそのまま使うので、設定は以上です。

● プログラムの作成

プログラムは、第5章で作成したUSB経由でパソコンにメッセージを送信するプログラムをベースに、下記のようにアナログ入力機能を追加します(リスト1)。ここではアナログ入力機能を単発で使っています。つまり、1回アナログ入力機能を起動すると、アナログ値を1回読み取れます。設定を変えれば、起動するとアナログ入力を継続実行する設定などが可能です。

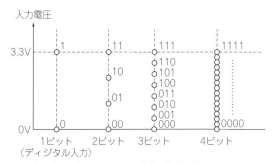

図1 ディジタル値によるアナログ値の表現方法

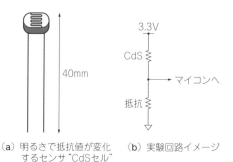

（a）明るさで抵抗値が変化 するセンサ"CdSセル"　（b）実験回路イメージ

図2 アナログ入力機能の利用イメージ

図3 アナログ入力の実験回路
可変抵抗により，アナログ入力ピンPC0に
0Vから3.3Vの間の電圧を加える

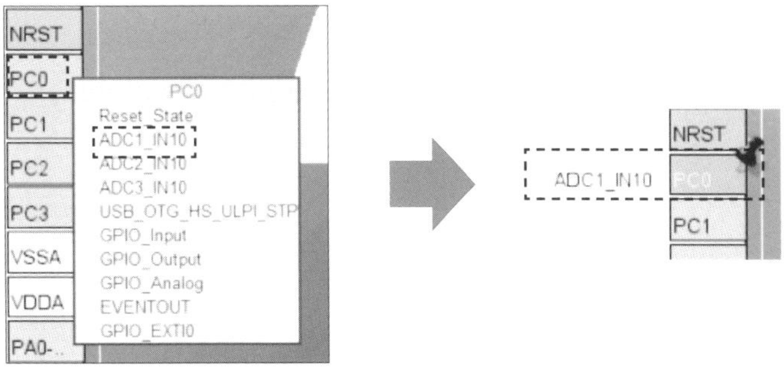

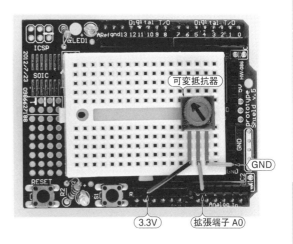

図4 マイコンの設定
PC0でアナログ入力機能ADC1_IN10を選択する

▶アナログ入力機能の起動

HAL_ADC_Start関数を呼び出せば，アナログ入力機能を起動します．起動すると，アナログ入力の読み取りを開始します．

▶アナログ入力完了待ち

ディジタル入力機能では，ディジタル値の読み取りは一瞬で完了しました．それに対して，アナログ入力機能の場合は読み取るまでに時間がかかります．アナログ値の読み取りが完了したかどうかを，HAL_ADC_PollForConversion関数で確認します．この関数は，第2引き数でタイムアウト値を指定します．読み取りが完了するか，タイムアウトが発生するまで，この関数から戻ってきません．

ここではタイムアウト値に100を指定したので，100 ms以内に読み取りが完了すればHAL_OK，完了しなければHAL_TIMEOUTが戻ります．このプログラムではHAL_OKが戻ってくることを期待しているのですが，本来は戻り値を見て必要な処理を行う必要があります．

▶アナログ値の読み取り

読み取りが完了したことがわかれば，HAL_ADC_GetValue関数で読み取ったアナログ値を取得します．後はUSB経由でパソコンに表示します．

写真1 図3の作例
Arduinoシールド形態のブレッドボードを使っている

● 動作の確認

このプログラムを実行して，パソコン側で端末エミュレータを起動して接続してみると，1秒ごとに12ビットのA-D変換結果が表示されます．可変抵抗の値を変えると，表示される値も変わることを確認してください．

リスト1 アナログ入力の
プログラム例
1秒ごとにアナログ入力を
行って，入力値をパソコン
に送信する

```
uint32_t adcVal;          ┐ ── main関数の冒頭で
char msgbuf[128];         ┘    これらの変数を宣言する
/* USER CODE BEGIN WHILE */
while (1)
{
  /* USER CODE END WHILE */
                                    ── アナログ入力を実行
  /* USER CODE BEGIN 3 */
      HAL_ADC_Start(&hadc1);                              ── アナログ入力機能を起動
      HAL_ADC_PollForConversion(&hadc1, 100);            ── アナログ入力完了待ち
      adcVal = HAL_ADC_GetValue(&hadc1);                 ── アナログ入力値を取得

      snprintf(msgbuf, sizeof(msgbuf), "analog_in:%ld\r\n", adcVal);
      CDC_Transmit_FS((uint8_t *)msgbuf, strlen(msgbuf));
      HAL_Delay(1000);
}                                                         ── 入力したアナログ値を
/* USER CODE END 3 */                                        パソコンに送信
```

第7章 パルス数カウント回路を動かす

パルス数入力機能とは

パルス数入力機能は，電気的に言うと1か0が入力されるディジタル入力です．ただし，ディジタル入力機能のように「ずっと1」や「ずっと0」が入力されるのではなく，時間の経過とともに測定値が変化し，その変化の回数（たとえば0から1になった回数．パルス数）を読み取る機能です（図1）．マイコン側から見ると，カウンタ機能とも言えるでしょう．

● 回転数センサの例

センサの中には，パルス数で測定値を伝えるものがあります．具体例で説明します．回転数を測るために，図2のような仕組みを用意します．円盤に穴が1つ開いていて，その片側に光源，反対側に受光素子があります．この仕組みで円盤の回転数を測ります．

穴が開いているところは光が通るので，円盤が回転して光が通ったとき受光素子が1を出力し，光が遮られるとき0を出力するようにしておけば，受光素子が1を出力した回数を数えると，円盤がどれだけ回転したかわかります．

● マイコン側の実現方法

このように，このセンサは1を出力する回数で回転数を通知します．それを受けるマイコンでは1の回数を数える必要があります．カウンタ入力は，それを実現する1つの方法です．

▶ カウンタ入力とは

カウンタは，タイマでも使われています．第4章で示したように，タイマで時間を計るときは，一定時間ごとにクロック信号を受け取って，タイマ内のカウンタを＋1していました．ARM-Firstのマイコンでは，クロックが16MHzなので，1秒間に16M回（1600万回）クロック信号を受け取って動作しています．

この仕組みを応用したのがカウンタ入力です．外部から信号を受け取り，その信号が1になるたびにカウンタを＋1します．回転数センサと組み合わせる場合を考えると，まずカウンタを0にリセットして，回転数センサが1を出力するたびにカウンタを＋1して，一定時間後にカウンタの値を読み出せば，センサからの出力値（回転数）がわかります．

動かしてみる

カウンタ入力を実際に試してみます．回転数センサで円盤の穴を光が通るのを，スイッチで代用します．スイッチを1回押したとき，光が1回通ったとみなします．ここで作るプログラムでは，一定時間内にスイッチを押した回数を数えて表示します．

● 外付け回路

作成する回路を図3に示します．今までより複雑な回路になっていますが，これはスイッチのチャタリングと呼ばれる現象を取り除いて，スイッチを押した回数を正確に読み取れるようにするためです．

使用するスイッチによっては，スイッチを押した回数と表示される回数が異なるかもしれません．図3の

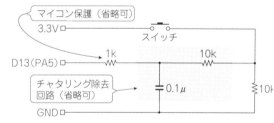

図3 作成する外付け回路
スイッチのチャタリング除去回路付き

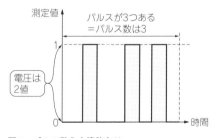

図1 パルス数入力機能とは
測定値のパルス数（値が1に変化した回数）を読み取る機能である

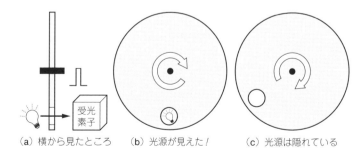

（a）横から見たところ　（b）光源が見えた！　（c）光源は隠れている

図2 回転数センサの例
円盤が1回転すると，光源が1見える．このとき受光素子がパルスを出す

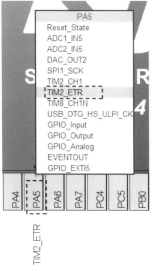

(a) PA5でTIM2_ETRを選択

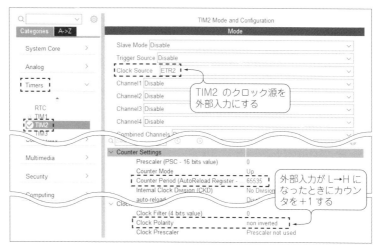

TIM2 のクロック源を
外部入力にする

外部入力が L→H に
なったときにカウン
タを＋1 する

(b) タイマ2のパラメータ設定

図4 マイコンの設定
汎用タイマであるタイマ2をパルス数入力機能として使う

チャタリング除去回路で，0.1 μF のコンデンサの容量
を増やす（1 μF など）と，改善する場合があります．

● **マイコンの設定**

スイッチが押された回数をパソコンに表示するため
に，これまでと同様にUSBの設定とPB4ピンの設定
を行います．

拡張端子D13につながっているPA5ピンが，カウ
ンタへの入力として使えます．**図4(a)** のように，マ
イコンの絵でPA5ピンをクリックして，TIM2_ETR
を選択してください．これで，PA5ピンを介してタ
イマ2をカウンタとして使うことになります．

次に，Timers の TIM2 を 選 び，Mode の Clock
Source をETR2にします〔**図4(b)**〕．その下のパラメ
ータでは，Counter Period にはカウンタの上限値を設
定します．ここではタイマ2の最大値である65535を
設定しました．また，スイッチを押した瞬間にカウン
タを＋1するために，Clock Polarity は non inverted
にしています．

● **プログラムの作成**

作成するプログラムを**リスト1**に示します．このプ
ログラムでは，ARM-Firstの緑色のLEDを10秒間点
灯し，その間にスイッチが押された回数を表示します．

まず，タイマ2が止まった状態で，__HAL_TIM_
SetCounterを呼び出し，カウンタの値を0にします．
次に，HAL_TIM_Base_Startを呼び出してタイマ
2を起動して，さらに緑色LEDも点灯します．

次に，HAL_Delayで10秒待ちます．この10秒の
間にスイッチが押されると，タイマ2のハードウェア
の働きによりカウンタ値が増えていきます．プログラ

リスト1 カウンタ入力のプログラム例
10秒間にスイッチが押された回数を数えて表示する

```
char msgbuf[128];          main関数の冒頭で
int n;                     これらの変数を宣言する

/* USER CODE BEGIN WHILE */
while (1)
{
        HAL_GPIO_WritePin(GPIOB, GPIO_PIN_4,
        GPIO_PIN_RESET);
        __HAL_TIM_SetCounter(&htim2, 0);
 /* USER CODE END WHILE */      カウンタを0クリア

                                タイマ起動
 /* USER CODE BEGIN 3 */
        HAL_TIM_Base_Start(&htim2);
        HAL_GPIO_WritePin(GPIOB, GPIO_PIN_4,
        GPIO_PIN_SET);
        HAL_Delay(10000);          10秒待つ

        n = __HAL_TIM_GET_COUNTER(&htim2);
        HAL_TIM_Base_Stop(&htim2);

           カウンタを読み出してタイマ停止
        HAL_GPIO_WritePin(GPIOB, GPIO_PIN_4,
        GPIO_PIN_RESET);

        snprintf(msgbuf, sizeof(msgbuf),
        "count:%d\r\n", n);
        CDC_Transmit_FS((uint8_t *)msgbuf,
        strlen(msgbuf));
        HAL_Delay(1000);
}
/* USER CODE END 3 */
```

ムではスイッチ入力の処理を何も行っていません．

10秒経過してHAL_Delayの呼び出しから戻ると，
__HAL_TIM_GET_COUNTERを呼び出してカウンタ
値を取得します．また，HAL_TIM_Base_Stopを
呼び出してタイマ2を停止します．緑色LEDも消灯
します．最後に，カウンタの値を表示します．

第8章 パルス幅計測回路を動かす

本章では，パルス幅をマイコンで読み取る「パルス幅入力機能」を紹介します．

パルス幅入力機能とは

パルス幅入力機能はパルス数入力機能と同様に，電気的に言うとアナログ入力ではなく，1/0のディジタル入力になります．ただし，ずっと1や0になるのではなく，1になっている時間（あるいは0になっている時間）により情報を通知する点が異なります（図1）．

● 超音波距離センサの例

具体例で説明します．図2(a)のような超音波センサが市販されています．このセンサは超音波を発射します．超音波が対象物に反射して返ってくるまでの時間を計ることで，その値と音速から距離を計算できます．

このセンサは，図2(b)のように超音波を発射したときに1を出力して，返ってきた超音波を受信したときに0を出力します．このセンサを使うマイコンは，センサが1を出力している時間を測り，音速を掛けると往復する距離が求まります．その半分が測定対象までの距離です．

もっと高級なセンサでは，距離の計算もセンサ側で行ってくれるものもあります．図2(a)のセンサは，処理が単純なので安価です．

● マイコン側の実現方法

マイコンは，センサが1を出力している時間を正確に計る必要があります．マイコンで時間を計ると言えば，タイマです．センサが1を出力した時点から時間の計測を始め，センサが0を出力した時点で経過時間を計ります．

● インプット・キャプチャ機能

タイマで時間を計るためのマイコンの機能として，インプット・キャプチャ（あるいは単にキャプチャ）機能があります．これはストップウォッチで言えば，ラップ・タイム（時間の計測は続けながら，ある瞬間の経過時間を表示する）に相当する機能です．

タイマが動作し続けている状態で，何かトリガ（例えばスイッチを押したり，あるいは離したりする）により，その時点のタイマの値を取得する（キャプチャする）機能です〔図3(a)〕．

● パルス幅を計るには

超音波センサが出すパルスのパルス幅を計る場合を想像してみます．パルスの立ち上がり（0→1）で1回目のキャプチャを行い，パルスの立ち下がり（1→0）で2回目のキャプチャを行って，2回目の値から1回目の値を引けばよさそうです〔図3(b)〕．

（a）超音波距離センサ

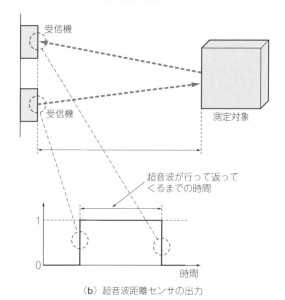

（b）超音波距離センサの出力

図2　パルス幅で出力する超音波距離センサ

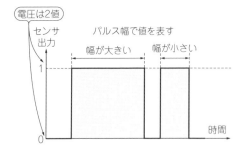

図1　パルス幅入力機能とは

▶計算結果がマイナスになる場合

　しかし，図3(c)のように計算結果がマイナスになる場合が考えられます．タイマの値は上限値に達すると0に戻るので，1回目にキャプチャした後，タイマの値が0に戻ると，2回目のキャプチャ値の方が小さくなります．この場合，2回目のキャプチャ値に上限値を加えて計算することで，本来の値を計算できます．

スイッチを使って実験で確認

　ここでは原理を理解するために，超音波距離センサではなくスイッチを使います．スイッチを押してパルスを作り，そのパルスの幅を計ります．

● 外付け回路
　第7章のパルス数入力機能の動作確認の説明で使った，チャタリング除去機能のあるスイッチ回路をそのまま使います．この回路はスイッチを押すとマイコンに1が入力され，離すと0が入力されるので，超音波センサと同じ動きになります．

● マイコンの設定
　今回も測定値をパソコンに表示するので，USBの設定を行います．また，ARM-First上の2つのLEDを使うので，PB4とPA15はGPIO_Outputに設定します．

▶入力端子の設定
　今回も拡張端子D13をパルス幅入力に使います．その端子につながるPA5で，TIM2_CH1を選択します[図4(a)]．これを選んだだけでは設定が不十分なので，色が黄色になります．

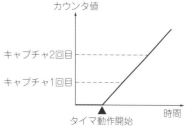

（a）トリガがあった瞬間のタイマ値を取得する．
複数回トリガがあれば，都度取得する

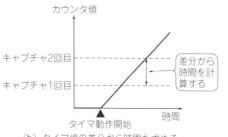

（b）タイマ値の差分から時間を求める

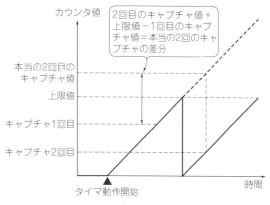

（c）1回目のキャプチャ値のほうが2回目の
キャプチャ値より大きいとき

図3　インプット・キャプチャ

（a）ピンの設定

（c）割り込みピンの設定

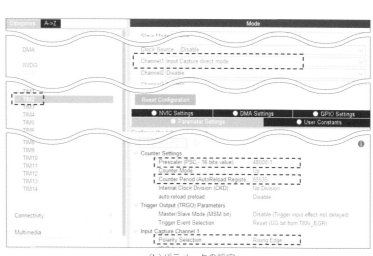

（b）パラメータの設定

図4　マイコンの設定

**リスト1　インクルードと
グローバル変数の追加**
main.cの最初のほうに追加する

```
/* USER CODE BEGIN Includes */
#include "usbd_cdc_if.h"
#include <stdio.h>
/* USER CODE END Includes */

  (中略)

/* USER CODE BEGIN PV */
volatile int ICIntrCount;
volatile int CaptureTime1;
volatile int CaptureTime2;
/* USER CODE END PV */
```

今回使用するヘッダ・ファイルを
インクルードする

複数の関数から参照する変数を
グローバル変数として追加する

リスト2　main関数
タイマを起動し，割り込み
でデータが用意できれば表
示する

```
char msgbuf[128];
int captureTime;
/* USER CODE BEGIN WHILE */
HAL_TIM_IC_Start_IT(&htim2, TIM_CHANNEL_1);
while (1)
{
    HAL_GPIO_WritePin(GPIOA, GPIO_PIN_15, GPIO_PIN_RESET);
    HAL_GPIO_WritePin(GPIOB, GPIO_PIN_4, GPIO_PIN_RESET);
    ICIntrCount = 0;

    snprintf(msgbuf, sizeof(msgbuf), "InputCapture: PUSH BUTTON: ");
    CDC_Transmit_FS((uint8_t *)msgbuf, strlen(msgbuf));
    HAL_Delay(10);

  /* USER CODE END WHILE */

  /* USER CODE BEGIN 3 */
    while (ICIntrCount < 2) ;

    if (CaptureTime1 < CaptureTime2)
            captureTime = CaptureTime2 - CaptureTime1;
    else
            captureTime = 65536 + CaptureTime2 - CaptureTime1;

    snprintf(msgbuf, sizeof(msgbuf), "time=%d(ms)\r\n", captureTime);
    CDC_Transmit_FS((uint8_t *)msgbuf, strlen(msgbuf));
    HAL_Delay(5000);
}
/* USER CODE END 3 */
```

main関数の冒頭で
これらの変数を宣言する

LEDと割り込み回数
カウンタを初期化

インプット・キャプチャ割り込みが2回発生するのを待つ

ボタンが押されていた時間を計算

▶インプット・キャプチャの設定

続いて，CategoriesのTimersからTIM2を選び，図4(b)のようにChannel1のModeとして「Input Capture direct mode」を選びます．そのパラメータは，Prescalerに48000－1を設定して，48MHzのクロックから1kHzのタイマのクロックを作ります．つまり，タイマ2は1ms（ミリ秒）ごとにカウントアップします．Counter Period（上限値）は65535にしました．

インプット・キャプチャのパラメータとしては，Polarity Selectionにはスイッチを押したときを捉えたいので，「Rising Edge」（0→1）を設定しました．あとはデフォルトどおりです．

▶割り込みの設定

最後に，タイマ2の割り込み設定を行います．図4(c)のように，NVIC SettingsでEnabledにチェックを入れます．また，Preemption Priorityを1に設定します．

動かしてみる

● プログラムの作成

自動生成されたソース・コードをもとに，プログラムを作成します．ここでは割り込みを使うので，main関数と割り込み処理ルーチンを作成します．また，両方の関数で参照する変数を，グローバル変数として用意します（リスト1）．

▶main関数

リスト2を見てください．

(1)インプット・キャプチャ・モードでタイマ起動

まず，タイマ2を割り込みを使うインプット・キャプチャ・モードにして起動します．このタイマは，動かし続けます．

(2)ボタンを押して離すのを待つ

次に，初期化とメッセージ表示を行ったあと，ICIntrCountという変数が2以上になるのを待ちま

リスト3　割り込み処理
キャプチャした値を読み出し，次のキャプチャの準備をする

```
/* USER CODE BEGIN 4 */
void HAL_TIM_IC_CaptureCallback(TIM_HandleTypeDef *htim)     ◀── インプット・キャプチャ割り込み処理
{
        if (htim == &htim2) {                               キャプチャした値を読み出す
                ++ICIntrCount;
                switch (ICIntrCount) {
                case 1:
                        CaptureTime1 = __HAL_TIM_GET_COMPARE(htim, TIM_CHANNEL_1);
                        __HAL_TIM_SET_CAPTUREPOLARITY(htim, TIM_CHANNEL_1,
        1回目の割り込み         TIM_INPUTCHANNELPOLARITY_FALLING);
                        HAL_GPIO_WritePin(GPIOA, GPIO_PIN_15, GPIO_PIN_SET);
                        break;
                case 2:
                        CaptureTime2 = __HAL_TIM_GET_COMPARE(htim, TIM_CHANNEL_1);
                        __HAL_TIM_SET_CAPTUREPOLARITY(htim, TIM_CHANNEL_1,
        2回目の割り込み         TIM_INPUTCHANNELPOLARITY_RISING);
                        HAL_GPIO_WritePin(GPIOB, GPIO_PIN_4, GPIO_PIN_SET);
                        break;
                }                                       次にインプット・キャプ
        }                                               チャを行う信号の極性を
}                                                       設定する
/* USER CODE END 4 */
```

す．この変数には，インプット・キャプチャ・モードで割り込みが何回発生したかを記録しています．

　ボタンを押した瞬間に，そのときのタイマの値をキャプチャして1回目の割り込みが発生します．次に，ボタンを離した瞬間にも同様に，そのときのタイマの値をキャプチャして2回目の割り込みが発生します．つまり，ボタンを押して離すと，割り込みが2回発生します．ICIntrCountが2になるのを待っているのは，この状態を待っています．

（3）ボタンを押している時間を計算

　1回目の割り込み時にキャプチャした値はCaptureTime1という変数に格納され，2回目の割り込みではCaptureTime2に格納されます．この2つの値から，ボタンを押している時間を計算します．

　計算方法はすでに説明したとおりです．2つの値の大小関係から，**図3(b)** の場合と **図3(c)** の場合を分けて計算します．そして，変数captureTimeに結果が入ります．この変数に，ボタンを押していた時間がms単位で入ります．

（4）結果表示

　最後に時間を表示して，少しの間待ち，再度初期化してボタンが押されるのを待ちます．

▶割り込み処理ルーチン

　タイマを割り込みのあるインプット・キャプチャ・モードで起動した場合，割り込みが発生するとHAL_TIM_IC_CaptureCallbackが呼び出されます（**リスト3**）．この関数は他のタイマと共通なので，タイマ2であることを確認した上で，ICIntrCount変数を+1しています．この変数は，グローバル変数なので，

main関数からも参照できます．

（1）1回目の割り込みの場合

　ICIntrCountが1の場合，ボタンを押した時の割り込み処理中です．まず，その時点のタイマ値を__HAL_TIM_GET_COMPAREで読み出して，変数CaptureTime1に格納します．次に，__HAL_TIM_SET_CAPTUREPOLARITYを呼び出しています．ここではキャプチャを行うトリガの設定を変更しています．ボタンを押したときは0→1のrising edgeが発生しますが，離したときは逆に1→0のfalling edgeが発生します．そこで，ボタンが押された割り込み処理中に，ボタンが離されたときのTIM_INPUTCHANNELPOLARITY_FALLINGを設定しています．最後に，ボタンが押されたことを示す，オレンジ色のLEDを点灯します．

（2）2回目の割り込みの場合

　2回目の割り込みは，ボタンを離したときに発生します．ここでも，タイマがキャプチャした値を変数CaptureTime2に代入します．また，次にボタンが押されたときのために，__HAL_TIM_SET_CAPTUREPOLARITYでTIM_INPUTCHANNELPOLARITY_RISINGを指定します．最後に，ボタンが離されたことを示す緑色のLEDを点灯します．

● 動作の確認

　これでプログラムを動かしてみます．2つのLEDが消灯し，"PUSH BUTTON:"のメッセージが出ているのを確認してボタンを押すと，ボタンが押された時間を表示できることがわかります．

第9章 アナログ出力回路を動かす

本章ではアナログ出力機能を説明します．マイコン内でアナログ出力機能を実現するしくみは，D-A変換（またはDAC：Digital-Analog Converter）と呼びます．

● アナログ出力機能とは

アナログ出力機能は，アナログ入力機能（第6章）の逆を行う機能です．ARM-Firstに搭載されたマイコンでは，12ビットのディジタル値により出力電圧が決まります．計算上は，0.8 mV単位（3.3 V ÷ 2^{12} ≒ 0.8 mV）で出力電圧を制御できます．

動かしてみる

アナログ出力機能を使って，LEDの明るさを連続的に変化させてみます．

● 外付け回路

ARM-Firstのマイコンでは，アナログ出力機能に利用できるピンは決まっています．このマイコンにはアナログ出力機能が2チャネル（ch）あって，ch1はPA4ピンに，ch2はPA5ピンにつながっています．また，それぞれのピンは拡張端子D8とD13に接続されています．

ここでは，アナログ出力機能のch1を使ってみます．図1のように，D8に抵抗とLEDを直列につなぎます．

● マイコンの設定

次に，マイコンの設定を行います．今までと同様に，マイコンのピンから機能を選ぶこともできますが，機能とピンが1対1に対応しているので，先に機能を選んでピンを決めることもできます．ここでは，先に機能を選んでみます．

CategoriesのAnalogからDACを選択します．右側に表示される内容から，「OUT1 Configuration」を有効にします．設定は以上です．

● プログラムの作成

リスト1のプログラムを作成します．ここで作成するプログラムは，LEDを消灯状態から徐々に明るくしていき，最終的に100%点灯させます．アナログ出力機能として重要なのは，次の2つの行です．

HAL_DAC_Startを呼び出すと，アナログ出力機能の利用を開始します．forループの中で変数iの値を0から4095（$2^{12} - 1$）まで変化させながら，HAL_DAC_SetValueを呼び出しています．これを呼び出すと，計算上は指定した値 × 0.8 mVの電圧が拡張端子D8から出力されます．

● 動作の確認

これでプログラムを実行してみると，LEDは消灯状態がしばらく続いた後，だんだん明るくなり，明るい状態が1秒ほど続いた後，再び消灯状態に戻ります．このように，0/1ではなく，中間的な値を出力できています．

▶注意点

このように，アナログ入力機能とペアになるアナログ出力機能ですが，アナログ入力機能はあるのに，アナログ出力機能がないマイコンは多くあります．アナログ出力機能がないマイコンでLEDをぼんやり点灯させるには，第10章で説明するPWM出力機能を使用します．

図1 外付け回路
アナログ出力機能の端子にLEDをつなぐ

リスト1 ディジタル出力のプログラム例
3つの出力ピンに対して0.5秒間0を出力し，1.5秒間1を出力することを繰り返している

```
/* USER CODE BEGIN WHILE */
HAL_DAC_Start(&hdac, DAC_CHANNEL_1);
while (1)
{
  /* USER CODE END WHILE */

  /* USER CODE BEGIN 3 */
    for (i = 0; i < 4096; i++) {
        HAL_DAC_SetValue(&hdac, DAC_CHANNEL_1, DAC_ALIGN_12B_R, i);
        HAL_Delay(1);
    }
    HAL_Delay(1000);
}
/* USER CODE END 3 */
```

アナログ出力機能を起動する

アナログ出力値を最小値から最大値まで，1ずつ変化させる

第10章 PWM出力回路を動かす

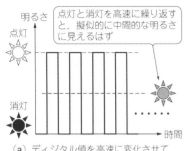
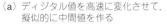

（a）ディジタル値を高速に変化させて，擬似的に中間値を作る

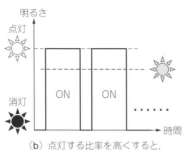
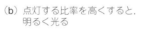

（b）点灯する比率を高くすると，明るく光る

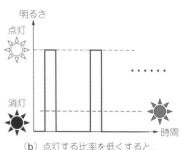

（b）点灯する比率を低くすると，暗くなる

図1　PWM出力のイメージ

多くのマイコンはアナログ出力機能（D‐Aコンバータ）を内蔵していませんが，PWM（Pulse Width Modulation）出力機能を使えば擬似的にアナログ信号を出力できます．

ここではPWM出力機能を使って擬似的にアナログ出力を行い，LEDをふんわり点灯させてみます．なお，PWM出力機能は，擬似的なアナログ出力以外にも，さまざまな目的で用いられます．

● 擬似的なアナログ出力とは

ディジタル出力でLEDを点灯/消灯するプログラムでは，LEDは完全な点灯状態か完全な消灯状態しかなく，20%くらいの明るさでぼんやり点灯させるといったことができませんでした．これはディジタル出力機能が1か0しか出力できないので，やむを得ません．

しかし，点灯と消灯を高速に切り替えることができれば，点灯時間を20%，消灯時間を80%にして高速に切り替えれば，人間の目には擬似的に20%の明るさに見えそうに思えます．

PWM出力は，1と0を出力する時間の比率を変えてディジタル出力を行う機能です．この機能を応用すると，擬似的なアナログ信号を出力できます．

点灯する時間と消灯する時間の比率を同じにすると中間的な明るさになり〔図1（a）〕，点灯する時間を長くするとやや明るくなり〔図1（b）〕，点灯する時間を短くするとやや暗くなります〔図1（c）〕．

PWM出力機能の実現方法

● PWM出力機能の概略構成

PWM出力機能は，時間を計る機能であるタイマに少し機能を付け足して実現しています（図2）．タイマ

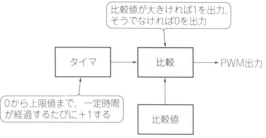

図2　PWM出力機能の構成

の値は，0から一定時間ごとに1ずつ増えていき，上限値に達すると0に戻って再度1ずつ増えていきます．この値と，別に用意した比較値を比較し，比較値が大きければ1を出力し，そうでなければ0を出力する，という機能を用意します．

この比較した結果の出力がPWM出力になります．

● PWM出力機能の動作のようす

図3（a）に動作のようすを示します．上のグラフはタイマの値を表しています．一定時間ごとに値が増えるので，右上がりのグラフになり，上限値に達すると0に戻ります．この値と比較値を比べて，PWM出力値が決まります．

図3（a）の下側のグラフにPWM出力値を示します．タイマの値より比較値が大きいとき，PWM出力値は1になります．そうでないときはPWM出力値は0になります．PWM出力値の1と0の比率は比較値で変えられます．比較値を大きくすると，図3（b）のようにPWM出力値が1になる比率が大きくなります．逆に比較値を小さくすると，PWM出力値が1になる比率が小さくなります〔図3（c）〕．

このように，比較値を変えるだけでPWM出力値の1と0の比率を変えられます．

動かしてみる

それでは，実験により動作を確認してみます．ARM-First上の緑色LEDをPWM出力機能で点灯してみます．

● マイコンの設定

緑色LEDはPB4ピンにつながっているので，その設定を行います．

▶PB4ピンの設定

PB4をクリックして表示されるメニューから，TIM3_CH1を選択します〔**図4(a)**〕．これはタイマ3を使うことを意味します．CH1は，タイマ3にあるPWM出力のうち1番目の出力（チャネル）を使うことを表します．

マイコンのピンによって，どのタイマのどの出力を使うか（あるいはPWM出力に使えないピンか）が決まっています．PB4ピンでタイマ4を使うとか，タイマ3のCH2を使うといったことはできません．

TIM3_CH1を選択すると，**図4(a)**の下のように表示されます．誌面では白黒ですが，画面で見ると，今までは緑色になっていたのが，今回は黄色っぽい色になることがわかります．これは，このピンの設定が不十分で，追加の設定が必要であることを意味しています．これは，タイマ3の設定を行うことで解消されます．

▶タイマ3の設定

タイマ3の設定を行うために，CategoriesのTimersからTIM3を選びます〔**図4(b)**〕．表示される設定画面で，Channel1の値として「PWM Generation CH1」を選択します．これを選ぶと，先ほど**図4(a)**で黄色に表示されていたところが，緑色に変わると思います．

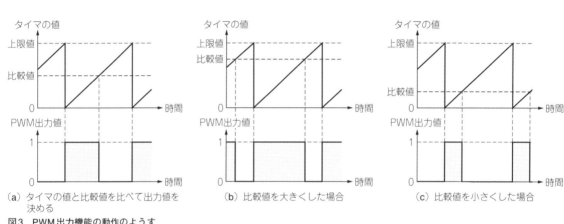

（a）タイマの値と比較値を比べて出力値を決める　　（b）比較値を大きくした場合　　（c）比較値を小さくした場合

図3　PWM出力機能の動作のようす
比較値を変えるだけでPWM出力値の1と0の比率を変えられる

（a）ピンの設定　　　　　　　　　　　　　　　　　　　（b）パラメータの設定

図4　マイコンの設定

続いて，タイマのパラメータを設定します．Counter Settings の Prescaler に「16-1」，Counter Period に「1000-1」を設定します．この設定により，タイマ3は図5のように動作します．

今回のタイマのクロックは16MHzなので，Prescaler値によりタイマは1MHzで動作します．その結果，タイマの値は1μsごとに1増えます．Counter Periodを999に設定したので，タイマの値は0から999までの1000段階変化します．つまり，タイマの値は1msで一周することになります．

● プログラムの作成

作成するプログラムをリスト1に示します．まず，HAL_TIM_PWM_Startにより，PWM出力機能で使用するタイマとチャネルを指定して起動します．ここでは，タイマ3，CH1を指定します．

後は比較値を変えるだけです．__HAL_TIM_SET_COMPAREにより設定値を設定します．0を設定すると，比較値がタイマの値より大きくなることはないので，PWM出力値は常に0になって，LEDは完全に消灯します．その後，比較値を100，250，500と変えていくと，PWM出力値が1になる時間が増え，LEDが明るくなります．

最後に比較値として1000を指定すると，タイマの値は999までしか増えないので常に比較値が大きくなり，PWM出力値は常に1になり，LEDは完全に点灯します．

● 動作の確認

プログラムを動かしてみると，LEDが暗い状態からだんだん明るく点灯する動作を繰り返します．このように，PWM出力機能を使うと，LEDを中間的な明るさで点灯することができます．

誤解しないでほしいのは，PWM出力機能は擬似的なアナログ値を出力するためだけの機能ではない，ということです．第11章では，PWM出力機能を別の目的で使ってみます．

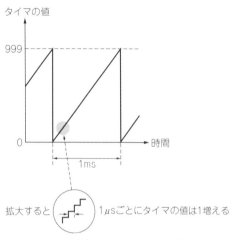

図5 パラメータの設定によるタイマ3の動作

リスト1 PWM出力のプログラム例
比較値を変えるだけで明るさが変わる

```
/* USER CODE BEGIN WHILE */
__HAL_TIM_SET_COMPARE(&htim3, TIM_CHANNEL_1, 0);
HAL_TIM_PWM_Start(&htim3, TIM_CHANNEL_1);
while (1)
{
  /* USER CODE END WHILE */

  /* USER CODE BEGIN 3 */
      __HAL_TIM_SET_COMPARE(&htim3, TIM_CHANNEL_1, 0);
      HAL_Delay(500);
      __HAL_TIM_SET_COMPARE(&htim3, TIM_CHANNEL_1, 100);
      HAL_Delay(500);
      __HAL_TIM_SET_COMPARE(&htim3, TIM_CHANNEL_1, 250);
      HAL_Delay(500);
      __HAL_TIM_SET_COMPARE(&htim3, TIM_CHANNEL_1, 500);
      HAL_Delay(500);
      __HAL_TIM_SET_COMPARE(&htim3, TIM_CHANNEL_1, 1000);
      HAL_Delay(500);
}
/* USER CODE END 3 */
```

PWM出力機能で使うタイマを起動

比較値を0に設定（消灯）

比較値を中間の値に設定（大きくなるほど明るくなる）

比較値を1000に設定（点灯）

第11章 I²C通信回路を動かす［気圧センサIC編］

本章からは，通信機能について説明します．ここではARM - Firstに搭載されているI²C接続の気圧センサを使って，I²C通信とは何か，そして気圧センサをどのように使うのかについて見ていきます．

● なぜ通信が必要なのか

センサなどのデバイスが高機能化すると，マイコンとの接続に必要な信号線の数が増える傾向にあります．例えば，あるセンサでは測定感度の設定に2本，測定値の出力に1本の信号線を使います．高機能なセンサになると，設定する情報がより多くなるので，信号線はさらに増えてしまいます．

センサなどのデバイスの信号線が増えると，自由に使えるピンが減ったり，マイコンが大型になったりします．こういう状況を解決するために，マイコンとデバイス間で通信を行うことで信号をやりとりする方法が考えられました．通信を用いることで，少ない数の通信線により多数の信号をやりとりできます．I²C通信は，そのような通信の規格の1つです．

基礎知識

図1に，I²Cを適用した例を示します．I²Cの通信を行うマイコンやセンサなどは，ノードと呼ばれます．

● I²Cのノードにはマスタとスレーブがある

ノードは，通信を開始できるマスタと，マスタからの指示で動作するスレーブに分けられます．多くの場合，マイコンがマスタになり，センサなどがスレーブになります．

▶接続の形態

マスタになるノードとスレーブになるノードが，2本の通信線（SCLとSDA）でバス型接続されています．基本的に，SCLはクロック，SDAはデータをやりと

りする通信線です．マスタはI²Cバス内に1つだけの場合が多いように思いますが，スレーブは1つの場合も複数の場合もあります．なお，複数のマスタを1つのI²Cバスに接続することもできます．

● スレーブを区別するためにI²Cアドレスがある

マスタから個々のスレーブを区別するために，各スレーブにはそれぞれ異なるI²Cのアドレスが割り振られています．マスタからスレーブにアクセスするとき，そのスレーブのI²Cアドレスを指定することで，アクセスするスレーブを特定できます．

● マスタからスレーブ内は多数のレジスタに見える

最初に述べたように，通信を用いることによりマスタとスレーブの間でさまざまな情報をやりとりできます．そのさまざまな情報を指定する方法として，レジスタを用います．例えば，あるセンサは，図2のようなレジスタ構成になっていたとします．そのセンサで測定を開始するには，レジスタ0x05にある決まった値を書き込みます．また，測定結果はレジスタ0x06に格納されるので，マスタはこのレジスタを読みます．

このように，I²Cによるマスタとスレーブ間の通信では，ノードのI²Cアドレスと，そのノード内のレジスタ番号を指定して，そのレジスタに書き込むか読み

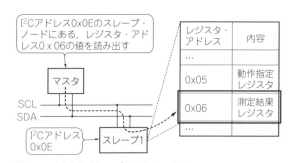

図2 マスタからスレーブにアクセスする

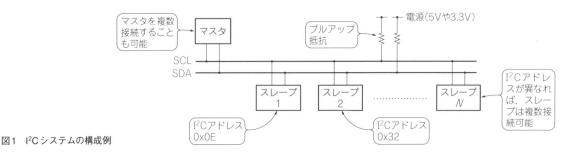

図1 I²Cシステムの構成例

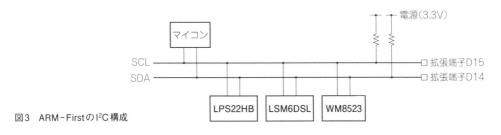

図3 ARM-FirstのI²C構成

出すかを指示します.

　スレーブ内部では複雑な処理が行われていますが,マスタから見るとレジスタで抽象化されていて,スレーブ内の複雑さを気にする必要はありません.

● ARM-FirstのI²C構成

　ARM-Firstには,マスタ・ノードとしてマイコンが,スレーブ・ノードとして気圧センサ,加速度/ジャイロ・センサという2つのセンサと,D-Aコンバータが搭載されています(**図3**).3つのスレーブ・ノードのI²Cアドレスを**表1**に示します.また,さらにI²Cノードを外付けできるように,拡張端子D15にSCL,D14にSDAがつながっています.

　本章では気圧センサ(LPS22HB)の使い方を,第12章では加速度/ジャイロ・センサ(LSM6DSL)の使い方を説明します.

動かしてみる

　ARM-Firstボード上には,STマイクロエレクトロニクス社の気圧センサLPS22HBが搭載されています.

● センサの使い方

　このセンサのシンプルな使い方を**図4**に示します.また,気圧センサのレジスタの中で,ここで使うものを**表2**に示します.

(1)マイコンからセンサのCTRL_REG2レジスタに,ワンショット(測定を1回実施)を通信で指示する.
(2)センサが測定を始める.
(3)測定には時間がかかるので,センサは測定の進み具合に応じ,STATUSレジスタを使って気圧

表1　ARM-Firstに搭載されたI²Cスレーブ・ノード

型名	I²Cスレーブ・ノードの種類	I²Cアドレス(xはRead時'1',Write時'0')
LPS22HB	気圧センサ	0b1011101x
LSM6DSL	加速度/ジャイロ・センサ	0b1101011x
WM8523	D-Aコンバータ	0b0011111x

の測定が完了したかどうかを表す.
(4)マイコンは通信でSTATUSレジスタの測定状態を見て,「測定完了」になるのを待つ.
(5)測定が完了すれば,センサはPRESS_OUT_XLレジスタなどに測定値を格納して,STATUSレジスタの測定状態を「測定完了」にする.
(6)マイコンはSTATUSレジスタの測定状態が「測定完了」になったのを見て,PRESS_OUT_XLレジスタなどの測定値を取得する.

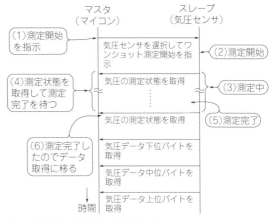

図4　気圧センサのシンプルな使い方

表2　気圧センサのレジスタ(抜粋)

レジスタ・アドレス	レジスタ名	b7	b6	b5	b4	b3	b2	b1	b0
0x11	CTRL_REG2	–	–	–	IF_ADD_INC	–	–	–	ONE_SHOT
0x27	STATUS	–	–	–	–	–	–	T_DA	P_DA
0x28	PRESS_OUT_XL	気圧データ下位バイト							
0x29	PRESS_OUT_L	気圧データ中位バイト							
0x2a	PRESS_OUT_H	気圧データ上位バイト							

(1:レジスタ・アドレス自動インクリメント)
(1:ワンショット測定開始)
(1:気圧データ準備完了)

リスト1　気圧センサをI²Cで読み取るプログラム例（一部）

```
/* USER CODE BEGIN WHILE */
while (1)
{
  /* USER CODE END WHILE */

  /* USER CODE BEGIN 3 */
      i2cbuf[0] = 0x11;
      HAL_I2C_Mem_Write(&hi2c1, I2C_ADDR_W, 0x11, I2C_MEMADD_SIZE_8BIT, i2cbuf, 1, 1000);

      while (1) {
              i2cbuf[0] = 0;
              HAL_I2C_Mem_Read(&hi2c1, I2C_ADDR_R, 0x27, I2C_MEMADD_SIZE_8BIT, i2cbuf, 1, 1000);
              if ((i2cbuf[0] & 0x03) == 0x03) {
                      break;
              }
              HAL_Delay(10);
      }

      HAL_I2C_Mem_Read(&hi2c1, I2C_ADDR_R, 0x28, I2C_MEMADD_SIZE_8BIT, i2cbuf, 3, 1000);
      pres = i2cbuf[0] | (i2cbuf[1] << 8) | (i2cbuf[2] << 16);
      hpa = pres / 4096;

      snprintf(msgbuf, sizeof(msgbuf), "pres=%d, hpa=%d, \r\n", pres, hpa);
      CDC_Transmit_FS((uint8_t *)msgbuf, strlen(msgbuf));
      HAL_Delay(1000);
}
/* USER CODE END 3 */
```

- センサにワンショット測定を指示
- センサが測定完了するのを待つ
- 測定値から気圧を計算
- 気圧を表示
- センサから測定値を取得

なお，ここでは単純な使い方をしましたが，このセンサには連続測定など，もっと高度な使い方も用意されています．

● マイコンの設定

それでは，プログラムを作って，I²C通信経由で気圧センサを使ってみましょう．このプログラムも測定値をパソコンに表示するので，USBの設定が必要です．

次に，I²Cを図5のように設定します．Connectivityから I2C1 を選択し，右側のMode では選択肢から「I2C」を選びます．この選択を行うと，さらに右にあるマイコンの図で，PB6ピンとPB7ピンにそれぞれ I2C1_SCL，I2C1_SDA が表示されます．設定は以上です．

● プログラムの作成

作成するプログラムの主要部を**リスト1**に示します．処理の流れは，**図4**で説明したとおりです．まず，ワンショット測定を開始するようにセンサに指示します．これでセンサは測定を開始します．

測定には時間がかかるので，測定結果が出るまで待ちます．具体的には，STATUSレジスタを読み出して測定完了になるまでループします．

測定が完了すれば，気圧の測定値を取得します．気圧は3バイトの測定値になっています．レジスタが連続して配置されているので，複数バイトを連続して読み取っています．

最後に，測定値から気圧を計算して表示しています．変数 pres はセンサが測定した気圧，hpa は pres か

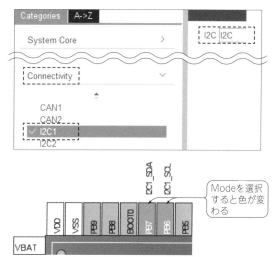

図5　マイコンの設定
I²Cの設定を行うと使用するピンが自動的に決まる

ら単位をヘクトパスカルに変換したものです．これを1秒ごとに繰り返します．

● プログラムを動かしてみる

プログラムを動かしてみると，1秒ごとに測定した値が表示されます．別の手段で測定した気圧と比較するのもよいのですが，ARM-Firstを部屋の床や天井付近に動かしてみると，測定値が変化することがわかります．高い場所のほうが気圧は低くなるので，天井付近のほうが値が小さくなります．

第12章 I²C通信回路を動かす[6軸センサIC編]

前章に引き続き，本章でもI²C通信を使って，ARM-Firstに搭載されている3軸加速度/3軸ジャイロ・センサLSM6DSLを動かしてみます．

動かしてみる

3軸加速度/3軸ジャイロ・センサは，X軸，Y軸，Z軸の3軸について，加速度と回転速度について測定するセンサです（図1）．

本章で説明する加速度/ジャイロ・センサの使い方は，第11章で説明した気圧センサと似ていますが，異なる点もあります．たとえば，気圧センサの場合とは異なり，ワンショットという指定はありません．測定周期を一度指定すると，センサはその周期で繰り返し測定します．

● センサの使い方

このセンサの使い方を図2に示します．また，加速度/ジャイロ・センサのレジスタの中で，本章で使うものを表1に示します．

(1) センサのCTRL1_XLレジスタに加速度を，CTRL2_Gレジスタにジャイロの測定開始をマイコンから設定する．

(2) センサが測定を始める．

(3) 測定には時間がかかるので，センサは測定の進み具合に応じ，STATUS_REGレジスタを使って加速度とジャイロの測定が完了したかどうか表す．

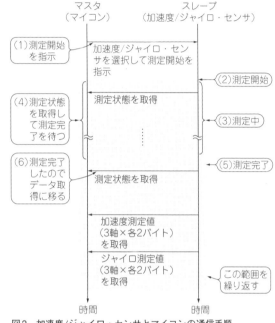

図2　加速度/ジャイロ・センサとマイコンの通信手順

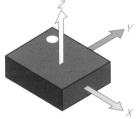

（a）3軸加速度

（b）3軸ジャイロ

図1　3軸加速度センサと3軸ジャイロ・センサの検出ベクトル

表1　加速度/ジャイロ・センサのレジスタ（抜粋）

アドレス	名前	b7	b6	b5	b4	b3	b2	b1	b0
0x10	CTRL1_XL	ODR_XLn							
0x11	CTRL2_G	ODR_Gn							
0x1e	STATUS_REG							GDA	XLDA
0x22	OUTX_L_G	X軸ジャイロ・データ下位バイト							
0x23	OUTX_H_G	X軸ジャイロ・データ上位バイト							
0x24	OUTY_L_G	Y軸ジャイロ・データ下位バイト							
0x25	OUTY_H_G	Y軸ジャイロ・データ上位バイト							
0x26	OUTZ_L_G	Z軸ジャイロ・データ下位バイト							
0x27	OUTZ_H_G	Z軸ジャイロ・データ上位バイト							
0x28	OUTX_L_XL	X軸加速度データ下位バイト							
0x29	OUTX_H_XL	X軸加速度データ上位バイト							
0x2a	OUTY_L_XL	Y軸加速度データ下位バイト							
0x2b	OUTY_H_XL	Y軸加速度データ上位バイト							
0x2c	OUTZ_L_XL	Z軸加速度データ下位バイト							
0x2d	OUTZ_H_XL	Z軸加速度データ上位バイト							

0001：12.5Hz周期で3軸加速度を繰り返し測定開始

0001：12.5Hz周期で3軸ジャイロを繰り返し測定開始

1：ジャイロ・データ準備完了

1：加速度データ準備完了

(4)マイコンは通信でSTATUS_REGレジスタの測定状態を見て，「測定完了」になるのを待つ．

(5)測定が完了すれば，センサは測定値を必要なレジスタに格納して，STATUS_REGレジスタの測定状態を「測定完了」にする．

(6)マイコンはSTATUS_REGレジスタの測定状態が「測定完了」になったのを見て，測定値を取得する．

(7) (2)に戻る．

● マイコンの設定

マイコンの設定は，気圧センサと同じです．ここでは省略します．

● プログラムの作成

作成するプログラムの主要部を**リスト1**に示します．処理の流れは**図2**で説明したとおりです．まず，測定を開始するようセンサに指示します．これでセンサは測定を開始します．ここでは12.5Hzの周期の測定を指定しています．この指示を一度行うと，次に指示するまでセンサはこの設定値で測定し続けます．

測定には時間がかかるので，測定結果が出るまで待ちます．具体的にはSTATUS_REGレジスタを読み出して，加速度のジャイロの両方が測定完了になるまでループします．測定が完了すれば，加速度とジャイロの測定値を取得します．それぞれの値は2バイトで3軸分あるので，加速度，ジャイロともに6バイトからなります．

取得した測定値を3軸分まとめてパソコンに表示しています．表示が終わると，1秒待ってセンサから値を取得するところから繰り返します．

● プログラムを動かしてみる

プログラムを動かしてみると，1秒ごとに測定した値が表示されます．加速度は重力があるので常に大きい値が表示されるのに対して，ジャイロは動かしたときだけ表示されることがわかります．

リスト1　加速度/ジャイロ・センサをI²Cで読み取るプログラム例（一部）
I²C通信でセンサから読み取って表示する

```
/* USER CODE BEGIN WHILE */
i2cbuf[0] = 0x10;
i2cbuf[1] = 0x10;
HAL_I2C_Mem_Write(&hi2c1, I2C_ADDR_W, 0x10, I2C_MEMADD_SIZE_8BIT, i2cbuf, 2, 1000);

while (1)
{
  /* USER CODE END WHILE */

  /* USER CODE BEGIN 3 */
      while (1) {
              i2cbuf[0] = 0;
              HAL_I2C_Mem_Read(&hi2c1, I2C_ADDR_R, 0x1e, I2C_MEMADD_SIZE_8BIT, i2cbuf, 1, 1000);
              if ((i2cbuf[0] & 0x03) == 0x03) {
                      break;
              }
              HAL_Delay(10);
      }

      HAL_I2C_Mem_Read(&hi2c1, I2C_ADDR_R, 0x28, I2C_MEMADD_SIZE_8BIT, i2cbuf, 6, 1000);
      acc[0] = i2cbuf[0] | (i2cbuf[1] << 8);
      acc[1] = i2cbuf[2] | (i2cbuf[3] << 8);
      acc[2] = i2cbuf[4] | (i2cbuf[5] << 8);

      HAL_I2C_Mem_Read(&hi2c1, I2C_ADDR_R, 0x22, I2C_MEMADD_SIZE_8BIT, i2cbuf, 6, 1000);
      gy[0] = i2cbuf[0] | (i2cbuf[1] << 8);
      gy[1] = i2cbuf[2] | (i2cbuf[3] << 8);
      gy[2] = i2cbuf[4] | (i2cbuf[5] << 8);

      snprintf(msgbuf, sizeof(msgbuf), "acc=(%hd, %hd, %hd) gy=(%hd, %hd, %hd)\r\n",
                      acc[0], acc[1], acc[2], gy[0], gy[1], gy[2]);
      CDC_Transmit_FS((uint8_t *)msgbuf, strlen(msgbuf));
      HAL_Delay(1000);
}
/* USER CODE END 3 */
```

センサに加速度，ジャイロともに12.5Hz周期の測定を指示

センサが測定完了するのを待つ

センサから測定値を取得して3軸の加速度を計算

センサから測定値を取得して3軸のジャイロを計算

3軸の加速度とジャイロを表示

イントロ

基礎知識

実験の準備

プログラミング入門

本格実験

あれこれ実験室

第13章 UART通信回路を動かす

本章では，狭義のシリアル通信（調歩同期通信）について取り上げます．

シリアル通信とは

シリアル通信は，古く（50年以上前）からあります．速度は遅いですが，ノイズに強く，離れた機器間でも安定して通信できます．この通信は，RS-232とも呼びます．その通信をもとに，ノイズがなく短い距離の通信で済む1つの機器内や基板上で使うことを前提に，簡略化したものが広く使われています．

ARM-Firstでは，この簡略化した通信をマイコンとWi-Fiモジュール（First Bee）の間の通信に使っています．

● ARM-Firstではシリアル通信にUSARTを使う

本来のシリアル通信では，受信側は準備完了を送信側に伝えたり，送信側は受信側が受け取ったことを確認したりして，確実に通信が行えていることを複雑な手順で確認しています．それに対して簡略化したシリアル通信では，機器の性能が向上していることもあり，通信速度を合わせるだけで，そういう手順なし（無手順とも表記される）で通信を行うことが多いようです．

ARM-Firstでは，USART（Universal Synchronous/ Asynchronous Receiver/Transmitter）というペリフェラル（周辺モジュール）を使ってシリアル通信を行います．

動かしてみる

ARM-FirstとFirst Beeとの間でシリアル通信を行ってみます．First BeeはATコマンド（ATで始まる

文字列をコマンドとして送信すると，受信側はそれに対応する動作を行う）に対応しているので，マイコン側からATコマンドを送信して，First Beeから応答が返ってくることを確認します．

● 外付け回路

First Beeを使うので，外付け回路は特にありません．ARM-FirstとFirst Beeの間の接続は，**図1**のようになっています．シリアル通信線2本とリセット信号の合計3本で接続しています．

シリアル通信線は，ARM-Firstのマイコンが送信側になるPA2ピンにつながる信号線と，First Beeが送信側になるPA3ピンにつながる信号線からなります．無手順なので，他に制御信号はありません．

もう1本は，ARM-FirstからFirst Beeをリセットする信号線です．PB1ピンにつながっています．PB1をディジタル出力にして，0を出力すればリセットを実行し，First Beeは動作を停止します．その後，1を出力すればリセットが解除されて，First Beeが動作を開始します．

● マイコンの設定

今回もUSBを使うので，これまでと同様にUSBの設定を行います．シリアル通信の設定は，Connectivityから USART2を選択します〔**図2（a）**〕．右側のモードからAsynchronousを選択します．これで通常のシリアル通信が行えます．他はデフォルトでかまいません．この設定を行うと，マイコンの絵でPA2ピンとPA3ピンが自動的にシリアル通信に設定されます〔**図2（b）**〕．

それから**図2**にはありませんが，First Beeのリセット信号を操作するために，PB1をGPIO_Outputに設定しておきます．

● プログラムの作成

作成するプログラムの主要部を**リスト1**に示します．基本的には次のような流れになります．

(1)PB1ピンに1を出力して，First Beeのリセットを解除する．

(2)HAL_UART_Transmitを呼び出してATコマンドを送信する．

(3)HAL_UART_Receiveを呼び出して，First Beeからの応答を受信して表示する．

図1　マイコンとWi-Fiモジュールとの接続
シリアル通信線2本とリセット信号の合計3本の信号線で接続する

USART2_TX(PA2)
USART2_RX(PA3)
RESET(PB1)

ARM-Firstのマイコン

Wi-Fiモジュール（First Bee）

● プログラムを動かしてみる

プログラムを動かしてみると，パソコン側にFirst-Beeボードの応答として「OK」が表示されます（**図3**）.

図3　実行結果

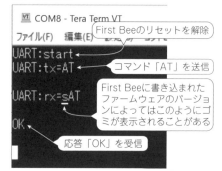

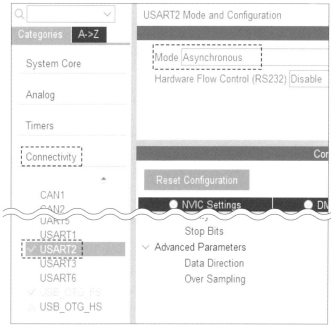

（a）USART2をAsynchronousモードにする

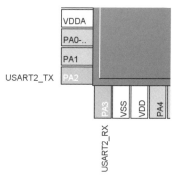

（b）使用するピンは自動的に決まる

図2　マイコンの設定
First-Beeボードと通信するための設定を行う. PB1をGPIO_Outputにすることも忘れないように

リスト1　シリアル通信のプログラム例（一部）

```
HAL_GPIO_WritePin(GPIOB, GPIO_PIN_1, GPIO_PIN_SET);
HAL_Delay(5000);
/* USER CODE END 2 */

/* USER CODE BEGIN WHILE */
snprintf(txbuf, sizeof(txbuf), "AT\r\n");          ← コマンド「AT」を準備

snprintf(msgbuf, sizeof(msgbuf), "UART:tx=%s\r\n", txbuf);
CDC_Transmit_FS((uint8_t *)msgbuf, strlen(msgbuf));  ← コマンドをPCに表示
HAL_Delay(10);

for (int i = 0; i < sizeof(rxbuf); i++) rxbuf[i] = 0;
HAL_UART_Transmit(&huart2, (uint8_t *)txbuf, strlen(txbuf), 1000);  ← First Beeにコマンド「AT」を送信

while (1) {                                          ← First Beeから応答を受信
        HAL_UART_Receive(&huart2, (uint8_t *)rxbuf, sizeof(rxbuf)-1, 1000);
        if (strlen(rxbuf) == 0) break;
        snprintf(msgbuf, sizeof(msgbuf), "UART:rx=%s\r\n", rxbuf);
        CDC_Transmit_FS((uint8_t *)msgbuf, strlen(msgbuf));  ← 応答があればPCに表示
        for (int i = 0; i < sizeof(rxbuf); i++) rxbuf[i] = 0;
        HAL_Delay(10);
}
```

第14章 Wi-Fiアクセス・ポイントに接続する

本章では，Wi-Fiモジュール（First Bee）を使ってWi-Fiルータなどのアクセス・ポイントに接続します．

マイコンとFirst Beeの間の通信は，前章で解説したシリアル通信を使います．マイコンから見ると，送信するATコマンドが少し異なるだけで，処理内容は前章とほぼ同じです．ただし，マイコン・ボードの外側で起こることは大きく異なります．

インターネット経由の通信を行うまでの道のり

ARM-Firstがインターネット経由でクラウド・サービスと通信を行うためには，大きく分けて次の3ステップが必要です（図1）．

(1) ARM-FirstのマイコンとFirst Beeの間でシリアル通信を行う．これで外部機器とWi-Fi経由で通信可能になる（前章で説明済み）．
(2) First Beeと，インターネットに接続できるWi-Fiアクセス・ポイント（例えばWi-Fiルータ）の間で通信する．これで，ARM-FirstはFirst Bee

を使ってインターネットに接続できるようになる．
(3) First Beeと(2)のアクセス・ポイントを経由して，ARM-Firstとクラウド・サービスが通信する．

この章では2段階目のステップに取り組みます．

Wi-Fiアクセス・ポイントに接続する

First BeeをWi-Fiアクセス・ポイントに接続するには，ARM-Firstから専用のATコマンドをFirst Beeに送って実行させます（図2）．最低限，次の2つを行う必要があります．

● ステーション・モードへの切り替え

Wi-Fiによる接続は，ステーション・モードで動作する機器からアクセス・ポイント・モードで動作する機器に対して行います．インターネットに接続するためのWi-Fiルータなどはアクセス・ポイント・モードで動作しています．そこで，First Beeをステーション・モードに設定します．

ステーション・モードへの設定変更は，ATコマン

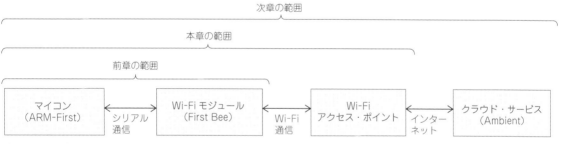

図1　インターネット経由の通信を行うまでの道のり

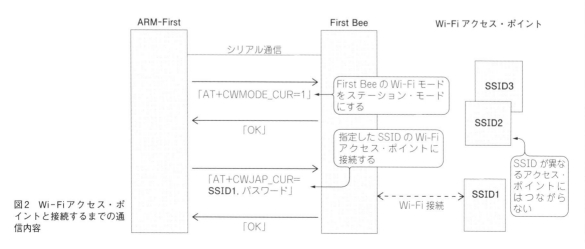

図2　Wi-Fiアクセス・ポイントと接続するまでの通信内容

ドの1つである AT+CWMODE_CUR コマンドで行います. このコマンドで「1」を設定するとステーション・モードになります.

● Wi-Fiアクセス・ポイントとの接続

アクセス・ポイントへの接続は，ATコマンドの1つである AT+CWJAP_CUR コマンドで行います. このコマンドで接続するアクセス・ポイントのSSIDを指定し，さらに接続のためのパスワードを指定すると，Wi-Fiによる接続を行えます.

Wi-Fiによる接続が完了すると，IPアドレスを自動取得するDHCPプロトコルにより，First Bee にIPアドレスが付与されます. このIPアドレスを用いて，次の章で説明するインターネットを経由した通信を行います.

● First Beeで使えるATコマンド一覧

First Beeで使えるATコマンドは，以下の資料で確認できます. これはFirst Beeに搭載しているマイコン・モジュール「ESP-WROOM-02（ESP8266を内蔵）」の製造元が公開しているものです.

https://www.espressif.com/sites/default/files/documentation/4a-esp8266_at_instruction_set_en.pdf

動かしてみる

● プログラムの作成

Wi-Fi接続を行うプログラムを作成します. といっても，ATコマンドを送るだけです. 前章で使った「AT」の代わりに「ステーション・モードへの切り替えコマンド」と，「Wi-Fiアクセス・ポイントへの接続コマンド」を送ります（リスト1）.

プログラム中のSSIDとそのパスワードは，皆さんの環境に合わせて変更してください.

● 動作確認

プログラムを動かしてみます.

まずステーション・モードに切り替えると，パソコン側に「OK」が表示されます.

次にWi-Fiアクセス・ポイントに接続すると，「WIFI CONNECTED」というメッセージが表示されます（Wi-Fiによる接続が完了したことを示す）. 続いて「WIFI GOT IP」というメッセージが表示されます（DHCPプロトコルでIPアドレスを取得できたことを示す）. これで，Wi-Fiアクセス・ポイントへの接続が完了し，インターネットに接続する準備ができたことがわかります.

リスト1 Wi-Fiアクセス・ポイントへの接続を行うプログラム例（一部）

```
    /* USER CODE BEGIN WHILE */
    snprintf(txbuf, sizeof(txbuf), "AT+CWMODE_CUR=1\r\n");          ← ステーション・モードへの切り替えコマンドを準備

    snprintf(msgbuf, sizeof(msgbuf), "UART:tx=%s\r\n", txbuf);
    CDC_Transmit_FS((uint8_t *)msgbuf, strlen(msgbuf));              コマンドを PC に表示
    HAL_Delay(10);

    HAL_UART_Transmit(&huart2, (uint8_t *)txbuf, strlen(txbuf), 1000);   First Bee にコマンドを送信
    while (1) {
            memset(rxbuf, 0, sizeof(rxbuf));
            HAL_UART_Receive(&huart2, (uint8_t *)rxbuf, sizeof(rxbuf)-1, 1000);
            if (strlen(rxbuf) == 0) break;                          First Bee から応答を
            snprintf(msgbuf, sizeof(msgbuf), "UART:rx=%s\r\n", rxbuf);   受信して PC に表示
            CDC_Transmit_FS((uint8_t *)msgbuf, strlen(msgbuf));
            HAL_Delay(10);
    }

#define WIFI_SSID               "FirstBeeAP"
#define WIFI_PASSWORD       "helloCQ49ArmFirst"                     Wi-Fi アクセス・ポイントへの接続コマンドを準備

    snprintf(txbuf, sizeof(txbuf), "AT+CWJAP_CUR=\"%s\",\"%s\"\r\n", WIFI_SSID, WIFI_PASSWORD);

    snprintf(msgbuf, sizeof(msgbuf), "UART:tx=%s\r\n", txbuf);
    CDC_Transmit_FS((uint8_t *)msgbuf, strlen(msgbuf));             コマンドを PC に表示
    HAL_Delay(10);

    HAL_UART_Transmit(&huart2, (uint8_t *)txbuf, strlen(txbuf), 1000);   First Bee にコマンドを送信
    while (1)
    {
      /* USER CODE END WHILE */

      /* USER CODE BEGIN 3 */
            memset(rxbuf, 0, sizeof(rxbuf));
            HAL_UART_Receive(&huart2, (uint8_t *)rxbuf, sizeof(rxbuf)-1, 1000);
            snprintf(msgbuf, sizeof(msgbuf), "UART:rx=%s\r\n", rxbuf);   First Bee から応答を
            CDC_Transmit_FS((uint8_t *)msgbuf, strlen(msgbuf));         受信して PC に表示
            HAL_Delay(10);
    }
```

イントロ
基礎知識
実験の準備
プログラミング入門
本格実験
あれこれ実験室

第15章 クラウド・サービスに接続する

前章ではWi-Fiモジュール(First Bee)をWi-Fiアクセス・ポイントに接続しました. またその際, DHCPプロトコルによりIPアドレスを取得しました.

本章ではTCP/IP通信によりインターネットに接続し, センサで測定した値をクラウド・サービスに登録します. クラウド・サービスは, IoTデータの可視化サービス「Ambient」(https://ambidata.io/)を用います.

クラウド・サービスと通信する

ARM-Firstとクラウド・サービスの間で通信を行うときの流れを図1に示します. 大まかに言うと, 下記の①~④のステップに分けられます.

① Wi-Fiアクセス・ポイントに接続する
② TCP/IPでクラウド・サービスに接続する
③ データを送信する
④ 通信を終了する

①については前章で説明しました. ここでは②以降

を説明します.

● TCP/IPでクラウド・サービスに接続する

インターネット経由でクラウド・サービス「Ambient」と接続します. 接続先のIPアドレスにはAmbientのサーバ名であるambidata.ioを, TCPポート番号には80を指定して(HTTPプロトコルで通信する)接続します.

この接続を行うATコマンドは, AT+CIPSTARTです. OKが返ってくれば接続完了です.

● データを送信する

クラウドとの通信はATコマンドを用いて行うことも可能ですが, First Beeをパススルー・モード(トランスペアレント・モードと呼ばれることもある)に切り替えてデータを送信するほうが容易です.

▶ パススルー・モードとは

パススルー・モード(正式名称はUART-Wi-Fiパススルー・モード)は, First Beeに搭載されている通信モジュール「ESP8266」の伝送モードの1つです. First BeeがARM-Firstから何か受信したとき, デフ

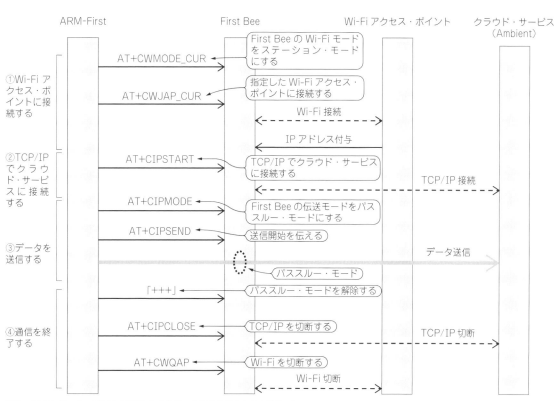

図1 クラウド・サービスとの通信の全体像 前章の内容も含めて図示した

ォルトではそれをATコマンドとして処理しようとします．それに対してFirst Beeがパススルー・モードで動作している場合，ARM-Firstから受信した文字列をそのままインターネット側に送信します．

例えばFirst BeeがATコマンドの「AT」という文字列を受信した場合，デフォルトではATコマンドとして処理してOKを返しますが，パススルー・モードではATという文字列をそのままインターネット側に送信します．

▶パススルー・モードにすると何が良いのか

First Beeがパススルー・モードではない場合，ARM-Firstは送信するデータをいちいちATコマンドに変換して送る必要があります．またそのATコマ

ンドが正しく処理されたことを確認するために応答のOKを待つ必要があります．

First Beeがパススルー・モードになっていると，ARM-FirstがFirst Beeにデータをそのまま送れば良いので，処理が容易になります．また，応答待ちを行う必要がないので，複数行のデータを送る場合に面倒がありません．

▶パススルー・モードへの切り替え

パススルー・モードへの切り替え要求は，ATコマンド「AT+CIPMODE=1」により行います．正確に言うと，このコマンドを実行した後，送信開始を伝えるATコマンド「AT+CIPSEND」を実行したとき，First Beeはパススルー・モードに切り替わります．

リスト1　Wi-Fiアクセス・ポイントへの接続を行うプログラム例（一部）

```
ExecATcmd("AT+CWMODE_CUR=1\r\n");        // station mode

while (1)
{
        i2cbuf[0] = 0x11;
        HAL_I2C_Mem_Write(&hi2c1, I2C_ADDR_W, 0x11, I2C_MEMADD_SIZE_8BIT, i2cbuf, 1, 1000);

        while (1) {
                i2cbuf[0] = 0;
                HAL_I2C_Mem_Read(&hi2c1, I2C_ADDR_R, 0x27, I2C_MEMADD_SIZE_8BIT, i2cbuf, 1, 1000);
                if ((i2cbuf[0] & 0x03) == 0x03) break;
                HAL_Delay(10);
        }
        HAL_I2C_Mem_Read(&hi2c1, I2C_ADDR_R, 0x28, I2C_MEMADD_SIZE_8BIT, i2cbuf, 5, 1000);
        HAL_Delay(10);
        pres = i2cbuf[0] | (i2cbuf[1] << 8) | (i2cbuf[2] << 16);
        mbar = pres / 4096;
        temp = (i2cbuf[3] | (i2cbuf[4] << 8)) / 100;

        snprintf(txbuf, sizeof(txbuf), "AT+CWJAP_CUR=\"%s\",\"%s\"\r\n", WIFI_SSID, WIFI_PASSWORD);
        ExecATcmd(txbuf);  // connect wifi

        snprintf(txbuf, sizeof(txbuf), "AT+CIPSTART=\"TCP\",\"%s\",%s\r\n", AMBIENT_HOST, AMBIENT_PORT);
        ExecATcmd(txbuf);  // connect ambient

        ExecATcmd("AT+CIPMODE=1\r\n");            // pass through mode
        ExecATcmd("AT+CIPSEND\r\n"); // send data

        snprintf(ambBody, sizeof(ambBody), "{\"writeKey\":\"%s\",\"d1\":\"%d\",\"d2\":\"%d\"}\r\n",
            AMBIENT_WRITE_KEY, mbar, temp);

        snprintf(ambStr, sizeof(ambStr), "POST /api/v2/channels/%s/data HTTP/1.1\r\n", AMBIENT_CHANNEL_ID);
        SendATcmd(ambStr);
        snprintf(ambStr, sizeof(ambStr), "Host: %s\r\n", AMBIENT_HOST);
        SendATcmd(ambStr);
        snprintf(ambStr, sizeof(ambStr), "Content-Length: %d\r\n", strlen(ambBody));
        SendATcmd(ambStr);
        snprintf(ambStr, sizeof(ambStr), "Content-Type: application/json\r\n\r\n");
        SendATcmd(ambStr);
        RecvATresponse();

        SendATcmd(ambBody);
        RecvATresponse();

        SendATcmd("+++");
        HAL_Delay(500);
        ExecATcmd("AT+CIPCLOSE\r\n");
        ExecATcmd("AT+CWQAP\r\n");

        HAL_Delay(1000*60);
}
```

注釈（図中吹き出し）:
- ステーション・モードに切り替え（First BeeにATコマンドを送信する関数を利用）
- 温度センサ，気圧センサの読み取り
- Wi-Fiアクセス・ポイントへの接続
- AmbientへのTCP/IP接続
- パススルー・モードに切り替え
- 送信開始
- 測定データをAmbientが受け入れる形式に変換
- Ambientにデータ送信（ヘッダ部分）
- Ambientにデータ送信（データ部分）
- パススルー・モード解除
- TCP/IP切断
- Wi-Fi切断

パススルー・モードになると，First Beeから応答として「OK」が返った後，送信データ待ちを示す「>」が返ってきます．この状態になれば，送信したいデータをFirst Beeに送るだけで，そのデータがそのままインターネット側に送信されます．

▶データを送信する

AmbientにはArduino向けやmbed向けなどの通信ライブラリが用意されており，そのライブラリを使うとAmbientが受け取れる形式でデータを送信できます．今回のプログラムにはそのままでは利用できませんが，ライブラリのソース・コードが公開されているので，その内容を参考にして同様の処理を実現します．

ライブラリのソース・コードを解析した結果，Ambientのサーバに対してHTTPプロトコルのPOSTメソッドを使って特定のURLにアクセスし，特定の形式のデータを送信すれば良いことがわかりました．先ほど「TCP/IPでクラウド・サービスに接続する」の項でポート番号80を指定したのは，こういう理由からです．

● 通信を終了する

データの送信が完了したら，通信に使ったTCP/IPコネクションとWi-Fiコネクションを切断します．

これらはATコマンドで行いますが，パススルー・モードが有効になっているとATコマンドが使えないので，先にパススルー・モードを解除します．

今回作成するプログラムでは，Wi-FiおよびTCP/IPの接続・切断を毎回行っていますが(IoTのセンサ・ノードのような使い方を想定した)，常に接続した状態にしておくことも可能です．

▶パススルー・モードを解除する

パススルー・モードを解除するには，短時間に「+(プラス)」を3回送信します．これで，ATコマンドを処理するモードに切り替わります．

▶TCP/IPコネクションを切断する

TCP/IPコネクションを切断するには，ATコマンド「AT+CIPCLOSE」を用います．

▶Wi-Fiコネクションを切断する

Wi-Fiコネクションを切断するには，ATコマンド「AT+CWQAP」を用います．

プログラムの作成

以上の処理を行うプログラムを作ります．せっかくなのでARM-First上の温度センサと気圧センサを読

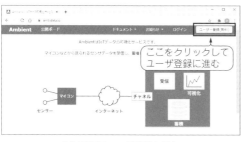

（a）最初にユーザ登録を行う

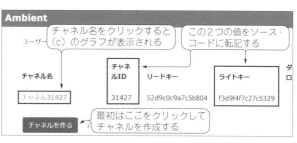

（b）チャネルの一覧

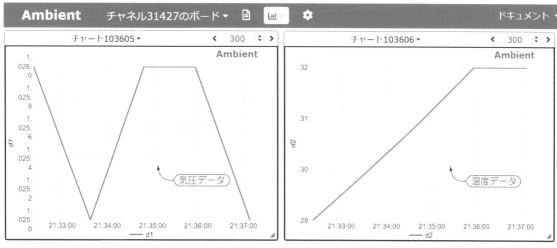

（c）指定したチャネルのデータをグラフで表示

図2 Ambientの画面
ARM-Firstから送信したデータを保存してグラフ表示できる．「チャネル」という単位でデータ(ここでは湿度データと温度データ)をまとめられる

み取って，その値をAmbientに登録します（**リスト1**）．
気圧センサを読み取る処理については第3部 第11章
で説明しているので，そちらを参照してください．

処理の内容は，ここまで説明したことを順番に実行
しているだけです．無限ループ内で，通信の接続，
Ambientへのデータ送信，通信の切断，時間待ちを
行っています．このプログラムを実行すると1分ごと
にデータを送信します．

First Beeとの通信については，同様の処理の繰り
返しが多いので関数にまとめました．ExecATcmd関
数は引き数で指定した文字列をFirst Beeに送信し，
応答としてOKが返るのを待ちます．SendATcmd関
数 は 文 字 列 を First Bee に 送 信 し ま す．
RecvATresponse関数はFirst Beeからの応答を受
信します．

ソース・コード内に，Ambientの「チャネルID」
と「ライトキー」を設定する部分があります．この値
については後述します．

なお，エラー処理をほとんど行っていないので，も
し何か意図しないことが発生するとそこで停止してし
まいます．

実験による動作確認

● Ambientでの準備

プログラムを実行するためには，Ambient側でデー
タを登録する準備が必要です．

▶ユーザ登録

まずユーザ登録を行います．Ambientのホーム画
面から「ユーザ登録(無料)」を選ぶとユーザ登録画面
に進めます．指示される通りに登録してください［**図
2(a)**］．

▶チャネルの作成

登録したユーザでログインすると，チャネルを作成
する画面に進みます．ここでチャネルの作成を行うと，
作成したチャネルの情報が表示されます［**図2(b)**］．

この画面の「チャネルID」と「ライトキー」を，
ソース・コードの対応する部分に転記してください．

● プログラムの実行

ARM-Firstで先ほど作成したプログラムを実行す
ると，Ambientに測定データを登録できます．

ARM-First側のログは，**図3**のようになります．
具体的な値は実行環境によって異なります．

Ambient側は，**図2(b)**のチャネル名のところがリ
ンクになっていて，これをクリックすると送られてき
たデータがグラフ表示されます［**図2(c)**］．このよう
に，ARM-Firstからインターネットを経由して
Ambientにデータを登録できていることがわかります．

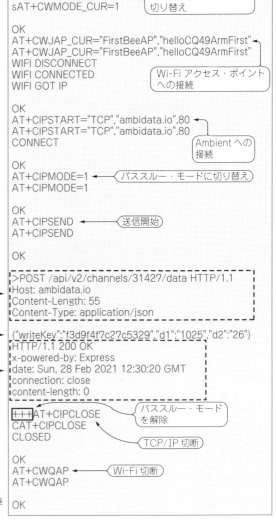

図3 ARM-First側のログ内容
First Beeにコマンドを送るだけで，インターネットを
経由してAmbientと通信できる

第4部

本格リアルタイム信号処理の実際：
音声ビーム・フォーミングの実験

イントロ

基礎知識

実験の準備

プログラミング入門

本格実験

あれこれ実験室

STM32マイコンと4つのMEMSマイクを搭載したIoTプログラミング学習ボード「ARM-First」を使って，音源の方向推定とビーム・フォーミングを実現します．
これを開発するために，STマイクロエレクトロニクスが提供している音声信号処理用ソフトウェアX-CUBE-MEMSMIC1を活用します．これにより，複雑な信号処理アルゴリズムやDSPプログラムを開発せずにファームウェアを作成することができ，簡単にSTM32マイコンのリアルタイム音声信号処理能力を体感できます．

第1章　ビーム・フォーミングの基本
複数のマイクの音声信号から信号処理で指向性を形成する！

マイクのS/Nが大きく改善される「ビーム・フォーミング技術」

● 4つのマイクで音源の方向を割り出す

写真1に示すように，IoTプログラミング学習ボード「ARM-First」には，STM32F405マイコン（以下STMマイコン）のほか，音声信号を扱うための入出力デバイスが搭載されています．

入力用デバイスとして4つのMEMS（Micro-Electrical-Mechanical Systems）ディジタル・マイク（以下MEMSマイク，または単にマイク）が，出力用デバイスとしてオーディオ用24ビット・ステレオD-Aコンバータ（Digital-to-Analog Converter，以下オーディオD-Aコンバータ）などがあります．

このボードにはなぜ4つもMEMSマイクが搭載されているのでしょう．単に音声の録音を行うならマイクは1つでも十分です．ステレオで録音するにしてもマイク間の距離が近すぎるのでは？と，いろいろ疑問がわいてきます．

実は，複数のマイクから得られる音声を信号処理することで，どの方角から音声が入ってくるかがわかったり，雑音の中から特定の方角の音声を拾い出すことができるのです（写真2）．

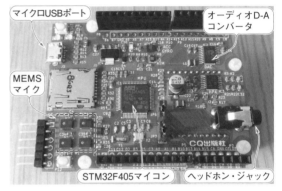

写真1　IoTプログラミング学習ボード「ARM-First」の外観
STM32F4マイコンを中心にUSBオーディオ用マイクロUSBポート，4つのMEMSマイク，オーディオ用D-Aコンバータ，ヘッドホン・ジャックを搭載している

● 複数のマイクの音声信号から音源の方角がわかる「音源位置の角度推定」

音声がどの方角からマイクに入ってくるかは，マイク間の距離と音声の到達時間の差から推定できます．図1は2つのマイクを使った場合の模式図です．音源の方角（角度）θ［rad］は次の式で表されます．

$$\theta = \sin^{-1}\frac{c\Delta}{d}$$

ただし，d：マイク間の距離［m］，Δ：音声の到達時間の差［s］，c：音速［m/s］

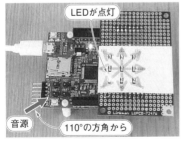

（a）110°の方角から音声が到来

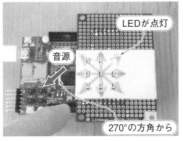

（b）270°の方角から音声が到来

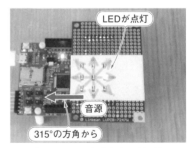

（c）315°の方角から音声が到来

写真2　音源の方向を推定してその方向を示すLEDを点灯させた例
4つのマイクからの音声をディジタル信号処理して音源の方向を推定する．得られた角度推定結果をもとに360°を8分割した範囲判定を行い，該当するLEDを点灯させている．角度の基準は図5を参照のこと

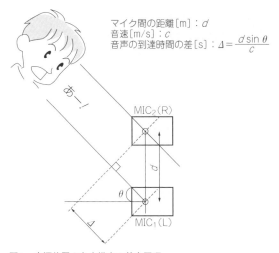

マイク間の距離[m]：d
音速[m/s]：c
音声の到達時間の差[s]：$\Delta = \dfrac{d\sin\theta}{c}$

図1　音源位置の角度推定の基本原理

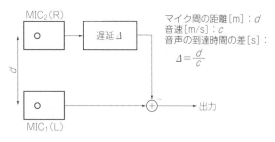

マイク間の距離[m]：d
音速[m/s]：c
音声の到達時間の差[s]：
$$\Delta = \dfrac{d}{c}$$

図2　1次差動マイク・アレイ

● 2つの無指向性マイクの音声信号から信号処理で指向性を形成する「ビーム・フォーミング」

図2は，ビーム・フォーミングの基本となる1次差動マイク・アレイ（Differential Microphone Array）のブロック図です．

1つのマイク（MIC_2）の音声信号を遅延させ，もう1つのマイク（MIC_1）の音声信号から減算することで図3の指向性パターンが得られます．遅延Δはマイク間の距離dに相当する音声の到達時間です．

図3のような1つの方向からの音声に対して高い感度をもつ指向性パターンをカーディオイド（Cardioid）と呼びます．

音源位置の角度推定とビーム・フォーミングのソフトウェア

音源位置の角度推定とビーム・フォーミングのSTMマイコン向けソフトウェアは，ソフトウェア・パッケージ「X‐CUBE‐MEMSMIC1[注1]」としてSTマイクロエレクトロニクスより提供されています．

X‐CUBE‐MEMSMIC1には，音源位置の角度推定用の「AcousticSLライブラリ」と，ビーム・フォーミングの信号処理用として「AcousticBFライブラリ」が用意されています．

■ AcousticSLライブラリ

AcousticSLライブラリを使用することで，2つまたは4つのMEMSマイクから得られる音声信号より，音源位置の角度推定（Sound Source Localization）の信号処理を実装できます．角度推定アルゴリズムは，時間

注1：https://www.st.com/ja/embedded‐software/x‐cube‐memsmic1.html

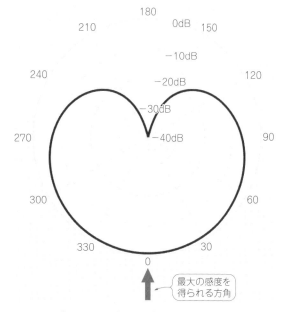

図3　カーディオイド・ビーム・パターン
この指向性パターンはシミュレーションにて計算した

領域の相互相関や周波数領域の一般化相互相関など3種類から選択でき，マイクの個数と配置に応じて180°または360°の範囲で角度を推定できます．

● 音源位置の角度推定

図1に2つのマイクを使った場合の角度推定について説明しましたが，図4のように2つのマイクを配置した場合は，180°（±90°）の範囲でしか角度を推定できません．

図5のように4つのマイクを配置した場合には，対角に配置されるMIC_1とMIC_4，MIC_2とMIC_3でそれぞれ180°の範囲をカバーし，結果を総合することで360°の範囲で推定することができます．

● 3種類の角度推定アルゴリズム

AcousticSLライブラリには，表1に示す3種類の角度推定アルゴリズムが用意されています．目的はどれも同じですが，推定できる角度の分解能，マイク配置

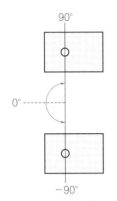

図4 2つのマイクを使った
角度推定．範囲は180°

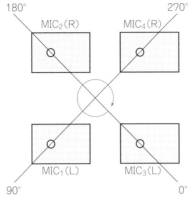

図5 4つのマイクを使った角度推定．範囲は
360°

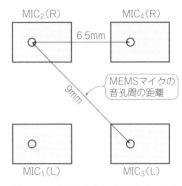

図6 IoTプログラミング学習ボードの
マイク間の距離

表1 角度推定アルゴリズムの比較

	XCORR	GCC-PHAT	BMPH algorithm
時間領域／周波数領域	時間領域	周波数領域	周波数領域
分解能	低	高(1°)	高(4°)
マイクの配置(間隔)	30°の解像度を得るのに8cm	5cm以下奨励	
必要メモリ	小	大	大(＜GCC-PHAT)
処理負荷	低	高	高(＜GCC-PHAT)

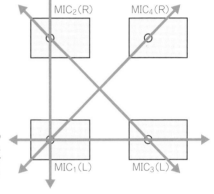

図7 4つの
マイクの組み
合わせで8方
向にビームを
向ける

への要件，STMマイコンに必要なリソース(メモリ使用量，処理負荷)に違いがあります．

XCORRアルゴリズムは，時間領域で相互相関関数を計算する手法で，得られる角度の分解能はサンプリング周波数とマイク間の距離に依存します．図6に示すように，IoTプログラミング学習ボードのMEMSマイクの配置は対角9mmで，XCORRアルゴリズムでは十分な分解能を確保できません．

GCC-PHATアルゴリズムは周波数領域で相互相関関数を計算する手法で，マイク間の距離が小さくても高い分解能が得られます．分解能はライブラリの初期設定で設定します．分解能が高いほど処理負荷が高くなります．BMPH algorithmアルゴリズムは，GCC-PHATアルゴリズムよりリソースの要求が緩和されています．

■ AcousticBFライブラリ

AcousticBFライブラリを使用することで，2つのMEMSマイクから得られる音声信号より固定の方向を指す指向性マイクを構成するアルゴリズム「ビーム・フォーミング(Beamforming)」を実装できます．

● ビームを向ける

ビームとは最も感度が高い方向のことです．1次差動マイク・アレイ(図2)ではMIC$_1$にビームを向けたことになります．遅延と減算の関係をMIC$_1$とMIC$_2$で入れ替えた場合には指向性パターンは反転し，MIC$_2$にビームが向きます．4つのマイクを配置した場合，図7のように2つのマイクの組み合わせで8方向に対してビームを向けることができます．

● 4種類のビーム・フォーミング・アルゴリズム

AcousticBFライブラリには，1次差動マイク・アレイ(図2)を基本とした4種類のアルゴリズム(表2)が用意されています．ノイズの除去能力やビーム・パターン，STMマイコンに必要なリソース(メモリ使用量，処理負荷)に違いがあります．

本器のシグナル・フロー

IoTプログラミング学習ボードを使って，AcousticSLとAcousticBFライブラリを組み込んだリアルタイム音声信号処理システムを作ります．

リアルタイム音声信号処理とは，実時間で処理を完

イントロ

基礎知識

実験の準備

プログラミング入門

本格実験

あれこれ実験室

表2 ビーム・フォーミング・アルゴリズムの比較

	Cardioid basic	Cardioid denoise	Strong	ASR ready
特徴	1次差動マイク・アレイの基本形	Basicの出力にノイズ除去フィルタを追加	一般化サイドロー ブ・キャンセラ(GSC)アルゴリズム	Strongよりノイズ除去フィルタを削除したもの
ノイズの除去能力	低	高	高	低
ビーム・パターン	図3を参照		より鋭いパターン	
必要メモリ	小	中	大	中
処理負荷	低	中	高	中

了する信号処理です．アナログ信号を一定間隔でディジタル・データに変換することをサンプリングと言いますが，実時間とはこの間隔をいいます．カラオケで歌声にエコーなどのエフェクトをかけることを想像してください．エフェクトをかけても音声が途切れたりすることはありません．これはマイクの音声信号に対してエフェクトの信号処理を実時間内で行っているために実現できるのです．

● ハードウェア部

図8にリアルタイム音声信号処理システムの構成を示します．

ハードウェアは，STMマイコンを中心に音声入出力デバイスである4つのMEMSマイクやオーディオD-Aコンバータを使用します．音源位置の角度推定のために8方向を示すLEDボードを自作し，IoTプログラミング学習ボードに接続します．

ソフトウェアは，AcousticSLとAcousticBFライブラリの組み込み，各デバイスの制御処理やMEMSマイクの音声信号をライブラリに入力する処理，処理後

の音声信号をオーディオD-Aコンバータに出力するための経路処理を実装します．また，IoTプログラミング学習ボードをUSBケーブルで接続したWindowsパソコンからビーム・フォーミングの指向性マイクとして使えるように，USBオーディオのライブラリも組み込みます．

● 信号処理部

図9にリアルタイム音声信号処理システムのブロック図を示します．STMマイコンがMEMSマイクからPDM（Pulse Density Modulation）データを取り込み，ライブラリを使った信号処理を行い，オーディオD-AコンバータやUSBオーディオへ処理した音声データを出力する流れを図示したものです．

音源位置の角度推定とビーム・フォーミングはおのおの，もしくは同時に動作させることを考慮しています．また，読者の皆さんがオリジナルの信号処理を実装できるようにしてあります．

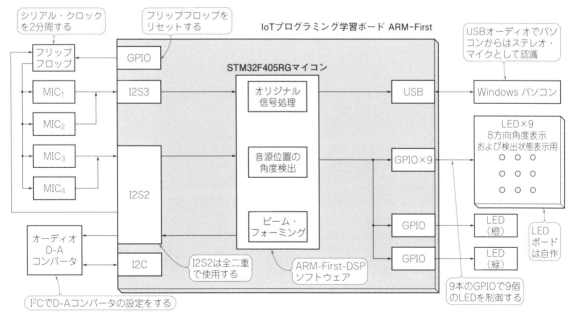

図8 リアルタイム音声信号処理システムの構成

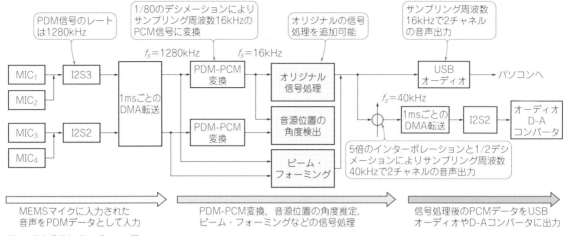

図9　音声信号処理のブロック図

STM32マイコンは「ディジタル信号処理」が得意か？　Column 1

　「ディジタル信号処理」とは，ディジタル化されたアナログ信号を数値計算によって処理することをいいます．アナログ信号のディジタル的な処理手法という方が適切かもしれません．

　「DSP」と呼ばれるプロセッサがあります．DSPとは「Digital Signal Processor」または「Digital Signal Processing」の略で使われますが，プロセッサとしては前者で，その特徴は**積和演算を高速に実行**できることです．DSPは，ディジタル信号処理のためのプロセッサで，その目的の1つはアナロ

グ素子で構成された回路を数値計算で置き換えることでした．

　DSPで特徴的だった積和演算命令は，今では一般のマイコンに取り込まれ，DSP命令として使用できます．DSP命令がサポートされたSTM32マイコンが，IoTプログラミング学習ボードに搭載されているSTM32F4シリーズです．**STM32F4マイコンはディジタル信号処理も得意なマイコン**と言えます．

〈高梨　光〉

第2章 音声信号処理ソフトウェアの設定とプログラミング

設定はGUIで完結，プログラムのソース・コードも公開中

システム構成や信号処理ブロック図で定義した機能を実現するためのソフトウェアを設計します．このソフトウェアを「ARM‐First‐DSP」と名付けました．「DSP」はDigital Signal Processingを意味しています．

ARM‐First‐DSPソフトウェア一式は本書のサポート・ページからダウンロードできます（巻末を参照）．なお，音源位置の角度推定とビーム・フォーミングを試すためには，ライブラリ関連ファイルの組み込みとビルドが必要です．

図1　STM32Cube MX初期画面

初期設定と周辺機能の設定

STM32マイコンでは，初期設定や周辺機能の設定のためにソース・コードを記述する必要がありません．STM32CubeMXを使うことによって，GUI上でマイコンの種類の選択や，使いたい周辺機能の設定を行うことができます．設定後はSTM32CubeIDEなどの開発環境で直接読み込むことができるプロジェクト・ファイルとソース・コードが出力されます注1.

かつて組み込みマイコンを使う際には，初期設定や周辺機能設定の設計にとても時間を要していました．マイコンの仕様書をよく読んで理解し，適切にレジスタなどを設定するソース・コードを作成する必要がありました．STM32CubeMXの存在は，STM32マイコンを使いこなすための敷居を大幅に下げたと言えるでしょう．

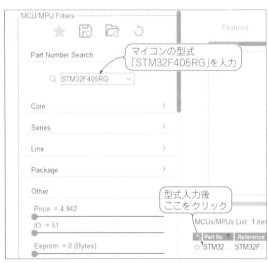

図2　STMマイコンの選択

● プロジェクトの作成

STM32CubeMXを起動後，初期画面（図1）の［File］‐［New Project］を選択します．

● マイコンの選択

使用するマイコンを選択します（図2）．Part Number Searchに，使用するボードに搭載されているマイコンの型式「STM32F405RG」を入力します．入力後にリストに表示される型式名をクリックし，Pinout & Configurationに入ります（図3）．

注1：筆者はSTM32CubeIDEがリリースされる前からARM‐First‐DSPの設計を行っていたため，ここではSTM32CubeMXを使った説明としている．その後，STM32CubeIDEにもSTM32CubeMXの機能が内蔵されたので，STM32CubeIDEでも同様の設定が可能である．

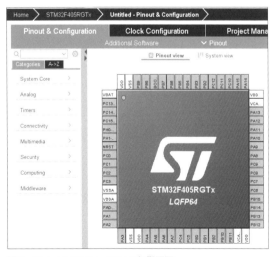

図3　Pinout & Configurationの初期画面

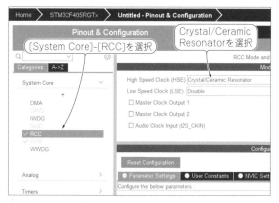

図4 クロック制御の設定
[System Core] - [RCC] の High Speed Clock (HSE) 設定を Crystal/
Ceramic Resonator に選択すると，STM マイコンのイラストに RCC_
OSC_IN と RCC_OSC_OUT が割り当てられる

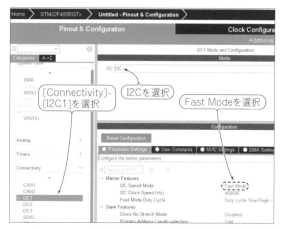

図5 I²C の設定
Connectivity - I2C1 の Mode を I2C に設定し，Master Features の I2C
Speed Mode を Fast Mode に設定する．すると，STM マイコンのイラ
ストに I2C1_SDA と I2C1_SCL が割り当てられる

● クロック制御の設定

[System Core] - [RCC] を選択し，クロック制御
の設定を行います(**図4**)．IoT プログラミング学習ボー
ドに搭載されている 12 MHz の水晶発振子を使って
STM マイコンのメイン・クロックを生成するため，
High Speed Clock(HSE) の設定に，Crystal/Ceramic
Resonator を選択します．

● I²C バス・インターフェースの設定

[Connectivity] - [I2C1] を選択し，I²C(Inter - Integ-
rated Circuit) バス・インターフェースの設定を行い
ます(**図5**)．I²C バスは，IoT プログラミング学習ボー
ド上のオーディオ D - A コンバータ(WM8523)や，そ
の他いくつかのデバイスのコントロール・インターフ
ェースに接続されています．ここではオーディオ D -
A コンバータの機能設定に使用します．

● USB の設定

[Connectivity] - [USB_OTG_FS] を選択し，USB
の設定を行います(**図6**)．USB は USB オーディオ出
力のために使用します．ただし，詳細の設定は X -
CUBE - MEMSMIC1 の STM32 USB Device Library
を使用して行うため，ここでは周辺機能を有効にだけ
しています．

● I²S シリアル・オーディオ・インターフェースの設定

STM マイコンと 4 つの MEMS マイク，オーディオ
D - A コンバータとの接続には，I²S シリアル・オーデ
ィオ・インターフェース(以下 I²S)を 2 系統使用しま
す．**図7**に I²S 接続の詳細を示します．

2 系統の I²S のうち，I2S2 はマスタ，I2S3 はスレー
ブとし，I2S2 から出力されるフレーム同期信号(L/R
クロック)とビット・クロックを I2S3 に入力し，I2S2

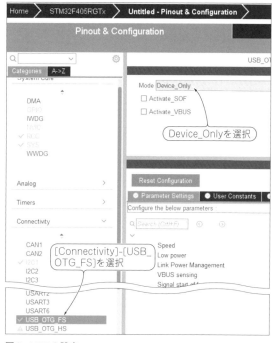

図6 USB の設定
[Connectivity] - [USB_OTG_FS] の Mode を Device_Only に設定すると，
STM マイコンのイラストに USB_OTG_FS_DP と USB_OTG_FS_DM
が割り当てられる

と I2S3 で同期させます．1 系統の I²S に 2 つのマイク
を接続するので，4 つのマイクを同時に使用するため
には，同期は必須の仕組みとなります．

また，I2S2 は全二重(Full - Duplex)，I2S3 は半二重
(Half - Duplex)として使用します．全二重はデータの
送受信を同時に行うモードで，I2S2 の送信はオーデ
ィオ D - A コンバータ，受信は MIC_3 と MIC_4 に使用し
ます．半二重は送信か受信のどちらかを行うモードで，

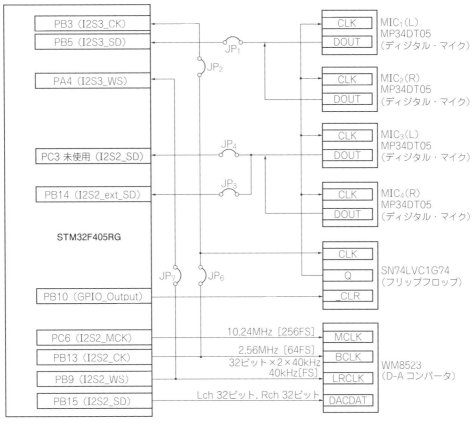

図7 I²SとMICとオーディオD-Aコンバータの接続の詳細

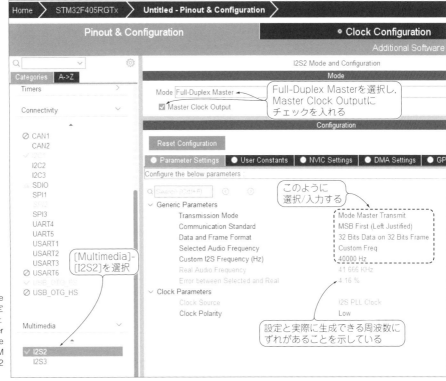

図8 I2S2の設定

[Multimedia] - [I2S2] の Mode を Full-Duplex Master に設定し Master Clock Output にチェックを入れ, Parameter Settings の Generic Parameters を設定する. すると, STM マイコンのイラストに I2S2 関連のピンが割り当てられる

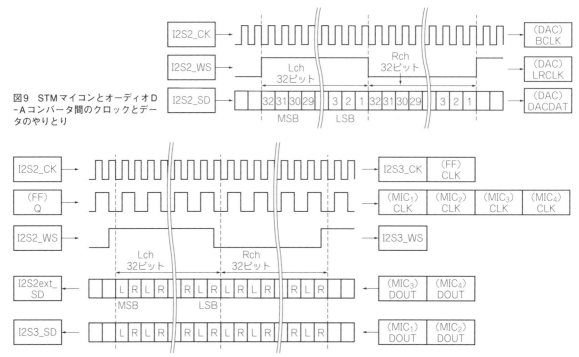

図9 STMマイコンとオーディオD-Aコンバータ間のクロックとデータのやりとり

図10 STMマイコンとMIC$_1$/MIC$_2$/MIC$_3$/MIC$_4$間のクロックとデータのやりとり

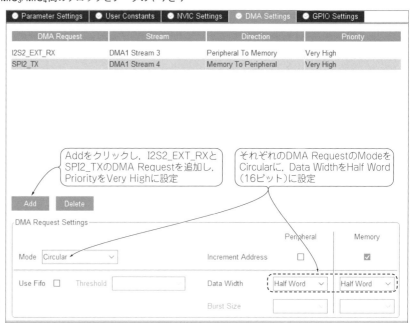

図11 I2S2 DMAの設定
DMA Settings の Add をクリックし，I2S2_EXT_RX と SPI2_TX の DMA Request を追加する．それぞれの DMA Request の Mode は Circular，Data Width を Half Word に設定する

I2S3の受信をMIC$_1$とMIC$_2$に使用します．

なお，図7のJP$_1$〜JP$_4$ははんだジャンパ，JP$_6$とJP$_7$はジャンパ・ピンを意味します．ARM-First-DSPソフトウェアでは，JP$_6$とJP$_7$はショート・プラグを差し込んだ状態で使用します．

● I2S2の設定

[Multimedia]-[I2S2]を選択し，I2S2の設定を行います（図8）．I2S2はオーディオD-Aコンバータ（WM8523）へのPCMデータの送信と，MEMSマイク（MP34DT05）のうちMIC$_3$とMIC$_4$からのPDMデータの受信に使用します．Master Clock Outputにチェックを入れ，マスタ・クロックの出力を有効にします．

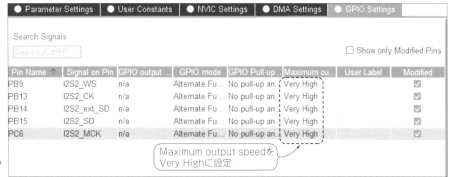

図12 I2S2 I/Oの設定
GPIO Settingsのピン割り当て
で，Maximum output sp
eedをVery Highに設定する

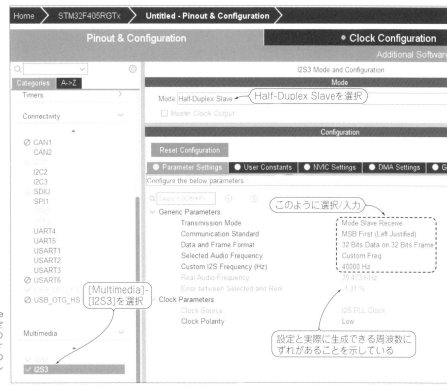

図13 I2S3の設定
[Multimedia]-[I2S3]の Mode
を Half-Duplex Slave に設定
し，Parameter Settings の
Generic Parameters を設定す
る．すると，STMマイコンの
イラストにI2S3関連のピン
が割り当てられる

マスタ・クロックはオーディオD-Aコンバータへ供
給します．

　なお，I2S2関連ポートは以下のように設定します．

- I2S2_SD：PB15
- I2S2_ext_SD：PB14
- I2S2_CK：PB13
- I2S2_WS：PB9

▶Configurationの Parameter Settingsの設定

　I²Sの動作モードはSTMマイコン側がクロックを供
給するマスタ，L/Rの片チャネルあたり32ビットの
左詰め，I2S Frequency（サンプリング周波数）は
40 kHzです．この設定によって，I2S2から出力され
るフレーム同期信号（L/Rクロック）は40 kHz，ビッ
ト・クロックは40 k × 32 × 2 = 2560 kHzとなります．

したがって，図9に示すように，STMマイコンから
オーディオD-AコンバータへのPCMデータの転送は，
Lチャネル32ビット，Rチャネル32ビットとなり，1
フレームあたり64ビットのデータとなります．

　MIC₃とMIC₄からのSTMマイコンへのPDMデー
タは1ビットのデータでLチャネルとRチャネルがマ
ルチプレクスされます（図10）．マイク1チャネルあた
りのPDMデータのレートは2560 k ÷ 2 = 1280 kHzと
なります．実はAcousticBFライブラリで必要となる
PDMデータのレートが1280 kHzで，I2S Frequency
の40 kHzはこれによって決められています．

　マイコンで生成できる周波数が40 kHzに対して
41.666 kHzと誤差を生じることが表示されます（図8）．
誤差があると，40 kHzとして設計した信号処理で意

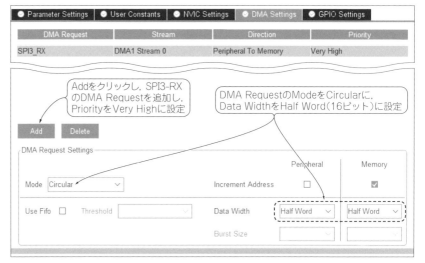

図14 I2S3 DMAの設定
DMA Settings の Add を ク リ ッ ク し，
SPI3_RX の DMA Request を追加する．
DMA Request の Mode は Circular，
Data Width を Half Word に設定する

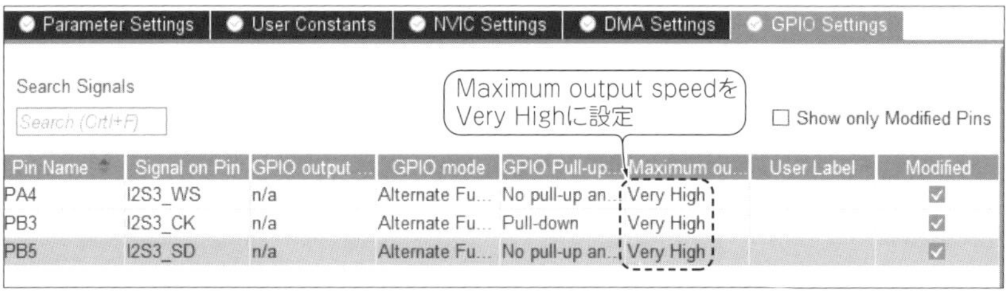

図15 I2S3 I/Oの設定
GPIO Settings の ピ ン 割 り 当 て で，
Maximum output speed を Very High に
設定する

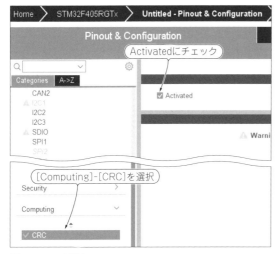

図16 CRCの設定
[Computing]-[CRC]の Mode の Activatedにチェックを入れる

図通りの結果が得られないことになります．この誤差を解消するためには，Clock Configuration の PLLI2S の設定を変更します（クロックの設定の項で説明する）．

▶Configuration の DMA Settings の設定

I2S2のPCMデータ送信とPDMデータ受信に対して周辺機能とメモリ間のDMA転送を設定します（図11）．

▶Configuration の GPIO Settings の設定

I/Oポートの Maximum output speed を Very High に設定します（図12）．

● I2S3の設定

[Multimedia]-[I2S3] を選択し，I2S3 の 設定を行います（図13）．I2S3 は MEMSマイク（MP34DT05）のうち，MIC_1 と MIC_2 からのPDMデータの受信に使用します．

なお，I2S3関連ポートは以下のように設定します．

- I2S3_SD：PB5
- I2S3_CK：PB3
- I2S3_WS：PA4

▶Configuration の Parameter Settings の設定

I^2Sの動作モードは外部よりクロック供給を受けるスレーブ，L/Rの片チャネルあたり32ビットの左詰め，I2S Frequency（サンプリング周波数）は40 kHzです．

マイコンで生成できる周波数が40 kHzに対して39.473 kHzと誤差を生じることが表示されます（図13）．I2S2の場合と同様にこの誤差を解消するためには，Clock Configurationの PLLI2Sの設定を変更します．

▶Configuration の DMA Settings の設定

I2S2のときと同様に，PDMデータ受信に対して周辺機能とメモリ間のDMA転送を設定します（図14）．

▶Configuration の GPIO Settings の設定

I/Oポートの Maximum output speed を Very High に設定します（図15）．

表1 GPIOの用途

ポート名	詳　細	
PC0	音源位置の角度推定で使用．8方向角度と処理状態表示LED制御用	$68° \leq$ 推定角度 $< 113°$
PC1		$113° \leq$ 推定角度 $< 158°$
PC2		未検出状態
PC4		$2293° \leq$ 推定角度 $< 338°$
PC5		$23° \leq$ 推定角度 $< 68°$
PB0		$0° \leq$ 推定角度 $< 23°$，$338° \leq$ 推定角度 $< 360°$
PB12		$158° \leq$ 推定角度 $< 203°$
PB8		$203° \leq$ 推定角度 $< 248°$
PC13		$248° \leq$ 推定角度 $< 293°$
PA15	IoTプログラミング学習ボード上のLED制御用	橙LED
PB4		緑LED
PB10	SN74LVC1G74のClear端子制御用	
PC3	MEMSマイク MIC_3/MIC_4 のPDMデータ出力端子に接続されているが，未使用のため入力ポートに設定	

● CRCの設定

[Computing]-[CRC]を選択し，CRC（Cyclic Redundancy Check）計算ユニットの設定を行います（図16）．CRC計算ユニットは，32ビット・データ・ワードと，ある一定の生成多項式から，CRCコードを得るために使用されます．

CRC計算ユニットの使用は，AcousticSLとAcousticBFライブラリの使用に必要です．Activatedにチェックを入れ，有効にします．

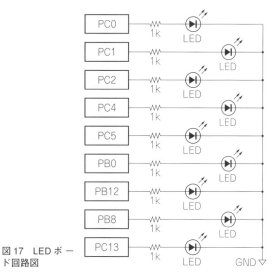

図17　LEDボード回路図

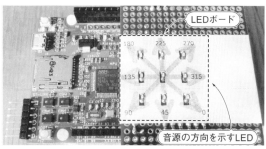

写真1　LEDボード

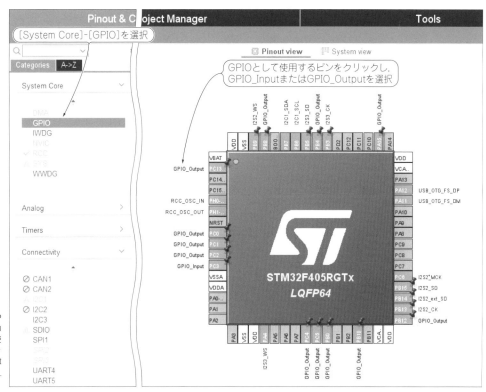

図18
GPIOの設定
[System Core]-[GPIO]のSTM32マイコンのイラストで，使いたいピンをクリックし，GPIO_OutputまたはGPIO_Inputを選択する

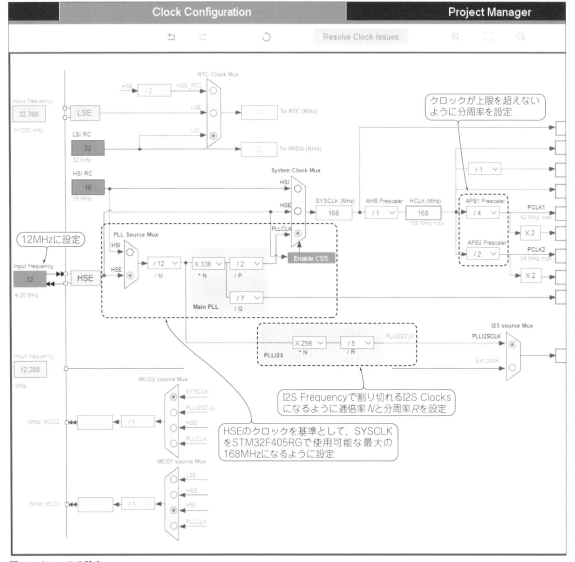

図19　クロックの設定
Clock Configurationのクロック構成の図で，HSEクロックとMain PLLの分周率，PLLI2Sの分周率，APB1/APB2 Prescalerの分周率を設定する

図中注記:
- クロックが上限を超えないように分周率を設定
- 12MHzに設定
- I2S Frequencyで割り切れるI2S Clocksになるように逓倍率*N*と分周率*R*を設定
- HSEのクロックを基準として，SYSCLKをSTM32F405RGで使用可能な最大の168MHzになるように設定

周波数の誤差を確認

図20　クロック設定後のI²S周波数数の確認
Pinout & Configuration の [Multimedia] - [I2S2] と [I2S3] の Parameter Settings で，「Error between Selected and Real」が0.0％になっていることを確認する

● **GPIOの設定**

ARM - First - DSP ソフトウェアでは，**表1**に示すように13本のGPIOを使用します．このうち，音源位置の角度推定で9本の出力ポートを使って，推定した方向を示すためのLEDを駆動します．9個のLEDを駆動するための回路図を**図17**に示します．ユニバーサル基板でLEDボード（**写真1**）を作成して，IoTプログラミング学習ボードに接続しました．ブレッドボードで用意するのも良いでしょう．

[System Core] - [GPIO] を選択し，汎用I/Oポートの設定を行います（**図18**）．

● クロックの設定

Clock Configurationより，クロックの設定を行います（**図19**）.

IoTプログラミング学習ボードに搭載されている12 MHzの水晶発振子によるクロックを12分周し，1 MHzのクロックから逓倍してARM Cortex-M4コアや各周辺機能にクロックを供給します．I²Sに対してはI²S用PLL（PLLI2S）を介してクロックを供給します．PLLI2Sの設定は逓倍率Nと分周率Rがあり，I2S Frequencyで割り切れるクロックを生成することで，Real Audio Frequencyの誤差が0となります．先ほどPinout & ConfigurationのI2S2/I2S3で設定したI2S Frequency（40 kHz）に対して誤差を0とするには，PLLI2SNを256，PLLI2SRを5と設定します.

Clock Configurationの設定を終えたら，今一度Pinout & ConfigurationのI2S2, I2S3の設定を確認します．I2S Frequencyに対するReal Audio Frequencyの誤差が0となっていれば，適切なPLLI2Sの設定ができたことになります（**図20**）.

● プロジェクト名や開発環境などの設定

最後にプロジェクトの設定として，Project Managerよりプロジェクト名（ここでは「ARM-First-DSP」），使用する開発環境の選択（ここではSTM32CubeIDE向け），ヒープとスタックの設定を行います.

ヒープとスタックの設定は，**図21**のように設定します．少し多めですが，AcousticSLとAcousticBFライブラリが使用するためです.

すべての設定を終えた後，［GENERATE CODE］をクリックすると，選択した開発環境向けのプロジェクト・ファイルと各周辺機能初期設定のソース・コードが出力されます.

DMA転送

STM32CubeMXで設定したI²SのDMA転送を有効にし，1 ms分のデータ転送をバック・グラウンドで繰り返し行えるようDMA転送を開始します（**図22**）.

この処理は，ARM-First-DSPソフトウェアの「cq_dsp_system.c」に実装されています.

● DMA転送完了割り込みによるコールバック関数

4つのMEMSマイクとオーディオD-Aコンバータで2系統のI²Sを使用するように設定しています．それぞれ同期しているので，I2S3受信のDMA転送完了割り込みによって，4つのMEMSマイクからのPDMデータのDMA転送用バッファの読み出しと，オーディオD-Aコンバータへのオーディオ・データ（PCMデータ）のDMA転送用バッファへの書き込みを行います.

先のDMA転送の開始によって，1 msごとにDMA転送完了割り込みによるコールバック関数が呼び出さ

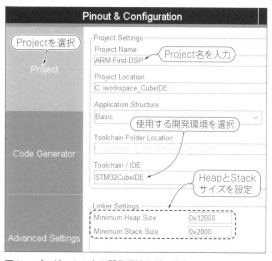

図21 プロジェクト名や開発環境などの設定
Project ManagerのProjectで，Project名と使用する開発環境とHeap/Stackサイズを入力し，画面右上の[GENERATE CODE]をクリックする

```
DMA_BUFF_LEN：
32ビット，40kHz，2ms分，2ch(L/R)のバッファ長
```

i2s2_input_buff[]　　(32/8)*（40000/1000*2）*2＝640バイト

i2s2_output_buff[]　(32/8)*（40000/1000*2）*2＝640バイト

全二重（送受信）のDMA動作開始設定：
```
HAL_I2SEx_TransmitReceive_DMA(&hi2s2,
      (uint16_t*)i2s2_output_buff,
      (uint16_t*)i2s2_input_buff,
      (DMA_BUFF_LEN));
```

i2s3_input_buff[]　　(32/8)*（40000/1000*2）*2＝640バイト

半二重（受信のみ）のDMA動作開始設定：
```
HAL_I2S_Receive_DMA(&hi2s3,
      (uint16_t*)i2s3_input_buff,
      (DMA_BUFF_LEN));
```

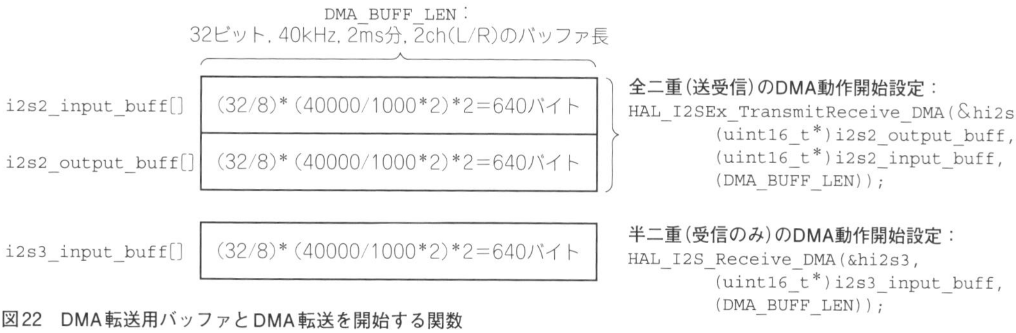

図22 DMA転送用バッファとDMA転送を開始する関数

i2s3_input_buff[] `(32/8)*(40000/1000*2)*2=640バイト`

バッファ長の半分までの転送を完了したところで，
`HAL_I2S_RxHalfCpltCallback( )`がコールされる

I2S3のDMA転送 Circular Mode（繰り返し動作）

バッファ長の終わりまでの転送を完了したところで，
`HAL_I2S_RxCpltCallback( )`がコールされる

図23　DMA転送割り込みの動作

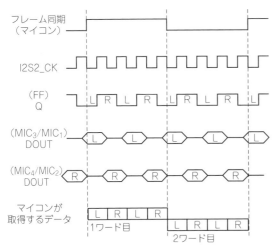

図24　2つのMICのデータを1つのシリアル・データとして受け取る
図はマイコンが取得するデータを示している．簡略化のため4ビットで描かれているが，I²Sの設定によって32ビットとなる

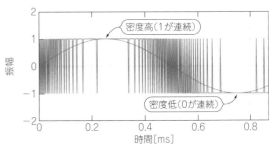

（a）1kHzの正弦波とそのパルス密度変調波（fₛ：480kHz）

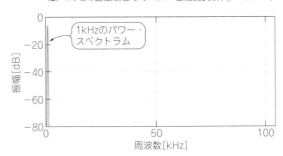

（b）1KHzの正弦波のパワー・スペクトラム

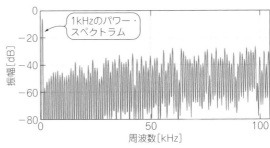

（c）パルス密度変調波のパワー・スペクトラム

図25　パルス密度変調波に含まれる1kHz正弦波のパワー・スペクトラム
変調後にも変調前の1kHzパワー・スペクトラムを含んでいる．単にロー・パス・フィルタで切り出せば再生できる

れ，1ms分のデータの読み出しと書き込みが行われます．I²Sはサンプリング周波数40kHzで設定しているので，1ms分ならば40サンプルの音声信号を一度のDMA転送完了によるコールバック関数で扱うことになります．

　DMA転送用バッファとして2ms分のバッファを設定すると，半分の1ms分が転送されるごとにコールバック関数が呼び出されます．バッファの前半1ms分のデータ転送が実行されているときは後半1ms分の信号を処理し，後半1ms分のデータ転送が実行されているときは前半1msの信号を処理するようにします（図23）．

　ここで，次のコールバック関数が呼び出されるまでの1ms間に信号処理を完了させることができれば，読み出した音声信号を処理して途切れさせることなく書き出すことができます．処理の間隔は1msがいいのか，それとも10ms，100msがいいのかは目的や処理の内容によって検討する必要があります．処理の間隔を多くとると効率は上がりますが，データを確保するためのメモリが多く必要になります．また，音声に処理間隔分の遅延が発生します．

　ARM-First-DSPソフトウェアで処理の間隔を1msとしている理由は，AcousticSLとAcousticBFラ

イブラリの要件として音声信号を入力する単位が1ms分であるためです．

PDM-PCM変換

　MEMSマイクからI²Sで受信するシリアル・データの形式はPDM（Pulse Density Modulation；パルス密度変調）データとなっており，サンプリング周波数

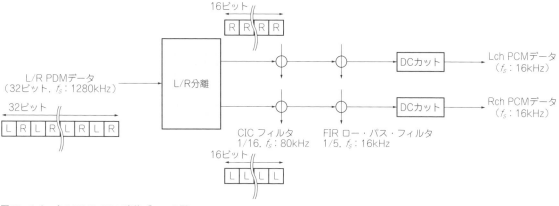

図26 2チャネルPDM-PCM変換ブロック図

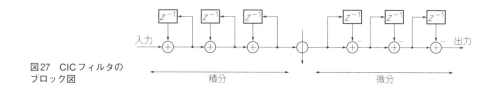

図27 CICフィルタの
ブロック図

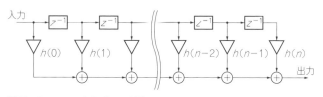

図28 FIRフィルタのブロック図

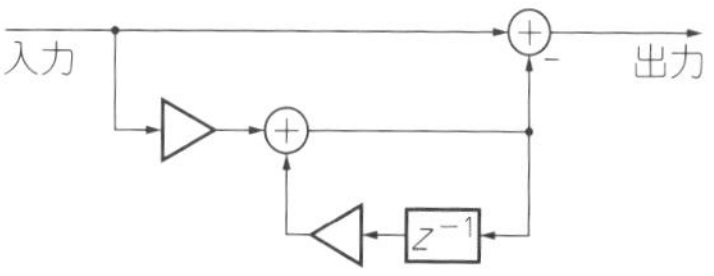

図29 DCカットのブロック図

1280 kHz，1ビットのデータとなります．**図24**に示すように，1系統のI²Sで2つのマイクのPDM信号がマルチプレクスされ受信されます．

サンプリング周波数と分解能の違いから，そのまま音源位置の角度推定の信号処理への入力やオーディオD-Aコンバータへの出力を行うことができません．通常の音声信号（PCM信号）への変換が必要になります．PDM-PCM変換ライブラリはSTM32CubeMXより選択して使用することができますが，ここではPDM-PCM変換の信号処理を考えてみましょう．

● ロー・パス・フィルタ（LPF）で目的信号帯域を通過させれば変換できる

図25は，例として1 kHzの正弦波を480 kHzのサンプリング周波数でPDM信号に変換したシミュレーション結果です．パルス密度変調として正弦波の振幅の大小によりパルスの密度が変化することがわかります．

PDM信号のパワー・スペクトラムを観測すると1 kHzのスペクトラムはそのまま観測できることから，単純にロー・パス・フィルタで切り出すことで正弦波を再生できます．

しかしながら，サンプリング周波数1280 kHzのPDM信号に対してFIR型もしくはIIR型ロー・パス・フィルタにてフィルタリングしようとすればとてつもない次数となってしまい，ここで使用しているマイコンでリアルタイムに音声信号に変換することは不可能です．このため，**図26**の構成でデマルチプレクスされたPDM信号をCICフィルタでいったん80 kHzまでデシメーションします．その後FIRフィルタにてさらにデシメーションし，サンプリング周波数16 kHzの音声信号としています．

上記の処理は，ARM-First-DSPソフトウェアの「cq_pdm_decoder.c」に実装されています．

PDM-PCM変換で使用しているCICフィルタ，FIRフィルタ，DCカットの構成を**図27**，**図28**，**図29**に示します．

ARM-First-DSPソフトウェアの「cq_args.c」に上記処理が実装されています．FIRフィルタとDCカット処理は浮動小数点演算で設計されています．

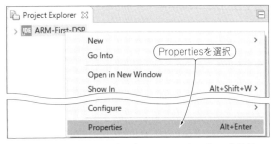

図30 ARM-First-DSPプロジェクトよりプロパティを選択

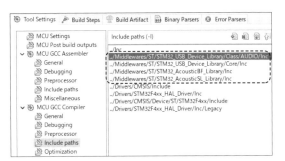

図32 ライブラリのヘッダ・ファイルのパスを追加
[C/C++ Build] - [Setting] の [Tool Settings] - [MCU GCC Compiler] - [Include paths] の Include paths に追加する

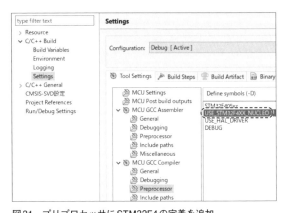

図31 プリプロセッサにSTM32F4の定義を追加
[C/C++ Build] - [Setting] の [Tool Settings] - [MCU GCC Compiler] - [Preprocessor] の Define symbol に追加する

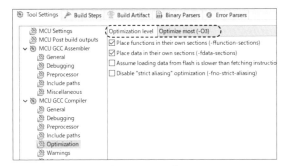

図33 コンパイラの最適化レベルの設定
[C/C++ Build] - [Setting] の [Tool Settings] - [MCU GCC Compiler] - [Optimization] で，Optimization level を設定する

ライブラリの組み込み

音源位置の角度推定とビーム・フォーミング，そしてUSBオーディオのライブラリの組み込みを行います．

AcousticSLとAcousticBFライブラリを単にリンクさせるだけでは信号処理を動作させることはできません．ライブラリ・ファイルの組み込みに加え，初期設定と割り込みからの呼び出し処理を実装します．

● ライブラリ・ファイルの組み込み

ソフトウェア・パッケージ「X-CUBE-MEMSMIC1」から必要なライブラリ・ファイルをARM-First-DSPソフトウェアのフォルダにコピーします．なお，ARM-First-DSPソフトウェアはX-CUBE-MEMSMIC1のバージョン3.0.0を使用して動作確認を行いました．

ソフトウェア・パッケージX-CUBE-MEMSMIC1のzipファイル「en.X-CUBE-MEMSMIC1.zip」を展開し，以下のようにファイルをコピーします．

▶AcousticBF，AcousticSL，USB_Deviceライブラリ
¥STM32CubeExpansion_MEMSMIC1_V3.0.0¥Midd

lewares¥ST より次の3つのフォルダを¥ARM-First-DSP¥Middlewares¥ST以下にコピーします．

STM32_AcousticBF_Library
STM32_AcousticSL_Library
STM32_USB_Device_Library

▶USBオーディオのヘッダ・ファイル
¥STM32CubeExpansion_MEMSMIC1_V3.0.0¥Projects¥Multi¥Applications¥Acoustic_SL¥Incより次のファイルを¥ARM-First-DSP¥Incにコピーします．

usbd_audio_if.h
usbd_conf.h
usbd_desc.h

▶USBオーディオのソース・ファイル
¥STM32CubeExpansion_MEMSMIC1_V3.0.0¥Projects¥Multi¥Applications¥Acoustic_SL¥Srcより次のファイルを¥ARM-FIRST-DSP¥Srcにコピーします．

usbd_audio_if.c
usbd_conf_f4.c
usbd_desc.c

● 開発環境の設定

「STM32CubeIDE」よりライブラリに関連する設定

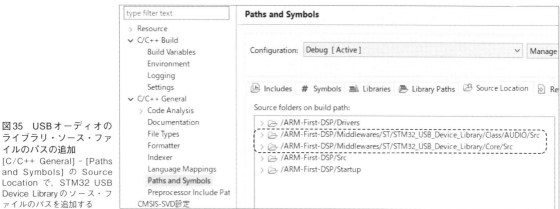

図35 USBオーディオの
ライブラリ・ソース・ファ
イルのパスの追加
[C/C++ General] - [Paths
and Symbols] の Source
Location で，STM32 USB
Device Library のソース・フ
ァイルのパスを追加する

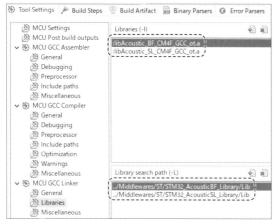

図34 ライブラリ・ファイルの追加
[C/C++ Build] - [Setting] の [Tool Settings] - [MCU GCC Linker] -
[Libraries] で，ライブラリ・ファイルとパスを追加する

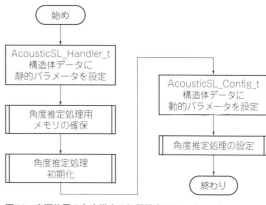

図36 音源位置の角度推定の初期設定フローチャート

を行います.

　ARM - First - DSP プロジェクトよりプロパティを
選択します（図30）.

▶STM32F4用プリプロセッサの追加

　[C/C++ Build] - [Setting] の [Tool Settings] - [MCU
GCC Compiler] - [Preprocessor] の Define symbol に
「USE_STM32F4XX_NUCLEO」を追加します（図31）.

▶ヘッダ・ファイルのパスを追加

　[C/C++ Build] - [Setting] の [Tool Settings] - [MCU
GCC Compiler] - [Include paths] の Include paths に
次 の STM32 USB Device Library，Acoustic BF
library，Acoustic SL library のヘッダ・ファイルのパ
スを追加します（図32）.

../Middlewares/ST/STM32_USB_Device_Library/
Class/AUDIO/Inc

../Middlewares/ST/STM32_USB_Device_Library/
Core/Inc

../Middlewares/ST/STM32_AcousticBF_Library/Inc

../Middlewares/ST/STM32_AcousticSL_Library/Inc

▶最適化レベルの設定

　[C/C++ Build] - [Setting] の [Tool Settings] - [MCU
GCC Compiler] - [Optimization] で，Optimization level
に「Optimize most(-O3)」を設定します（図33）.

▶ライブラリ・ファイルの追加

　[C/C++ Build] - [Setting] の [Tool Settings] - [MCU
GCC Linker] - [Libraries] で，次の Acoustic BF lib
rary と Acoustic SL library のライブラリ・ファイル
(*.a) とパスを追加します（図34）.

● Libraries(-l)

:libAcoustic_BF_CM4F_GCC_ot.a

:libAcoustic_SL_CM4F_GCC_ot.a

● Library search path(-L)

../Middlewares/ST/STM32_AcousticBF_Library/Lib

../Middlewares/ST/STM32_AcousticSL_Library/Lib

▶ソース・ファイルのパスの追加

　[C/C++ General] - [Paths and Symbols] の Source
Location で，次の STM32 USB Device Library のソー
ス・ファイルのパスを追加します（図35）.

リスト1 AcousticSL_Hand
ler_t構造体データへの静
的パラメータの設定(抜粋)

```
/* マイクのチャネル数 */
libSoundSourceLoc_Handler_Instance.channel_number = 4;

/* マイク間の距離 (MIC1-MIC4, MIC2-MIC3の対角9mmで設定) */
libSoundSourceLoc_Handler_Instance.M12_distance = MIC_DIAGONAL;
libSoundSourceLoc_Handler_Instance.M34_distance = MIC_DIAGONAL;

/* 音声信号のサンプリング周波数 16kHz */
libSoundSourceLoc_Handler_Instance.sampling_frequency = AUDIO_FS;

/* 使用するアルゴリズムの種類 */
libSoundSourceLoc_Handler_Instance.algorithm = ACOUSTIC_SL_ALGORITHM_GCCP;

/* 一度の角度推定処理で処理するサンプル数 */
libSoundSourceLoc_Handler_Instance.samples_to_process = 1024;
```

リスト2 AcousticSL_Con
fig_t構造体データへの動
的パラメータの設定(抜粋)

```
/* 角度推定の分解能 (°) */
libSoundSourceLoc_Config_Instance.resolution = 10;

/* 角度推定を行う音声信号のレベル (スレッショルド・レベル) */
libSoundSourceLoc_Config_Instance.threshold = 18;
```

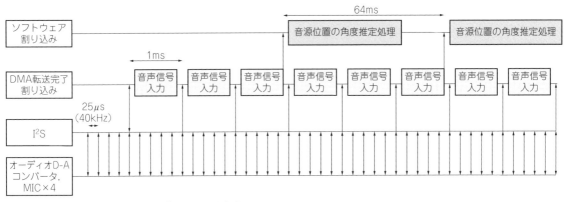

図37 音源位置の角度推定処理2つのプロセスの動作概念

¥ARM‐First‐DSP¥Middlewares¥ST¥STM32_
USB_Device_Library¥Class¥AUDIO¥Src
¥ARM‐First‐DSP¥Middlewares¥ST¥STM32_
USB_Device_Library¥Core¥Src

● 音源位置の角度推定処理の初期設定

　音源位置の角度推定処理を開始する前に,パラメータ設定とメモリの確保,初期化処理の実行を行う必要があります.パラメータは静的パラメータと動的パラメータの2種類があり,動的パラメータは角度推定処理を開始した後に変更することも可能です.図36に初期設定のフローチャートを示します.

▶静的パラメータの設定

　静的パラメータは,AcousticSL_Handler_t構造体データに設定します.リスト1に示すように,パラメータはマイクのチャネル数,マイク間の距離,音声信号のサンプリング周波数,使用するアルゴリズムの種類などがあります.

▶動的パラメータの設定

　動的パラメータは,AcousticSL_Config_t構造体データに設定します.リスト2に示すように,パラメータは角度推定の分解能,角度推定を行う音声信号のレベル(スレッショルド・レベル)があります.

　上記の処理は,ARM‐First‐DSPソフトウェアの「cq_sound_source_localization.c」のInitSoundSourceLocalization()に実装されています.

● 音源位置の角度推定処理の実行

　音源位置の角度推定処理には2つのプロセスがあります.1msごとに行う音声信号を入力するプロセスと,64msごと(samples_to_process = 1024のとき)に行う角度推定の信号処理実行プロセスです.DMA転送完了割り込みを基準に音声信号入力プロセスで得られる角度推定処理の実行要求により,ソフトウェア割り込みを発生させ,信号処理を行います.図37に2つのプロセスの動作概念を,図38に音声信号入力プロセスのフローチャートを,図39に角度推定処理の実行

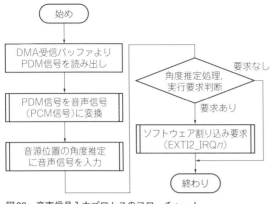

図38 音声信号入力プロセスのフローチャート

リスト3 音声信号の入力(抜粋)

```
AcousticSL_Data_Input(&pcm_buff[BOTTOM_LEFT_MIC],
    &pcm_buff[TOP_RIGHT_MIC],
    &pcm_buff[BOTTOM_RIGHT_MIC],
    &pcm_buff[TOP_LEFT_MIC],
    &libSoundSourceLoc_Handler_Instance);
```

プロセスのフローチャートを示します.

▶音声信号入力プロセス

リスト3に示すように,音声信号入力プロセスでは,DMA転送完了割り込みにて4つのマイクの1ms分のPDM信号を音声信号に変換し,AcousticSLライブラリの関数AcousticSL_Data_Input()に入力します.

音声信号の入力に使用するpcm_buff[]には4つのマイクの音声データを次の順に配置します.

MIC1[0], MIC2[0], MIC3[0], MIC4[0], MIC1[1], MIC2[1], MIC3[1], MIC4[1],…, MIC1[15], MIC2[15], MIC3[15], MIC4[15]

AcousticSL_Data_Input()の引き数には,4つのマイクの先頭データが入ったメモリの先頭アドレスを渡します.pcm_buff[3], pcm_buff[0], pcm_buff[1], pcm_buff[2]のように設定すると,IoTプログラミング学習ボードに対する音声の入力角度が算出されます.

▶角度推定の信号処理

AcousticSL_Data_Input()に64ms分の音声信号を入力すると,戻り値として角度推定処理の実行要求が得られます.**リスト4**に示すように,優先度の低いソフトウェア割り込み要求を設定し,ソフトウェア割り込みでAcousticSLライブラリの関数AcousticSL_Process()を実行します.

結果として引き数で与えた変数estimated_angleに角度推定結果が格納されます.角度推定を行う音声信号のレベル(スレッショルド・レベル)よりマイクの音声信号が小さければ,角度推定結果は未検

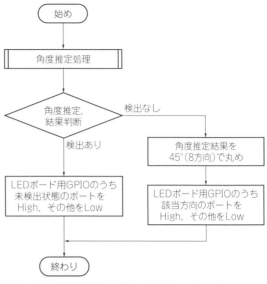

図39 角度推定処理の実行プロセスのフローチャート

リスト4 角度推定の信号処理実行(抜粋)

```
AcousticSL_Process(&estimated_angle,
    &libSoundSourceLoc_Handler_Instance);
```

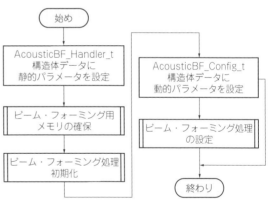

図40 ビーム・フォーミングの初期設定フローチャート

出としてのデータが格納されます.

有効な角度推定結果が得られたら,方向を示すための8個のLEDを駆動するために,360°を8分割した45°ずつの範囲判定を行い,8本のGPIO(**表1**)を制御します.LEDの点灯はGPIOをHレベルに制御します.角度推定結果が未検出の場合は,それを示すためのGPIOを制御します.つまり,9本のGPIOを結果が得られるたびに制御します.

上記の処理は,ARM-First-DSPソフトウェアの「cq_sound_source_localization.c」のSoundSource LocalizationInputAudio(), Sound SourceLocalizationProcess()に実装されて

リスト5　AcousticBF_Handler_t構造体データへの静的パラメータの設定（抜粋）

```
/* 初期アルゴリズムの種類 */
libBeamforming_Handler_Instance.algorithm_type_init = ACOUSTIC_BF_TYPE_STRONG;

/* リファレンス信号の有効化 */
libBeamforming_Handler_Instance.ref_mic_enable = ACOUSTIC_BF_REF_ENABLE;

/* 入力信号のフォーマット (PDM信号) */
libBeamforming_Handler_Instance.data_format = ACOUSTIC_BF_DATA_FORMAT_PDM;

/* 入力信号のレート (1280kHz) */
libBeamforming_Handler_Instance.sampling_frequency = 1280;
```

リスト6　AcousticBF_Config_t構造体データへの動的パラメータの設定（抜粋）

```
/* 使用するアルゴリズムの種類 */
lib_Beamforming_Config_Instance.algorithm_type = ACOUSTIC_BF_TYPE_STRONG;

/* マイク間の距離 (サイド6.5mm, 対角9mmで設定) */
lib_Beamforming_Config_Instance.mic_distance = MIC_SIDE;
```

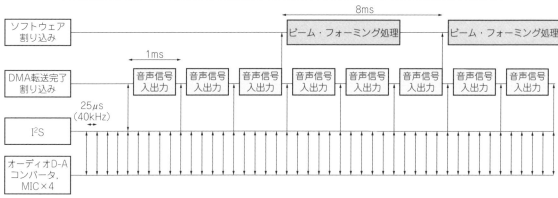

図41　ビーム・フォーミング処理2つのプロセスの動作概念

います.

● ビーム・フォーミングの初期設定

　ビーム・フォーミング処理を開始する前に，パラメータ設定とメモリの確保，初期化処理の実行を行う必要があります．パラメータは静的と動的の2種類があり，動的パラメータはビーム・フォーミング処理を開始した後に変更することも可能です．**図40**に初期設定のフローチャートを示します．

▶静的パラメータの設定

　静的パラメータは，`AcousticBF_Handler_t`構造体データに設定します．**リスト5**に示すように，パラメータは初期アルゴリズムの種類，リファレンス信号出力の有効化，入力信号のフォーマット(PDMかPCM[注2])，入力信号のレートなどがあります．

▶動的パラメータの設定

　動的パラメータは，`AcousticBF_Config_t`構造体データに設定します．**リスト6**に示すように，使

用するアルゴリズムの種類，マイク間の距離(サイドまたは対角)などがあります．

　上記の処理は，ARM-First-DSPソフトウェアの「cq_beamforming.c」の`InitBeamforming()`に実装されています．

● ビーム・フォーミング処理の実行

　ビーム・フォーミング処理には2つのプロセスがあります．1msごとに行う音声信号を入出力するプロセスと，8msごとに行うビーム・フォーミングの信号処理実行プロセスです．DMA転送完了割り込みを基準に音声信号入出力プロセスで得られるビーム・フォーミング処理の実行要求により，ソフトウェア割り込みを発生させ，信号処理を行います．**図41**に2つのプロセスの動作概念を，**図42**に音声信号入出力プロセスのフローチャートを，**図43**にビーム・フォーミング処理の実行プロセスのフローチャートを示します．

▶音声信号入出力プロセス

　リスト7に示すように，音声信号入出力プロセスでは，DMA転送完了割り込みにて2つのマイクの1ms分のPDM信号をAcousticBFライブラリの関数

注2：PCMを選択できる条件はマイク間の距離が21mmのときのみとなる．ARM-First-DSPソフトウェアではPDMを設定する．

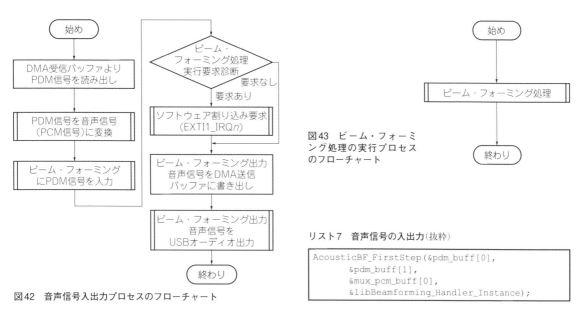

図42 音声信号入出力プロセスのフローチャート

図43 ビーム・フォーミング処理の実行プロセスのフローチャート

リスト7 音声信号の入出力（抜粋）

```
AcousticBF_FirstStep(&pdm_buff[0],
        &pdm_buff[1],
        &mux_pcm_buff[0],
        &libBeamforming_Handler_Instance);
```

リスト8 ビーム・フォーミングの信号処理実行（抜粋）

```
AcousticBF_SecondStep(&libBeamforming_Handler_Instance);
```

リスト9 ファームウェアにどの機能を含めるかを決めるdefineマクロ

```
//#define ENABLE_AUDIO_PROCESS      /* 音声信号処理を有効にする */
//#define ENABLE_SSLOCALIZATION     /* 音源位置の角度推定を有効にする */
//#define ENABLE_BEAMFORMING        /* ビーム・フォーミングを有効にする */
//#define ENABLE_USB_AUDIO          /* USBオーディオでの音声出力を有効にする */
```

AcousticBF_FirstStep()に入力します．ビーム・フォーミング処理後の指向性マイクとリファレンスの音声信号を1ms分取得し，出力します．

● ビーム・フォーミングの信号処理

AcousticBF_FirstStep()に8ms分の音声信号を入力すると，戻り値としてビーム・フォーミング処理の実行要求が得られます．リスト8に示すように，優先度の低いソフトウェア割り込み要求を設定し，ソフトウェア割り込みでAcousticBFライブラリの関数AcousticBF_SecondStep()を実行します．

上記の処理は，ARM-First-DSPソフトウェアの「cq_beamforming.c」のBeamformingInputOutput()，BeamformingProcess()に実装されています．

ファームウェアの生成

ARM-First-DSPソフトウェアは，ライブラリ関連ファイル以外は実装済みです．X-CUBE-MEMSMIC1からライブラリ関連ファイルをコピーした後，STM32CubeIDEでビルドを行うことで，ファームウェアのhexファイルを生成できます．

リスト9に示すように，ARM-First-DSPソフトウェアの「cq_dsp_system.h」にファームウェアにどの機能を含めるのかを決めるdefineがあります[注3]．

注3：これらのdefineのコメントアウトを，必要に応じてビルドする前に外しておく．例えば，ビーム・フォーミングの機能を持ったファームウェアを生成する場合には，ENABLE_BEAMFORMINGとENABLE_USB_AUDIOのコメントアウトを外す．

また，オリジナルの信号処理を実装した際には，ENABLE_AUDIO_PROCESSのコメントアウトを外す．筆者が用意したARM-First-DSPソフトウェアでは，この信号処理はコメントアウトしてある（スルー処理）．

第3章 音源位置の角度推定とビーム・フォーミングを体感する

実動テストでばっちり動作！

音源位置の角度推定の実動テスト

　IoTプログラミング学習ボードに作成したLEDボードを接続します．音源位置の角度推定機能を有効としたファームウェアを，本ボードに書き込みます．

　ボードに対して，任意の方角から音声を入力します．音声が入力されている間，LEDボード上のその方角に向けたLEDが点灯します．LEDボード上の中心のLEDが点灯している場合には，角度推定アルゴリズムが音声のレベルが一定以下であり，音声の入力が無いと判定しています．

　実動テストのようすは第1章の写真2をご参照ください．音源としてタブレットで音声を再生し，IoTプログラミング学習ボードの4つのMEMSマイクに対してさまざまな方角から音声を入力しています．ボードに対する角度は第1章の図5を基準としています．

　実動テストでは，ボードに近い位置から音声を入力していますが，MEMSマイクに十分な音量の音声を入力できれば，ある程度離れていても角度を検出できます．

　テーブルの中央にボードを置き，4人ほどで会話をした際には，逐次，話者の方角に向いたLEDが点灯していました．

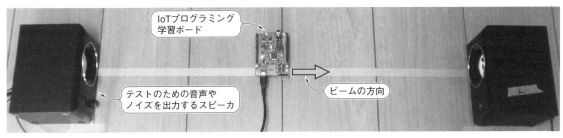

写真1　ビーム・フォーミングのテスト環境

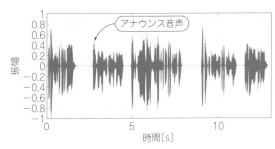

図1　アナウンス音声の波形

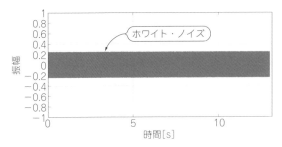

図2　ホワイト・ノイズの波形

図3　Speech to Textを使ってビーム・フォーミングの効果を確認

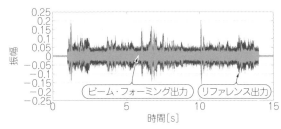

図4 ビーム側からアナウンス音声でCardioid basic設定では若干ノイズがキャンセルされ音声が浮かび上がる
Speech to Textでは「本日の営業は終了させれまた」と，ほとんど変換できない

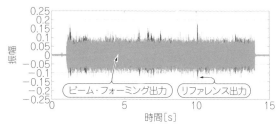

図5 ビーム側からホワイト・ノイズでCardioid basic設定ではノイズが支配的になる
Speech to Textでは「…」と，まったく変換できない

イントロ

基礎知識

実験の準備

プログラミング入門

本格実験

あれこれ実験室

ビーム・フォーミングの実動テスト

　IoTプログラミング学習ボードにビーム・フォーミング機能を有効としたファームウェアを書き込みます.

　本ボードとUSBケーブルで接続されたWindowsパソコンにて，USBオーディオ経由で出力されたビーム・フォーミング出力信号（Lチャネル）とリファレンス出力信号（Rチャネル）を録音し比較します. リファレンス出力信号[注1]とは，ビーム・フォーミングの効果を確認するための比較用として，単に2つのマイクから得られる音声信号を出力するものです. ビーム・フォーミング出力信号とリファレンス出力信号はオーディオD-Aコンバータからも出力されます. ステレオ・イヤホンをヘッドホン・ジャックに接続してモニタできます.

● テスト環境

　写真1はテスト環境です. ビームを向けた側（感度が最も高い方角）と反対側（感度が最も低い方角）から，テストのための音声やノイズを入力します. 写真には写っていませんが，その他にIoTプログラミング学習ボードに接続されたWindowsパソコンがあります.

● テスト用信号

　テスト用信号として，フリーで利用できる留守番電話用のアナウンス音声[注2]とホワイト・ノイズを使用します. アナウンス音声は次のような内容です.
　お電話ありがとうございます.
　大変申し訳ありませんが，
　本日の営業は終了させて頂きました.
　またおかけ直し頂きますようお願い申し上げます.
　アナウンス音声とホワイト・ノイズの波形を**図1**と

図2に示します.
　テスト環境では，ビームを向けた側からアナウンス音声，反対側からホワイト・ノイズを入力する場合と，ビームを向けた側からホワイト・ノイズ，反対側からアナウンス音声を入力する場合で実施します.

■ 音声認識を使った効果確認

　ビーム・フォーミングの効果確認の1つとして，音声認識結果を比較します. 音声認識には，クラウド上の音声認識システムであるIBM Watsonの「Speech to Text」デモ[注3]を使ってテストを行います.

　試しに，アナウンス音声のwavファイルをアップロードしたところ，**図3**に示すように完璧にテキストに変換されました.

■ 4種類のアルゴリズムによる
　ビーム・フォーミング効果

● ビーム側からアナウンス音声でCardioid basic設定の場合

　ビームを向けた側からアナウンス音声，反対側からホワイト・ノイズを入力する場合で，Cardioid basic設定での効果を確認します.「Speech to Text」には，ビーム・フォーミング出力信号（Lチャネル）のみをモノラルのwavファイルとしてアップロードしました.

　ビーム・フォーミング出力とリファレンス出力を聞き比べてみると，ビーム・フォーミング出力ではアナウンス音声がはっきりとし，前に出てくる感覚があります. 2つのマイク間の遅延が無くなったことによる効果だと思われます. しかし，**図4**に示す波形でもわかるようにノイズはほとんどクリアになっていません.「Speech to Text」の結果もほとんど変換ができませんでした.

注1：「cq_dsp_system.h」の#define ENABLE_BF_REFのコメントアウトを外すことで有効となる.
注2：https://hinanogimaya.com/3017/
注3：https://speech-to-text-demo.ng.bluemix.net/

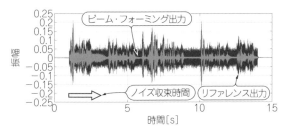

**図6　ビーム側からアナウンス音声でCardioid denoise 設定では
ノイズ・リダクション効果で音声が浮かび上がる**
Speech to Textでは「はい大変申し訳ござ店が本日の営業は終了させ
ていただきましたまたいただきますよお願い」と，かなり改善されてい
る

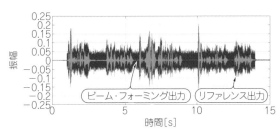

**図7　ビーム側からアナウンス音声でStrong設定の場合ではノイ
ズが消え音声が明瞭になっている**
Speech to Textでは「お電話ありがとうございます大変申し訳ありませ
んが本日の営業は終了させていただきましたまた書き直していただきま
すようお願い申し上げます」と，ほぼ完璧に変換できている

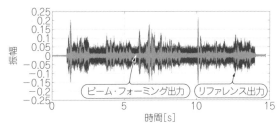

**図8　ビーム側からアナウンス音声でASR ready 設定の場合では
ノイズが残っているが音声は浮かび上がっている**
Speech to Textでは「お電話ありがとうございます大変防災本日の営業
は終了させていただまた何かお願い」と，ノイズが残っていると誤りが
多くなる

● ビーム側からホワイト・ノイズでCardioid basic 設定の場合

　次に，ビームを向けた側からホワイト・ノイズ，反対側からアナウンス音声を入力する場合で，Cardioid basic 設定での効果を確認します．

　こちらは，実験的に音声側が最小のゲインになるように指向性を設定したものです．図5に示す波形からわかるように，音声のエンベロープが見えなくなっておりノイズが強調されています．聞き比べてみると音声の音量はかなり小さくノイズに埋もれています．

● ビーム側からアナウンス音声でCardioid denoise 設定の場合

　ビームを向けた側からアナウンス音声，反対側から

ホワイト・ノイズを入力する場合で，Cardioid denoise 設定での効果を確認します．

　Cardioid denoise 設定はCardioid basic 設定のビーム・フォーミング出力にノイズ・リダクション処理を追加したものです．図6からわかるように，ノイズを低減させるまで1〜2秒間の収束期間が必要のようです．ノイズ・リダクション処理による音質は適応フィルタのように，ノイズ低減効果は高いものの音声の明瞭さは下がります．

● ビーム側からアナウンス音声でStrong 設定の場合

　ビームを向けた側からアナウンス音声，反対側からホワイト・ノイズを入力する場合で，Strong設定での効果を確認します．

　図7からわかるように，Strong設定では音声の明瞭度を下げずに大幅にノイズを低減しています．Cardioid basic/denoise 設定より鋭いビーム・パターンにて，音声とノイズの比を改善してノイズ量を減らし，ノイズ・リダクション処理による音声への影響を低減していると推測します．この実験ではもっとも音声を抽出できており，聞きにくい感じもありません．「Speech to Text」の結果もそれを裏付けています．

● ビーム側からアナウンス音声でASR ready 設定の場合

　ビームを向けた側からアナウンス音声，反対側からホワイト・ノイズを入力する場合で，ASR ready 設定での効果を確認します．

　ASR ready 設定は，Strong設定からノイズ・リダクション処理を省いたものです．図8からわかるように，Cardioid basic 設定に比べノイズ量が減っています．「Speech to Text」の結果もCardioid basic/denoise 設定より良い結果が得られました．

　音声認識としては，ノイズ・リダクション処理によるノイズ低減よりは，ビーム・フォーミングにて目的の音声をできるだけ抽出することが重要だと言えます．

◆参考文献◆
(1) Getting started with AcousticSL real‐time sound source localization middleware(UM2212)，STMicroelectronics
(2) Getting started with AcousticBF real‐time beam forming middleware(UM2214)，STMicroelectronics
(3) AcousticSL Software Library(AcousticSL_Library.chm)，STMicroelectronics
(4) AcousticBF Software Library(AcousticBF_Library.chm)，STMicroelectronics
(5) Microphone array beamforming in the PCM and PDM domain(DT0117)，STMicroelectronics

第5部

Arduino IDEや
MicroPythonでも動かせる！
STM32マイコンあれこれ実験室

イントロ

基礎知識

実験の準備

プログラミング入門

本格実験

あれこれ実験室

第1章 マイコン・ビギナ向け開発環境 Arduino IDEでLチカ

プログラムを作って動かしてみよう！

白阪 一郎　Ichiro Shirasaka

ここでは，IoTプログラミング学習ボード「ARM-First」を使ってLEDをチカチカ点滅（Lチカ）させてみます（写真1）．開発環境の構築にあたり，Arduino IDE，ボード・ライブラリ，フラッシュ書き込みツールのインストール方法や，ツールの設定について説明します．本ボードへのプログラムの書き込みは，STM32F405に内蔵されているDFU機能でUSBから行うことができます．パソコンと本ボードがあればすぐに実験を始めることができます．

ここにある緑色のLEDを点滅（Lチカ）させる
USBコネクタ
ST-LINKコネクタ

写真1　IoTプログラミング学習ボード「ARM-First」を使って，LEDをチカチカ点滅（Lチカ）させてみる
本ボードにはプログラムを書き込むためのUSBシリアル変換回路が実装済みであり，パソコンとIoTプログラミング学習ボードがあればすぐにプログラミングが始められる

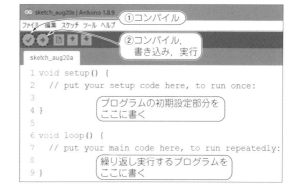

図1　ArduinoIDEの画面は，プログラミングを始めるビギナでも簡単に扱えるように，操作箇所の少ない非常にシンプルな構成になっている

開発環境のセットアップ

● Arduino IDEのインストール

　Arduinoの統合開発環境（IDE）は，いろいろなハードウェアやOS上で動くクロス・プラットフォームのJavaアプリケーションです．プログラムを作成するエディタ，コンパイラ，マイコン・ボードへのプログラムの書き込み機能をもっています．

　開発言語はC言語をベースに，String型などの追加や，オブジェクト指向の機能を使った組み込み向けのライブラリによるプログラム作成に最適化されています．

　図1に示すのはArduino IDEの画面例です．初めてプログラミングを始めるビギナでも簡単に扱えるように，操作箇所の少ない非常にシンプルな構成になっています．Arduino IDEは次のURLからダウンロードで

きます．

　https://www.arduino.cc/en/Main/Software

● ボード・ライブラリのインストール

　インストールした初期状態では，ボード・ライブラリからAVRマイコンのボードしか選べません．そこで，筆者が開発したSTM32用のボード・ライブラリを次のURLからダウンロード（［Code］-［Download ZIP］を選択）して解凍します．

　https://github.com/alto0126/STM32GENERIC

　解凍すると「STM32GENERIC-master」というフォルダ名のボード・ライブラリが得られます．

　図2に示すのは，Arduino IDEの［ファイル］-［環境設定］の画面です．解凍した「STM32GENERIC-master」フォルダは，スケッチブックの保存場所に書かれたフォルダ内の「hardware」の中に置きます．「hardware」フォルダがない場合は，フォルダを作成

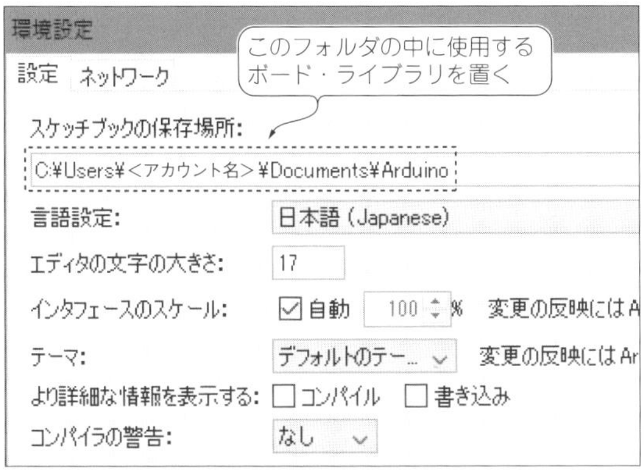

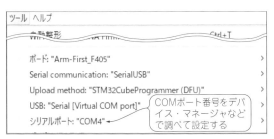

図2 Arduino IDEの環境設定の画面で「スケッチブックの保存場所」を確認する

図3 ボード・ライブラリのインストールが正しく設定できると，ボードマネージャでArm-First_F405が選べるようになる
［ツール］-［ボード］-［STM32GENERIC for STM32 boards］-［Arm-First_F405］を選択する

図4 IoTプログラミング学習ボードが接続されたCOMポート番号を設定する
COM番号はUSBケーブルでボードを接続したときの仮想COMポートの番号であり，Windowsの場合はデバイス・マネージャなどで調べて設定する

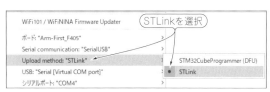

図5 ST-LINKを使用する場合は，Upload Method（フラッシュ・メモリの書き込み設定）をST-LINKに変更する

してください．

次に，Armマイコン用のツールチェーンを追加します．Arduino IDEの［ツール］-［ボード］-［ボードマネージャ］を開いて，タイプのテキスト・ボックスに「ARM」と入力すると，Armマイコン関連のボードが選択できます．この中で「Arduino SAM Boards（32bit ARM Cotex-M3）」をインストールします（ARM-FirstのマイコンはCotex-M4だが，このボード・ライブラリでインストールされるARMツールチェーンが使えるようだ）．

ボード・ライブラリのインストールが正しく設定できると，図3に示すように「Arm-First_F405」が「ボードマネージャ」で選べるようになります．

このボード・ライブラリは，Daniel Fekete氏が開発したSTM32GENERICをベースに，ARM-Firstのボード・ライブラリの追加，I²Sライブラリのハイレゾ対応やUARTライブラリのフロー制御対応，MP3デコーダ，PDMインターフェース・マイク・ライブラリ，RTCライブラリの追加/変更を行っています．

● フラッシュ・メモリ書き込みツールのインストール

DFU機能を使ってSTM32F405RG内のフラッシュ・メモリにプログラムを書き込むためのツール「STM32CubeProgrammer」をインストールします．

ツールの最新版は，次のURLにあります．

https://www.st.com/en/development-tools/stm32cubeprog.html

● Arduino IDEツールの設定

パソコンとIoTプログラミング学習ボードをUSBケーブルで接続します．Arduino IDEを立ち上げ，「ツール」メニューから「ボード」を指定したダイアログで，本ボード向けの設定として図4のように設定します．

COM番号はUSBケーブルでボードを接続したときの仮想COMポートの番号です．Windowsの場合はデバイス・マネージャなどで調べて設定します．

図4に示したのは，フラッシュの書き込みをDFU機能を使って行う場合の設定です．ST-LINKを使用する場合は，図5のようにUpload Method（フラッシュ・メモリの書き込み設定）をST-LINKに変更します．

プログラムの作成と実行

● Arduinoプログラム（スケッチ）の作り方

Arduino IDEを立ち上げて，［ファイル］-［新規ファイル］を選択すると，図1のようにプログラム作成のためのエディタ画面が立ち上がります．

ファイル 編集 スケッチ ツール ヘルプ
新規ファイル Ctrl+N
開く... Ctrl+O
最近使った項目を開く
スケッチブック
スケッチ例
閉じる Ctrl+W
保存 Ctrl+S
名前を付けて保存 Ctrl+Shift+S
内蔵のスケッチ例
01.Basics
02.Digital
03.Analog
04.Communication
05.Control
06.Sensors
AnalogReadSerial
BareMinimum
Blink
DigitalReadSerial
Fade
ReadAnalogVoltage

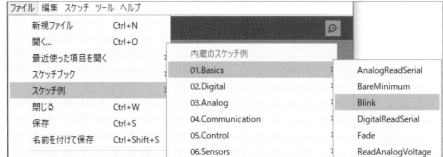

図6 Lチカのプログラムは Arduino 開発環境に内蔵のスケッチ例として格納されている
Arduino IDEの［ファイル］-［スケッチ例］-［01.Basic］-［Blink］のスケッチを開く

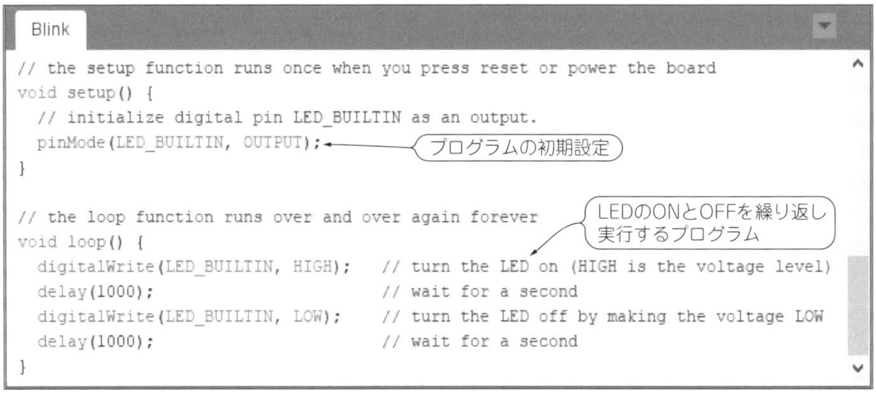

Blink
// the setup function runs once when you press reset or power the board
void setup() {
  // initialize digital pin LED_BUILTIN as an output.
  pinMode(LED_BUILTIN, OUTPUT);
}
プログラムの初期設定
// the loop function runs over and over again forever
void loop() {
  digitalWrite(LED_BUILTIN, HIGH);   // turn the LED on (HIGH is the voltage level)
  delay(1000);   // wait for a second
  digitalWrite(LED_BUILTIN, LOW);   // turn the LED off by making the voltage LOW
  delay(1000);   // wait for a second
}
LEDのONとOFFを繰り返し実行するプログラム

図7 Arduino 開発環境の動作確認を兼ねて，Lチカのプログラムを動かす
プログラム中の「LED_BUILTIN」は，本ボードでは，LED(緑)に設定してある

setup()に作成するプログラムの初期設定部分を書きます．そして，loop()に繰り返し実行するプログラムを書きます．

電源ONやリセット・スイッチを押すと最初に初期化処理が実行されます．次にsetup関数が呼び出され，そしてloop関数が呼び出されます．

loop関数は，Arduinoシステムから繰り返して呼び出しが行われるように動作します．

図1の①ボタンを選択するとコンパイルのみを実行し，②ボタンを選択するとコンパイルとSTM32F405RGのフラッシュへの書き込み，プログラムの実行が行われます．

● Lチカ・プログラムの書き込み

Arduino開発環境の動作確認を兼ねて，Lチカ・プログラムを動かします．**図6**に示すように，Arduino IDEの［ファイル］-［スケッチ例］-［01.Basic］-［Blink］のスケッチ(**図7**)を開きます．

プログラム中の「LED_BUILTIN」は，本ボードではLED(緑)に設定してあります．

フラッシュ・メモリへの書き込みのために，ボード上のBOOTボタンとRESETボタンを**図8**のように操作してDFUモード(フラッシュ・メモリ書き込みモード)にします．

その後，Arduino IDEの書き込みボタン(**図1**の②)

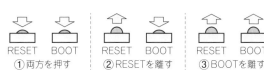

RESET
BOOT
①両方を押す
RESET
BOOT
②RESETを離す
RESET
BOOT
③BOOTを離す

図8 フラッシュ・メモリへ書き込むには，IoTプログラミング学習ボード上のRESETとBOOTボタンを操作してDFUモード(フラッシュ・メモリ書き込みモード)**にする**

を押すと，コンパイル，フラッシュ書き込み，実行が行われ，ボード上の緑LEDが点滅します．

● サンプル・プログラムへの戻し方

実は，出荷時の本ボードには，ボードの基本機能を試せるサンプル・プログラムが書き込まれています．Lチカ・プログラムを書き込むと，元のサンプル・プログラムは上書きされます．次の手順で元に戻せます．

［ファイル］-［スケッチ例］-［Arm-First_F405のスケッチ例］-［STM32 Board examples for users］-［Arm-First_F405］-［Arm_First_Test］にサンプル・プログラムのスケッチがあります．それをLチカと同様にフラッシュ・メモリに書き込むことで，サンプル・プログラムに戻せます．

［スケッチ］-［コンパイルしたバイナリを出力］を選択すると，バイナリ・ファイル(xxxx.bin)を出力できます．STM32cubeProgrammerを使ってバイナリ・ファイルをフラッシュ・メモリに書き込むことも可能です．

サンプル・プログラムの動かし方

● 概要

IoTプログラミング学習ボード「ARM-First」には，動作確認や機能確認に使用できるサンプル・プログラムをあらかじめ書き込んであります（ほかのプログラムを上書きしてしまった場合は，前ページに記載した方法で書き込み直せる）．

パソコンとARM-FirstをUSBケーブルで接続し，Tera Termなどのターミナル・プログラムを動かすことで，サンプル・プログラムを試せます．

● サンプル・プログラムの実行

以下の手順で実行します．

(1) USBケーブルでARM-Firstをパソコンと接続する．

(2) パソコン上でTera Termを起動し，COMポートを選択してシリアル接続する．

この状態でARM-Firstのリセット・ボタンを押すと，Tera Term画面にサンプル・プログラムのメニューが表示されます．動作させたいプログラムの番号をコンソールから入力すると，プログラムが実行されます．

▶ Tera Termの設定

シリアル・コンソールは「ボー・レート：115.2kbps」，「データ：8ビット」，「パリティ：なし」，「ストップ・ビット：1ビット」で接続します．

● サンプル・プログラムのメニュー

▶ 気圧，加速度，ジャイロ・センサ値の表示

センサ値がターミナル・プログラムに連続的に表示されます．[Esc]キーを押すと，センサ値の表示を停止してメニュー表示に戻ります．

センサはI^2Cインターフェースを通して値を読み取り，ターミナル画面にセンサから読み出した値を連続表示します．

▶ ボイス・レコーダ

マイク1と2またはマイク3と4のどちらかのペアを選びます．2つのマイクからの音声はステレオでマイクロSDに格納されるので，事前にマイクロSDカードをソケットに挿入しておいてください．10分間たつか[Esc]キーを押すまで記録されます．

搭載しているMEMSマイクはPDM出力のものですが，STM32F405のI^2Sインターフェースからディジタル値を読み出してソフトウェアでPCMデータに変換します．PCMデータはwav形式のヘッダを付加して，wavファイルとしてマイクロSDのwavフォルダに格納します．

▶ サイン波出力（30Hz～）

44100Hzでサンプリングしたサイン波のPCMデータを下記の式で2秒間分計算してバッファに格納し，I^2Sインターフェースを通してD-Aコンバータに送る，という動作を繰り返し行っています．

$$\sin(2 * PI * frequency * n / 44100)$$
ただし，n：0～88200

▶ WAVプレーヤ

マイクロSDのwavフォルダに格納されているwavファイルを調べて順番に再生します（Appendix 2を参照）．

読み出したwav形式の音楽ファイルのヘッダ情報から，ビット密度とサンプリング周波数を読み出して，それに合わせてD-AコンバータのI^2Sのモード設定を行い，I^2Sインターフェースを通して音楽データをD-Aコンバータに送ります．

▶ MP3プレーヤ

マイクロSDのmp3フォルダに格納されているmp3ファイルを調べて順番に再生します（第2章を参照）．

ビット密度とサンプリング周波数は16ビット44100 Hzまたは48000 Hzですが，320 kbpsまでのビット・レートまで動作確認しました．

▶ LEDのテスト

ボード上のユーザLED2個を交互にON/OFFします．

▶ インターネット・ラジオ

MP3プレーヤのマイクロSD部分をWi-Fiモジュールに変更して，HTTPクライアントとして受け取ったmp3ストリーム・データをmp3デコーダで伸長してD-Aコンバータから出力しています（第3章を参照）．

起動する前にWi-Fi接続設定を完了しておきます．

▶ NTP時計

STM32F405のリアルタイム・クロック（RTC）を起動します．さらに，Wi-Fiモジュールからインターネット上のNTPサーバにアクセスし，現在時刻を取得してRTCに正しい時間を設定します（Appendix 5を参照）．

起動する前にWi-Fi接続設定を完了しておきます．

▶ Wi-Fi接続設定

プログラムを起動して接続するアクセス・ポイントのSSIDとパスワードを入力します．アクセス・ポイントへの接続が成功した場合は，その趣旨のメッセージを出力します．

〈白阪 一郎〉

Appendix 1

Arduino IDEによる周辺I/Oの動かし方

IoTプログラミング学習ボード「ARM - First」には，気圧センサや加速度/ジャイロ・センサ，マイク，D-Aコンバータ，ヘッドホン・アンプ，マイクロSDカード・ソケット，Wi-Fiモジュールを搭載しています．また，Arduino拡張用コネクタにはArduinoと同様の機能を持つ信号を配置しており，Arduino用に作られたさまざまな周辺I/Oボード（シールド）を接続できます．

ここでは，本ボードの周辺I/OをArduino IDEで動かす方法について解説します．

クロックの設定

ボード上に12MHzとリアルタイム・クロック用の32.567kHz水晶発振子を実装し，168MHzのCPUクロックで動作させています．クロックの設定は，下記のvariant.cに記述されています．

STM32GENERIC - master\STM32\variants\ARM - First_F405\variant.c

ディジタル入出力インターフェース

STM32F405RGの信号ピンは，全てディジタル入出力ピンに設定することで，1ピンごとにディジタル・データの入力または出力ができます．

● ディジタル入出力設定
pinMode(ピン番号,モード);
(例)ピン番号：PA15，モード：OUTPUT/INPUT

● ディジタル出力
digitalWrite(ピン番号,値);
(例)ピン番号：PA15，値：LOW/HIGH

アナログ入力インターフェース

STM32F405RGには3つのA-D変換回路があります．A-D変換入力のピンをアナログ入力に指定することで，0から3.3Vの信号を12ビットの精度でディジタル値に変換できます．

● アナログ入力
analogRead(ピン番号);
(例)ピン番号：PC0

アナログ出力インターフェース（PWM出力）

PWM出力ピンにアナログ出力を指定することで，0～1023の範囲で指定したデューティの信号を出力できます．

● アナログ出力(PWM出力)
analogWrite(ピン番号,パルス幅);
(例)ピン番号：PA15，
　　　パルス幅(デューティ)：0～1023

I²Cインターフェース

ボード上のI²Cインターフェースには，気圧センサ，加速度/ジャイロ・センサ，D-Aコンバータの設定やボリューム調整を行うD-Aコンバータ制御を接続しています．

それぞれのモジュールを区別するスレーブ・アドレスを表1に示します．STM32F405RGでは6つのI²Cバスが使用できます．そのうちの1つのI2C2に搭載のセンサ類を接続しています．ArduinoのWireライブラリで制御できます．

● I²Cドライバの初期化
Wire.begin();

● I²Cライト転送の開始
Wire.beginTransmission(スレーブ・アドレス);
　スレーブ・アドレスは7ビットです．

● I²Cライト
Wire.write(データ);
　データ(1バイト)は，レジスタ・アドレスまたはデータです．必要な数だけデータを送り，次のWire.endTransmissionを実行します．

● I²C転送の終了
Wire.endTransmission();

表1 搭載I²Cデバイスのスレーブ・アドレス

デバイス名	スレーブ・アドレス
気圧センサ	0x5D (93)
加速度/ジャイロ・センサ	0x6B (107)
D-Aコンバータ制御	0x1F (31)

● I²Cリード転送の開始
Wire.requestFrom(スレーブ・アドレス,リー
ド転送バイト数);
● I²Cリード
Wire.read();
1バイトのリード転送です.Wire.requestFrom
で指定した転送バイト数分リードを行うか,Wire.
endTransmission()を送るまでリード転送が続
きます.

SPIインターフェース

STM32F405RGには3つのSPIインターフェース
(SPI1,SPI2,SPI3)があります.SPI2/SPI3は,
I2S2/I2S3とハードウェアを共用しています.本ボー
ドではSPI2/SPI3を,搭載しているマイクとD-Aコ
ンバータを接続するために,I2S2/I2S3として使用し
ています.SPI1は,Arduinoの拡張インターフェース・
コネクタのMISO(PA6),MOSI(PA7),SCLK(PA5)
に接続しています.

SPIは,ArduinoのSPIライブラリで制御できます.
SPIライブラリを使用する場合は,「#include
SPI.h」の記述が必要です.

● SPIドライバの初期化
SPIClass オブジェクト変数名(SPIインスタン
ス,mosiピン,misoピン,sckピン);
(例)SPIインスタンス:SPI1/SPI2/SPI3
オブジェクト変数.begin();
(例)オブジェクト変数:spi2
● SPI転送パラメータの設定
オブジェクト変数.beginTransaction(SPI
Settings(最大転送速度,データ順序,データ・
モード));
　(例)最大転送速度の単位:bps
　　　データ順序:MSBFIRST/LSBFIRST
　　　データ・モード:SPI_MODE0/SPI_MODE1/
　　　　　　　　　　 SPI_MODE2/SPI_MODE3
● データ転送
オブジェクト変数.transfer(データ);
　(例)データ:8ビット送信/受信データ
オブジェクト変数.transfer16(データ);
　(例)データ:16ビット送信/受信データ
オブジェクト変数.transfer(バッファ,カウン
ト);
　(例)バッファ:送信/受信バッファ・アドレス
　　　カウント:送信/受信カウント

I²Sインターフェース
(Inter IC Sound)

STM32F405RGは2つのI²Sインターフェース回路
(I2S2,I2S3)を内蔵しており,ARM-Firstではこれ
らに4つのマイクとD-Aコンバータを接続していま
す(p.134のColumn 3を参照).

I²SはArduinoのI2Sライブラリで制御できます.
I2Sライブラリを使用する場合は,「#include
I2S.h」の記述が必要です.

I²Sドライバは,D-Aコンバータへのデータ出力の
みのサポートです.

● I²Sドライバの初期化
I2SClass オブジェクト変数名(SPIインスタン
ス,sdピン,wsピン,ckピン,mckピン);
(例)SPIインスタンス:SPI2/SPI3
オブジェクト変数.begin(I2Sモード,サンプリ
ング周波数,ビット幅);
(例)I2Sモード:I2S_PHILIPS_MODE/
　　　　　　　　I2S_RIGHT_JUSTIFIED_MODE/
　　　　　　　　I2S_LEFT_JUSTIFIED_MODE
　　サンプリング周波数:44100/48000/96000/
　　　　　　　　　　　　192000[Hz]
　　ビット幅:16/24/32[ビット]
● I²S DMAバッファの設定
オブジェクト変数.setBuffer(バッファのポイ
ンタ,バッファ・サイズ);
(例)バッファは2バイト幅(符号あり)
● サンプリング周波数の再設定
オブジェクト変数.setsample(サンプリング周
波数);
(例)サンプリング周波数の単位はHz
● ライト転送
オブジェクト変数.write(データ);
(例)データ:データ幅は2バイト(符号あり)

UARTシリアル・インターフェース

STM32F405RGでは5つのUART(UART2〜6)が
使用できます.フロー制御を行うためのRTS,CTS
信号が使用できるのは,UART2とUART3のみです.

UART3はI²SやマイクロSDとピンを共用していま
す.UART2はArduino拡張インターフェース・コネ
クタ(RX,TX)とWi-Fiモジュールを接続しています.
表2に示すように,各UARTは搭載している入出力
機器とピンを共用しています.

UARTを使用する場合は,回路図を参照して共用
している信号がコンフリクト(競合)しないように注意

しましょう．

USBインターフェースは，仮想UARTとして使用できます．通常，Serialのシンボルは仮想UARTです．

● UARTドライバの初期化

`SerialX.begin(転送レート,フロー制御指定);`

（例）転送レート：転送ビット・レート値

フロー制御指定：RTS/CTS

SerialXの「X」は，UART番号(2〜6)を指定します．

● ライト/リード転送

UARTドライバはprintクラスを継承しているので，`println`，`printf`，`readbytes`などのさまざまなメソッドを使用できます．現状のライブラリでフロー制御を使用する場合には，別途CTS，RTS機能を入出力ピンに指定する処理が必要となります．フロー制御を使用しない場合は省略可です．

USBインターフェース(USB1.1)

ボード前側にマイクロBのUSBコネクタを搭載しています．USB1.1のデータ転送速度は12Mbps(ハイ・スピード・モード)です．

本ボード(ARM-First)側がデバイスになるスレーブ・モードのみのサポートです．ボードから+5Vを供給する(ボードにUSBメモリ，キーボード，マウスを接続する)マスタ・モードはサポートしていません．

Arduino Unoのシリアル通信やプログラムの書き込みは，USBシリアル変換デバイスを使ってパソコンのUSBにつなぐようにします．

なおSTM32F405RGは，マイコン自身がUSBインターフェース機能を持っています．USBシリアル変換デバイスなしで，直接USB信号がマイコンに接続

表2 UARTと拡張インターフェース・コネクタのピン対応

UART名	ピン番号	共用機能
UART2	PA0(CTS) PA1(RTS) PA2(TX) PA3(RX)	Wi-Fi
UART4	PC10(TX) PC11(RX)	SDカード
UART5	PC12(TX) PD2(RX)	SDカード
UART6	PC6(TX) PC7(RX)	D-Aコンバータ MCLK

できます．シリアル通信はUSBSerialライブラリで制御できます．

マイクロSD(SDIO/SDMMC)

ボード前側にマイクロSDカード・ソケットを持っています．インターフェースには4ビット・シリアルのSDIO/SDMMCを使用しているので，1ビット・シリアルのSPIで接続したボードに比べ高速なデータ転送ができます．

SDIO/SDMMCは，ArduinoのSDIOライブラリで制御できます．SDIO/SDMMCライブラリを使用する場合は，「`#include "SDIO.h"`」の記述が必要です．

● SDドライバの初期化

`SdFatSdio オブジェクト変数名;`

`オブジェクト変数.begin();`

上記のようにオブジェクト変数を宣言，初期化することで，以降はオブジェクト変数を使用してファイル・システムでのアクセスを行うことができます．

〈白阪 一郎〉

クロックやピンの初期設定をすっ飛ばしていきなりプログラミング！

Arduino IDEがビギナ向けな理由
Column 2

マイコンでプログラムを動作させるためには初期化処理が必要です．この初期化処理を「セットアップ・ルーチン」と呼んでいます．

STM32CubeIDEなどの開発環境では，クロックの設定やマイコンのピンの割り当てなどの設定をグラフィカルに行うことで，セットアップ・ルーチンを自動で作成します．しかし，マイコンのしくみやハードウェアに不慣れなビギナには，この設定自体が大きなハードルになります．

Arduino IDEでは，ボードマネージャ内の設定ファイルにより，ボードの種類を選択することで，あ

らかじめボードごとに決められた設定の初期化処理がリンクされます．つまり，Arduino IDEではクロック・スピードやピンの機能設定の自由度が固定されている代わりに，ハードウェアの深い知識なしでプログラムが作れます．

ここでは，ボードマネージャでArm-First_F405を選ぶことで，CPUクロック168 MHz(12 MHz外部クロック)，周辺クロック(48 MHz)，RTCクロック(外部32.678 KHz)，I^2Sクロック(192 MHz)などの設定ができます．

〈白阪 一郎〉

第2章

STM32ならMP3デコードも可能！
MP3ソフトウェア・プレーヤの製作

SDカードの音楽データを168MHzで動くCortex-M4とFPUが高速信号処理

白阪 一郎　Ichiro Shirasaka

Arduino Uno などでMP3プレーヤを作るアプリケーションは今まで多くありますが，DFPlayerや VS1003のような外付けのMP3デコーダ・モジュールを使用するものでした．Arduino Unoでは，CPU パワーとメモリ・サイズが小さく，ボードのマイコン自身でMP3デコードすることはできません．
IoTプログラミング学習ボード「ARM-First」に搭載されているSTM32F405RGマイコンならCPUパワ ーやメモリ・サイズも十分あり，MP3ソフトウェア・デコードが可能です（写真1）．

マイコンで動くMP3デコーダでは，「Helix decoder」 が有名です．ESP32系で見かけるMP3プレーヤなど はこれを使っています．AACやFLACなどのデコー ダも用意されているので機能的には良さそうです．し かし，ライセンスが提供元のRealNetworks独自のラ イセンス形態となっており，Arduinoライブラリに組 み込むのは面倒です．

MP3デコーダをさらに探してみると「Minimalistic MP3 decoder」が見つかりました．こちらはパブリッ ク・ドメインとなっているので，今回提供する Arduinoライブラリに組み込んで使用できるようにし ました．

ハードウェア

● D-AコンバータとマイコンをI²Sで接続する

STM32F405RGマイコン内蔵のI²Sモジュールは，

写真1　IoTプログラミング学習ボードに搭載されている STM32F405RGマイコンならCPUパワーやメモリ・サイズも十 分あり，MP3ソフトウェア・デコードが可能である

図1に示すように，シリアル・パラレル変換回路にな っていて，16ビット単位でデータを処理します．

STM32F405RGマイコンは，オーディオ・データ・ インターフェース用のI²S（Inter IC Sound）を2ポート 持っています（I2S2とI2S3）．

IoTプログラミング学習ボード「ARM-First」では， このI²SインターフェースにD-Aコンバータ WM8523とMEMSマイクMP34DT05-Aを4個接続 しています．接続図を図2に示します．MP3プレーヤ でD-Aコンバータを使用する場合は，JP6，JP7のジ ャンパをオープンにします．

● D-Aコンバータ（WM8523）

本ボードに実装されているD-Aコンバータは， Cirrus Logic製のWM8523です．D-Aコンバータは，

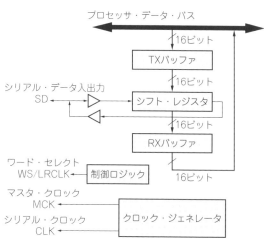

図1　STM32F405RGマイコン内蔵のI²Sモジュールは，シリア ル・パラレル変換回路になっていて，16ビット単位でデータを 処理する

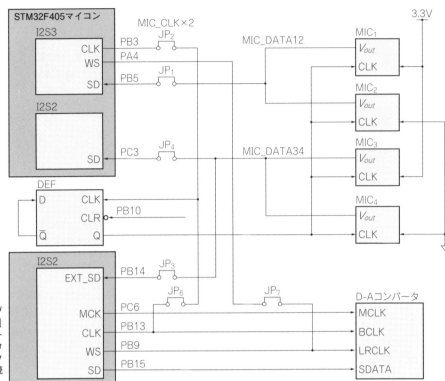

図2 IoTプログラミング学習ボード「ARM-First」では，I²SインターフェースにD-AコンバータWM8523とMEMSマイクMP34DT05-Aを4個接続している

表1 D-Aコンバータとは4本のI²Sインターフェース信号で接続する

信号名	信号方向	内容説明
MCLK	MPU→DAC	マスタ・クロック： D-Aコンバータ制御用クロック (SCLK，LRCLKはこのクロックに同期する必要がある)
BCLK	MPU→DAC	ビット・クロック： SDATAサンプリング用のクロック
LRCLK	MPU→DAC	LRクロック： 2チャネル・ステレオの左チャネル，右チャネル識別用のクロック
SDATA	MPU→DAC	シリアル・データ： PCMシリアル音声データ

I²Sインターフェースからの PCM シリアル・データ（ディジタル）をアナログ音声信号に変換するディジタル-アナログ変換器です．WM8523は電子ボリュームを内蔵しており，I²Cインターフェースを使って音量を調節できます．また，WM8523の初期設定も I²Cインターフェースから行います．

I²SのMCK，CLK，WS，SDの4本の信号を，それぞれD-AコンバータのMCLK，BCLK，LRCLK，SDATAに接続してマスタ・モード(STM32F405がマスタ，D-Aコンバータがスレーブ)で動作させています．4本の信号の機能を表1にまとめます．表2に示

D-Aコンバータとマイク4個を2本のI²Sでマイコンと接続   Column 3

　STM32F405RGは2つのI²Sインターフェース回路(I2S2，I2S3)を内蔵しており，ARM-Firstではこれらに4つのマイクとD-Aコンバータを接続しています(図2参照)．

　マイク1(L側)と2(R側)はそれぞれI2S3に接続され，マイク3(L側)と4(R側)はI2S2に接続されています．

　D-AコンバータもI2S2に接続されているので，通常はマイク3，4とD-Aコンバータはどちらかし

か使用できません．

　ジャンパ JP₆ と JP₇ は I2S2 を Extend モード(全2重モード：マイクは入力，D-Aコンバータは出力を使用)に設定するものです．ジャンパ JP₆ と JP₇ をONにすると，マイクとD-Aコンバータは同じクロック周波数（サンプリング周波数32 k，40 k，48 kHz）でしか使えませんが，全てのデバイスを同時に使用することができるようになります．

〈白阪 一郎〉

表2 D-AコンバータWM8523の設定レジスタ

レジスタ名	サブ・アドレス	内　容
PSCTRL1	0x02	```7 6 5 4 3 2 1 0``` （SPC） SPC（System Power Control） 00：OFF 01：Power Down 10：Power up & mute 11：Power up & unmute
AIF_CTRL1	0x03	```7 6 5 4 3 2 1 0``` MST LRI BKI WL FMT FMT（Interface Format）　　WL（Word Length） 00：Right justified　　　　00：16 bits 01：Left justified　　　　　01：20 bits 10：I^2S format　　　　　　10：24 bits 11：DSP mode　　　　　　　11：32 bits BKI（Inv Control）　LRI（LRCLK Inv Control）　MST（M/S Select） 0：BCLK normal　　0：LRCLK normal　　0：Slave 1：BCLK inverted　1：LRCLK inverted　1：Master
AIF_CTRL2	0x04	```7 6 5 4 3 2 1 0``` BCLKDC SR SR（MCLK：LRCLK Ratio）　BCLKDC（BCLK Divider） 000：Auto detect　　　　　000：MCLK/4 001：128fs　　　　　　　　001：MCLK/8 010：192fs　　　　　　　　010：32fs 011：256fs　　　　　　　　011：64fs 100：384fs　　　　　　　　100：128fs 100：128fs　　　　　　　　101～111：reserved 101：512fs 110：768fs 111：1152fs
DAC_GAINL	0x06	```15 10 9 8 0``` VU L_VOL L_VOL（Left Volume）　　VU（DAC Digital Volume Update） 000000000：－100dB　　　1：ボリューム値の更新 0.25dB step
DAC_GAINR	0x07	```15 10 9 8 0``` VU R_VOL R_VOL（Right Volume）　　VU（DAC Digital Volume Update） 000000000：－100dB　　　1：ボリューム値の更新 0.25dB step

すのはWM8523の主な設定情報です.

WM8523のアナログ出力は, 内蔵のチャージ・ポンプを使ってマイナス電源を生成しているため, 0V基準で出力されます. このため次段のヘッドホン・アンプ間のカップリング・コンデンサを省略できます.

● ヘッドホン・アンプ（NCP2811）

本ボードでは, D-Aコンバータが出力する信号の振幅は最大2 V_{P-P}で, 後段にインピーダンスの低いヘッドホンを駆動できるアンプNCP2811を搭載しています.

NCP2811はアナログ・アンプで, 16 Ωまでのヘッドホンを駆動できます. NCP2811もD-Aコンバータと同様に内蔵のチャージ・ポンプを使って0V基準で出力できます. そのため, ヘッドホンとの間にカップ

リング・コンデンサは不要です. ボード上のオーディオ・ジャックにヘッドホンを直接接続できます.

● マイクロSDカード

STM32F405RGマイコンには, 高速なデータ転送ができる4ビット・シリアルのSDIOを内蔵しています. SDIOはSPIと一部ピンは共有しています. 別論理なのでSPIとは独立して使用できます.

● 全体のハードウェア構成

MP3プレーヤ全体のハードウェア構成を図3に示します. 本ボードのようにディジタル回路とアナログ回路（D-Aコンバータ, ヘッドホン・アンプ）を混載したボードでは, ディジタル・ノイズがアナログ回路に回り込まないように, ディジタル回路とアナログ回路

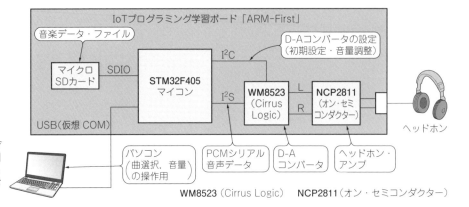

図3 IoTプログラミング学習ボード「ARM-First」でMP3プレーヤを構成し，パソコンで曲選択と音量を操作する

WM8523（Cirrus Logic）　NCP2811（オン・セミコンダクター）

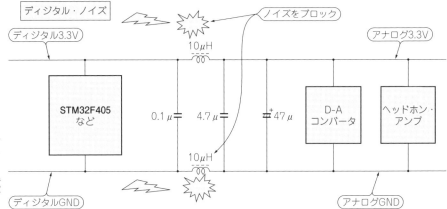

図4 ディジタル回路とアナログ回路が混載したボードでは，ディジタル・ノイズがアナログ回路に回り込まないようにグランドや電源を分離する

リスト1 使用ライブラリのインクルード

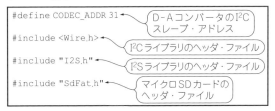

のグランドや電源を分離します．

ただし，直流的には接続されている必要があるため，本ボードでは，**図4**に示すように*LC*フィルタを介して2つの系統の電源とグランドを接続しています．

ソフトウェア

● 使用ライブラリのインクルード

ArduinoのライブラリのI^2C, I^2S, SDIOを使用するためには，**リスト1**のようにライブラリのヘッダ・ファイルをインクルードします．

● I^2Sの初期化

STM32F405RGマイコンのI^2Sの初期設定は，setup()内でI^2Sライブラリを使用します．次のよ

表3 D-Aコンバータの初期化を行うI^2Sライブラリ・データ・フォーマット指定

I^2Sライブラリ指定	内　容
I2S_PHILIPS_MODE	I^2Sフィリップス標準
I2S_LEFT_JUSTIFIED_MODE	MSB詰め標準（左詰め）
I2S_RIGHT_JUSTIFIED_MODE	LSB詰め標準（右詰め）

うに，データ・フォーマットをI^2Sフィリップス標準（**表3**），サンプリング周波数を44100 Hz，データ長を32ビットに設定します．

```
I2S.begin(I2S_PHILIPS_MODE, 44100, 32);
```

● D-Aコンバータの初期化

リスト2に示すのは，D-Aコンバータの初期化プログラムです．**表2**に示す設定レジスタを用いて，I^2CインターフェースによりD-Aコンバータの初期化やインターフェース・フォーマット（I^2S Format），データ長（32ビット）を設定します．電子ボリュームは初期値として300に設定します．

● MP3デコーダのインクルード

Minimalistic MP3 decoderを使用するために，ヘッダ・ファイル「minimp3.h」をインクルードします．

リスト2　D-Aコンバータの初期化プログラム

```
#define CODEC_ADDR 31              // DAC i2c slave address

void codec_reg_setup(){
 codec_writeReg(0x02, 0x00);       //DAC Power Down
 codec_writeReg(0x02, 0x03);       //DAC Power UP          ← D-Aコンバータ初期化
 codec_writeReg(0x03, 0x1a);       //32bit I2S Format
 codec_writeReg(0x06, 0x200 | 300); //Volume left=300      ボリュームの初期値設定
 codec_writeReg(0x07, 0x200 | 300); //Volume right=300
}

uint8_t codec_writeReg(uint8_t reg, uint16_t data){   D-Aコンバータ用I²Cライト転送関数
 uint8_t error;

 Wire.beginTransmission(CODEC_ADDR); //output Slave address    スレーブ・アドレス送出
 Wire.write(reg);                    //output slave mem address   レジスタ・アドレス送出
 Wire.write((uint8_t)(data >> 8));   //output data MSB
 Wire.write((uint8_t)(data & 0xff)); //output data LSB       データ(2バイト)を送出
 error = Wire.endTransmission();     //terminate transmission
 return error;                                            データ転送終了
}

uint16_t codec_readReg(uint8_t reg){   D-Aコンバータ用I²Cリード転送関数
 uint8_t error;
 uint16_t data;
                                                            スレーブ・アドレス送出
 Wire.beginTransmission(CODEC_ADDR); //output Slave address
 Wire.write(reg);                    //output slave mem address   レジスタ・アドレス送出
 Wire.endTransmission();             //terminate transmission
 Wire.requestFrom(CODEC_ADDR, 2);    //output Slave address + 2byte read   データ転送終了
 delay(1);
 data = Wire.read();                 //read MSB              データ受信を要求
 data = data << 8 | Wire.read();     //read LSB
 error = Wire.endTransmission();                          データ(2バイト)受け取り
 return data;                        //data:word data
}                                      データ転送終了
```

リスト3　#defineでMP3デコーダの動作パラメータを指定する

```
#define MINIMP3_ONLY_MP3            //MP3 Decoder Parameter
#define MINIMP3_NO_SIMD             //MP3 Decoder Parameter   必ずMinimalistic MP3 decoder
#define MINIMP3_IMPLEMENTATION      //MP3 Decoder Parameter   の設定をdefineしてからライブ
#include "minimp3.h"                //MP3 Decoder             ラリをインクルードする
```

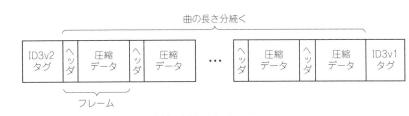

ID3v1タグ：曲名やアーティスト名、作成年月日などが書かれた128バイトのデータ
ID3v2タグ：ID3v1タグと同様の可変長データ
※ID3v1とID3v2は、どちらかまたは両方が存在する場合がある
ヘッダ：　　　フレーム・ヘッダと呼ばれる4バイトのデータ. サンプリング周波数やチャネル数
　　　　　　　などの情報が記録されている
圧縮データ：伸長したとき1152×2(ステレオの場合)バイトのPCMオーディオ・データになる
　　　　　　可変長のデータ(データの長さはビット・レートや圧縮方法によって変化する)

図5　MP3オーディオ・データは，フレームと呼ばれる4バイトのヘッダと圧縮データが数珠つなぎになった形式で格納されている

リスト3に示すように，#defineでMP3デコーダの動作パラメータを指定します．

MP3オーディオ・ファイルの最も基本的な型は，「MP3オーディオ・フレーム・ヘッダ＋データ領域＋ID3タグ」です．MP3オーディオ・フレーム・ヘッダ

は，ビット・レートやサンプリング周波数などが記述された4バイトのデータです．その後に実際のデータ圧縮されたデータが続きます．ID3タグはファイルの先頭や末尾にある曲名などの情報エリアです．

図5に示すのはMP3データ形式です．オーディオ・

データは，「フレーム」と呼ばれる4バイトのヘッダと圧縮データが数珠つなぎになった形式で格納されています．

フレームの長さは可変で，圧縮データを伸長したときの長さが，1152バイト×2ワード（ステレオの場合）のPCMオーディオ・データになります．ビット・レート（128 kbpsや320 kbpsなど）や圧縮方法によってデータの長さは変化します．

図6に，MP3フレームの切り出しの手順を示したフローを示します．フレームの長さはMP3デコード処理が終わるまでわからないため，あらかじめ適当な長さ（今回0x600バイト）のデータをマイクロSDカードから読み出します．MP3デコーダで処理してからフレームの長さを知り，マイクロSDカードからの読み出し位置を修正するようにして順に最後まで読み出します．

MP3オーディオ・ファイルからMP3フレームを切り出してMP3デコーダを呼び出す処理は，Minimalistic MP3 decoderにはないので自作します．プログラムではID3タグの処理は行っていないため，データ内に書かれた曲名などの表示はしません．

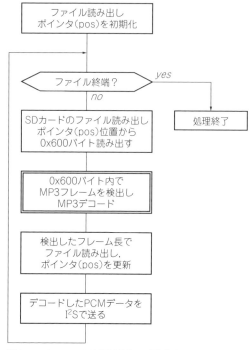

図6　MP3フレームの切り出しの手順を示したフロー

● MP3デコードのためのバッファの定義

MP3デコードのための構造体やバッファを準備します．リスト4に示すように，MP3デコード出力バッファ pcm[] は，MP3デコード後のPCMデータを格納するバッファです．ステレオ・オーディオで1152×2ワード（16ビット）のサイズになります．

MP3フレーム・バッファは，MP3デコード前のフ

リスト4　MP3デコードのためのバッファの定義

```
short pcm[MINIMP3_MAX_SAMPLES_PER_FRAME]; //MP3デコード出力バッファの設定
mp3dec_frame_info_t info;              //MP3デコーダ情報構造体の定義
mp3dec_t mp3d;                         //MP3デコーダ構造体
uint8_t fbuf[0x600];                   //MP3フレーム・バッファ
```

Minimalistic MP3 decoderで使用する構造体とバッファの定義

リスト5　マイクロSDカードのmp3フォルダ内のファイルを順に再生するプログラム

```
for(int m_no = 0; m_no < fcount; m_no++){   //ファイル・リストのファイルを順に再生
  d_on = 1;
  strcpy(path, "/mp3/");
  strcat(path, fname[m_no]);
  Serial.println(fname[m_no]);
  File file = sd.open(path);                //指定したmp3フォルダ内のファイルをオープン
  int pos = 0;                              //フレーム・ポインタ
  I2S.setsample(44100);                     //サンプリング周波数を44100Hzに設定

  if(!d_on) Serial.print(">");
  for(int fn = 1; file.available(); fn++){
    int pbyte = pos % 4;
    file.seek(pos - pbyte);                 //4バイト境界でフレーム位置をファイル・ポインタに設定
    file.read(fbuf, sizeof(fbuf));          //最大のフレーム・サイズでフレームを読み出し
    samples = mp3dec_decode_frame(&mp3d, fbuf+pbyte, sizeof(fbuf), pcm, &info);
                                            //MP3デコード　結果PCMに格納
    pos += info.frame_bytes;                //実際のフレーム・サイズでフレーム・ポインタを更新
    uint32_t d;
    for(int n=0; n < 1152*2; n++){
      d = *(uint32_t *)&pcm[n] << 16;
      I2S.write(d >> 16);                   //16ビットずつDMAバッファに転送
      I2S.write(d);
    }
```

リストしたファイルのパス名を生成

ファイル・ポインタをオーディオ・データの先頭を含む4バイト境界に設定．0x600バイト（最大フレーム・サイズ）SDカードから読み出し

MP3デコード結果のPCMデータはpcm[]に入る

ファイル・ポインタの更新

デコード結果のPCMデータ1152ワード×2（ステレオ）をDMAバッファに書き込む

```
void volume(int num){              ←── ボリューム設定関数
 int vol;
                                              ┌─ キーボードから入力した値が"u"
 if(num == 'u') {                    //音量UP  │  なら＋2.5dB, "d"なら－2.5dB
  delay(100);                                 └─ ボリュームを変更する
  vol = codec_readReg(0x06);
  codec_writeReg(0x06, 0x200 | (vol + 10));   //左音量設定　＋2.5dB
  codec_writeReg(0x07, 0x200 | (vol + 10));   //右音量設定
  Serial.println(codec_readReg(0x06));        //設定値読み出し
 }else if(num == 'd') {              //音量Down
  delay(100);
  vol = codec_readReg(0x06);
  codec_writeReg(0x06, 0x200 | (vol - 10));   //左音量設定　－2.5dB
  codec_writeReg(0x07, 0x200 | (vol - 10));   //右音量設定
  Serial.println(codec_readReg(0x06));        //設定値読み出し
 }
}
```

レーム・データを格納するバッファで1536(0x600)バイトにします．バッファ・サイズは，圧縮率が低い(ビット・レートが高い)ほど大きなファイル容量が必要です．ここではビット・レート320 kbpsでも足りる大きさとしました．

● MP3フレームのデコード

　リスト5に示すのは，マイクロSDカードのmp3フォルダ内のファイルを順に再生するプログラムです．ファイル内のデータの位置を変数posで管理します．seek()関数を使ってファイル・ポインタをセットし，read()関数でデータを読み出します．

　実際のフレームの位置やフレーム・サイズは，MP3デコードをしてからでないとわかりません．そのため，最大のフレーム・サイズ(0x600バイト)分，fbufに読み出してmp3dec_decode_frame関数に渡しMP3デコードを行います．

　MP3デコード後に実際のフレーム・サイズをinfo.frame_bytesから取得して，データ位置を管理するposを更新します．

　フレーム長はバイト単位で可変のため，posの値は4バイト境界にはなりません．そのためマイクロSDカードからは4バイト境界で読み出す必要があります．4バイト境界からのデータをfbufに入れ，mp3dec_decode_frame関数にはpbyte変数を使って正しいフレームの先頭位置を渡します．

　MP3デコードされたオーディオ・データは，pcm[ ]に出力されるので，I²SのDMAリング・バッファに書き込みます．mp3オーディオのデータ長は16ビットのみなので，16ビットずつDMAバッファに転送します．

● 音量調整

　I²Cインターフェースを使って音量調整を行います．

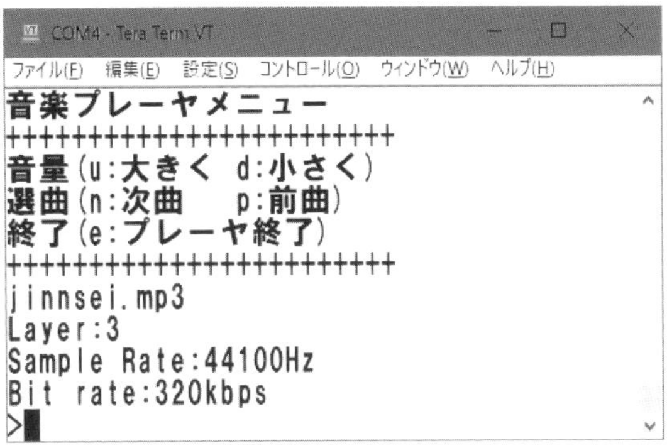

図7　MP3プレーヤのメニュー画面で再生する曲の選択やボリュームの調整ができる

－100 dB(0)～＋12 dB(448)まで0.25 dBステップで音量を変化させることができます．リスト6に示すように，volume関数を呼び出すごとに引き数の指定に応じて，＋2.5 dBまたは－2.5 dBずつ増減を行うようにしました．

動作確認

● MP3オーディオ・データの準備

　CDなどのオーディオ・データをmp3ファイルに変換します．パソコンでマイクロSDカードにmp3フォルダを作成し，その中にmp3ファイルを格納します．

● MP3オーディオの再生

　MP3プレーヤはメニューから呼び出されると，マイクロSDカードのmp3フォルダ下にあるファイル名を配列に読み出して順に再生します．

　図7にMP3プレーヤのメニュー画面を示します．再生する曲の選択やボリュームの調整ができます．

　MP3圧縮時のビット・レートは320 kbpsまで動作確認しました．VBR(Variable Bit Rate)と呼ばれる可変長形式の圧縮データも再生できます．

Appendix 2

ハイレゾWAVプレーヤの製作

ARM‐Firstを設計して最初にやりたかったのは，「データ幅16ビット，サンプリング周波数44100Hz」というCDの音質を超える，ハイレゾ音源再生に対応することでした．ハイレゾに対応できるD‐AコンバータをマイコンのI²Sインターフェースにつなぎ，マイクロSDカードから音源データを読み出してI²SからD‐Aコンバータに送れば再生することができます．

ハードウェア構成（D‐AコンバータやI²S等の設定を含む）は，第2章で解説したMP3プレーヤと同じです（マイクロSDカードに入れる音源データ・ファイルがMP3かWAVファイルかの違いのみ）．

ここでは，WAVファイルを扱うために必要な知識を解説します．記事内で紹介したソース・コードは，MP3プレーヤと同じサンプル・プログラムに含まれています．

● データ幅32ビット，サンプリング周波数192kHzまでの音源に対応

WAVファイルの音源データは，分解能が16ビット/24ビット/32ビット，サンプリング周波数が44.1kHz/48kHz/96kHz/192kHzまでのデータに対応できるようにしました．ただし，モノラル・データには対応していません（同じデータを左右のチャネルに送る処理を実装していない）．

また，今回使用したSTM32用 Arduino ライブラリ（STM32GENERIC）のマニュアル[1]では，I²Sのハイレゾ動作は未サポートになっていたため，対応できるようにライブラリを修正しました．また，サンプリング周波数をI²S起動後に変更できなかったため，変更用の関数も追加しました．

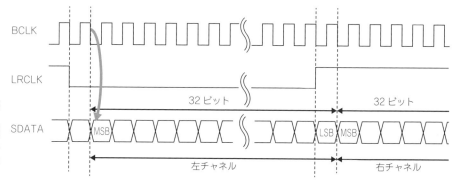

図1 I²Sフィリップス標準形式のデータ形式
左右チャネルは16ビット長または32ビット長で設定できるが，本WAVプレーヤでは，常に32ビット長で使用している

表1 WAVファイルのデータ形式

分　類	フィールド名	サイズ	内　容
RIFFのヘッダ（RIFFチャンク記述）	id	4	チャンク識別子（'RIFF'）
	size	4	idとsizeを除くチャンク・データ・サイズ
	format	4	ファイルのフォーマット（'WAVE'）
WAVEフォーマットのヘッダ（fmtチャンク）	id	4	チャンク識別子（'fmt '）
	size	4	idとsizeを除くチャンク・データ・サイズ
	format	2	オーディオ・データのフォーマット（PCMなど）
	channels	2	使用チャネル数
	samplerate	4	サンプリング周波数 [Hz]
	bytepersec	4	平均データ割合
	blockalign	2	データのブロック・サイズ
	bitswidth	2	1サンプルあたりのビット数（データ幅）
	extended_size	2	拡張データ・サイズ
	extended	n	拡張データ
データ（dataチャンク）	id	4	チャンク識別子（'data'）
	size	4	idとsizeを除くチャンク・データ・サイズ
	waveformData	n	オーディオ・データ

WAV プレーヤの仕様

● I²Sのデータ長は32ビットとする

STM32F405RGのI²Sは，第2章の表3に示すデータ・フォーマットに対応しています．データ・フォーマットはI2Sライブラリの初期設定で指定でき，本WAVプレーヤでは，I²Sフィリップス標準形式を使っています．この形式は，左右のチャネルを，それぞれ16ビット長または32ビット長でデータ転送します（図1）．

本WAVプレーヤでは，CDフォーマットの16ビットだけでなく24ビット等のハイレゾ形式のWAVファイルも再生できるようにしたので，全てのデータ長を統一的に扱えるように，32ビット長の形式のみを使用しました．つまり，オーディオ・データが16ビットや24ビットの場合は，32ビット・データの下位16ビットや8ビットに0データをソフトウェアでパディングするようにしました．

● 192kHzサンプリングは疑似的に実現

STM32F405RGでは，マスタ・クロックを使用する
D-Aコンバータと組み合わせる場合は192kHzサンプリングは使用できません．そのため，サンプリング周波数を半分（96kHz）にして1サンプリングおきにデータをI²Sに送ることで，疑似的に192kHzサンプリングを再生しています．

● WAVファイルの形式

WAVファイルは，44バイトのヘッダとPCM（Pulse Code Modulation）のオーディオ・データから構成されています（表1）．ヘッダのfmtチャンクには，PCMの分解能，サンプリング周波数などが記録されているので，これを読み出してI²SやD-Aコンバータの設定を行っています．また，dataチャンクにはオーディオ・データがあるので，これを探してオーディオ・データの再生を行います．

ソフトウェア

「使用ライブラリのインクルード」，「I²Sの初期化」，「D-Aコンバータの初期化」，「音量調整」についてはMP3プレーヤ（第2章）と同じです．

リスト1 wavフォルダ内のファイル名を取得する

```
SdFatSdio sd;                              //sdioオブジェクト生成
  codec_reg_setup();                       //DACの初期化
  sd.begin();                              //SDカードの初期化
  I2S.setBuffer(buf, 8192*2);              //DMAリング・バッファ量の設定
  File root = sd.open("/wav");             //wavフォルダをオープン
  File file = root.openNextFile();         //wavフォルダ内のファイルをオープン
  for(fcount = 0; file; fcount++){         //全てのファイル名が取得できるまで繰り返し
    file.getName(fname[fcount], 50);       //オープンできたファイル名を取得
    //Serial.println(fname[fcount]);
    file = root.openNextFile();            //次のファイルをオープン
  }
```

I2S ライブラリの DMA バッファ・サイズを設定

マイクロ SD カードの wav フォルダ内のファイル名を全て fname[] にリスト化する

リスト2 WAVファイルからサンプリング周波数とデータ幅を取得して設定する

```
strcpy(path, "/wav/");
strcat(path, fname[n]);
Serial.println(fname[n]);
File file = sd.open(path);                 //再生するファイルのオープン
file.seek(8);                              //ファイル・ポインタを8バイト目に設定
file.read(buff, 4);
buff[4] = 0;
if(strcmp((char *)buff, "WAVE") != 0){     //"WAVE"の文字があるかチェック
    Serial.println("Not WAVE File");       //WAVファイルでないことを表示
    continue;
}
file.seek(search(file, "fmt ")); //ヘッダ内に"fmt"の文字を探してファイル・ポインタをセット
file.read(buff, 4);
int chunk_len = *(int32_t *)buff;          //WAVEフォーマット・ヘッダのサイズの取得
file.read(buff, chunk_len);                //WAVEフォーマット・ヘッダの読み出し
int bitrate = *(uint32_t *)&buff[4];       //サンプリング周波数の取得
int sample = *(uint16_t *)&buff[14];       //サンプル・サイズの取得
Serial.printf("Sample rate:%dHz\n",bitrate);
Serial.printf("Bit accuracy:%dBit\n",sample);
int btr192 = 0;
if(bitrate == 192000){                     //192kHzのファイルは96kHzで再生
        bitrate = 96000;
        btr192 = 1;
  }
  I2S.setsample(bitrate);      //I2Sのサンプリング周波数を設定
```

リストしたファイルのパス名を生成

ヘッダを調べて WAV ファイルかどうか確認する．WAV ファイルでなければ無視する

サンプリング周波数が 192KHz の場合は，I²S には 96KHz のサンプリング周波数設定を行う

● マイクロSDカードからファイル名を取得

マイクロSDカード内のwavフォルダ下のファイル名を調べて配列（fname[]）に格納します（**リスト1**）．

● WAVEフォーマットのヘッダの読み出し

WAVファイルからWAVEフォーマットのヘッダを読み出して，サンプリング周波数とサンプル・サイズ（データ幅）を取得します．また，再生用のサンプリング周波数をI2Sライブラリの関数に設定します（**リスト2**）．読み出しは**表1**に示すデータ形式に従って行います．

● オーディオ・データのI²Sへの転送

ファイルからオーディオ・データを読み出して，片チャネル32ビットになるようにデータを整形し，I²SのDMAリング・バッファに書き込みます（**リスト3**）．オーディオ・データのサンプル・サイズが16ビットや24ビットの場合は，下位バイトは0データでパディングします．

DMAリング・バッファへ書き込まれたデータは，I2Sライブラリ内で，DMAによってI²Sを通してD-Aコンバータに書き込まれ，アナログ・オーディオ信号に変換されます．

DMAリング・バッファへの書き込みが遅れて，I²Sから所定のスピードでオーディオ・データが出力できない場合は，D-Aコンバータからのオーディオ出力が全く無くなります．このため，トラブルが起きたときは解析に手間取ることがありました．

動作確認

● WAVプレーヤのメニュー

図2にWAVプレーヤのメニュー画面を示します．

本WAVプレーヤは，起動するとマイクロSDのwavフォルダ下にあるファイル名を配列に読み出して，順番に再生します．本メニュー画面で，再生する曲の選択やボリュームの調整ができます．

● WAVデータの再生

CD等の音源データをWAVファイルに変換し，マイクロSDに書き込んで再生します．音源データは，パソコンでマイクロSDにwavフォルダを作成してその中に格納します．24ビット96kHzや196kHz等のハイレゾの音源データを持っている方は，同じようにそれも聞くこともできます．

マイクロSDをソケットに挿入してWAVプレーヤ・プログラムを起動すると，メニューが表示され，1曲目の再生が始まります．曲の選択は，"n"または"p"のキーを押すごとに1つ先/1つ前の曲を再生できます．また，音量は"u"または"d"キーを押すごとに2.5dBずつ増減します．　　　　　　　　〈白阪 一郎〉

◆参考文献◆
(1) Daniel Fekete；STM32GENERICのマニュアル，https://danieleff.github.io/STM32GENERIC/i2s/

図2　WAVプレーヤのメニュー画面

リスト3　オーディオ・データを読み出してDMAバッファに書き込む

```
switch(sample){
    case 16: count = 2; break;   //sample size:16bit
    case 24: count = 3; break;   //sample size:24bit
    case 32: count = 4; break;   //sample size:32bit
}
int pos = search(file, "data") + 4;      //オーディオ・データ・エリアの先頭位置を取得
uint32_t d;
Serial.print(">");
while(file.available()){
    int pbyte = pos % 4;
    file.seek(pos - pbyte);      //SDカードの読み出しアライメントを4バイト境界に合わせる
    pos += 1536*4;
    file.read(buff, 1536*4 + 4); //SDカードの読み出しバッファ分を読み出し
    for(int n=pbyte, h=0; n < 1536*4+pbyte; n += count*((h%2)*2+1)){
        d = *(uint32_t *)&buff[n] << (4 - count) * 8;
                          //サンプル・サイズに合わせて32ビット・データに拡張
        I2S.write(d >> 16);   //16ビットずつDMAバッファに転送
        I2S.write(d);
        if(btr192) h++;
    }
```

（ファイル内の"data"の位置を探して，オーディオ・データの先頭をファイル・ポインタにセットする）

（ファイル・ポインタをオーディオ・データの先頭を含む4バイト境界に設定）

（1536×4＋4 バイト分をマイクロSDカードからbuff[]に読み出す）

（buff[]から指定されたデータ長（16，24，32ビット）に合わせてデータを取り出し，32ビットに拡張する（下位に0をパディング））

（DMAバッファに16ビットずつ書き込む）

イントロ

基礎知識

実験の準備

プログラミング入門

本格実験

あれこれ実験室

第 **3** 章

高音質放送局も音途切れなし！
920kbps ネット・ラジオの製作

Wi-Fiモジュールとマイコン内バッファ間のフローを制御して
回線の負荷変動に柔軟対応

白阪 一郎 Ichiro Shirasaka

MP3オーディオ・データが扱えるようになったので，グレードアップして，MP3圧縮で配信している
インターネット放送を再生するネット・ラジオを製作しました．
前章ではMP3オーディオ・データをマイクロSDカードに入れていましたが，本章ではマイコン・ボー
ドに搭載したWi-FiモジュールをマイクロSDカードの代わりにします．インターネットから受信した
オーディオ・データをMP3デコーダにつなぐことで，MP3プレーヤをインターネット・ラジオにグレ
ードアップできます．

ハードウェア

● Wi-Fiモジュール

IoTプログラミング学習ボード「ARM-First」に
搭載したWi-Fiモジュール「First Bee」には，ESP-
WROOM-02マイコンを搭載しています．ESP-
WROOM-02は，Wi-Fiネットワークの送受信回路
と32ビット・マイコンを1つのモジュールにした構造
をしており，TCP/IPのネットワーク・スタックと
ATコマンドでこのモジュールを制御する「ATイン
ストラクション・セット」が書き込まれています．簡
単なコマンドをSTM32F405RGマイコンからシリア
ル・インターフェース(UART)で送ることで制御し
ます．

● Wi-Fiモジュールとマイコン間の通信

シリアル・インターフェース(UART)を使って，
Wi-Fiモジュールとマイコン間の通信を行います．電
源を立ち上げた直後のデータ通信速度(1秒間に送受
信できるビット数)は，115200 bps(bit per second)で
す．この転送速度は，Wi-Fiモジュールと
STM32F405RGマイコンの設定を変えることで，
921600 bpsまで上げられます．

ネット・ラジオの配信は，64 kbpsや128 kbpsなど
が多く使われています．320 kbpsで高音質のクラシッ
クなどを配信しているサイトもあります．そこで，ネ
ット・ラジオでは，最高速度である921600 bpsの通
信を使用します．

STM32F405RGマイコンのメモリは，大きいと言っ
てもパソコンのようにメガ・オーダの通信バッファは

持てません．通信には**図1**に示すようなRTS，CTS
を使って，こまめにフロー制御を行います．これでバ
ッファがあふれる(オーバフロー)のを防止します．

インターネット通信では，回線が混雑することで均
一なデータ伝送が難しい場合があります．マイクロ
SDカードの読み出し用よりも大きなリング・バッフ
ァを使うことで，ネットワークの負荷変動に対処しま
す．

ソフトウェア

● 全体の流れ

インターネット・ラジオは，起動するとWi-Fiモ
ジュールにHTTPクライアント通信を行う指示を出
して，指定したURLのインターネット・ラジオ・サ
ーバからMP3圧縮されたラジオ放送データを受け取
ります．これをMP3プレーヤと同様にMP3デコード
して，ヘッドフォンを鳴らします．局の選択やボリュ

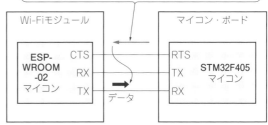

図1 Wi-Fiモジュールとマイコン間の通信にはRTSとCTSを
使ったフロー制御を行う

ームの調整は，MP3プレーヤと同様にしました（**図2**）.

Wi-Fiモジュールのアクセス・ポイントへのSSIDやパスワードなどの接続情報は，Wi-Fiモジュールのフラッシュ・メモリに保存できます．保存後は電源投入時に自動的にアクセス・ポイントへの接続が行われます．

インターネット・ラジオ・サーバへの接続先URLは，プログラム内に複数書いてあるので，選局指定で変更できます．

Wi-FiモジュールのATインストラクションには，アクセス・ポイントへの接続や，HTTPクライアント通信（サーバからデータを受け取る処理）を行う命令があります．それを使ってネット・ラジオ・サーバに接続し，オーディオ・データを受け取ります．

インターネット・ラジオの場合，1回のHTTPクライアント通信で，連続的にオーディオ・データを受け取れます．受け取ったデータはUARTインターフェースを使ってマイコン・ボードに送ります．その後の処理は，MP3プレーヤとほぼ同じです．受け取ったオーディオ・データをMP3デコーダでデコードし，I²Sを通してD-Aコンバータから出力します．

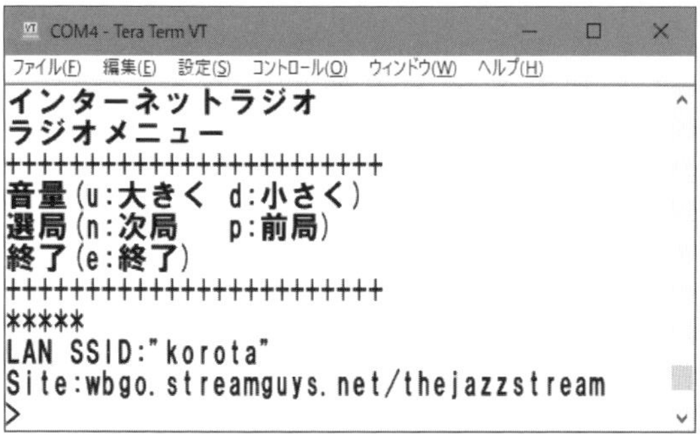

● アクセス・ポイントへの接続

リスト1に示すように，Wi-FiモジュールへのATインストラクションもUARTを通して送ることで制御します．

最初にWi-Fiモジュールのハード・リセットを行い，UARTインターフェースを含めて初期化します．アクセス・ポイントへの設定は，アクセス・ポイント

図2 インターネット・ラジオのメニュー画面

リスト1 アクセス・ポイントへの接続プログラム

```
/* WiFi 設定 */                    ← アクセス・ポイントへの接続関数
void wifisetup(){ ←
 char linebuf [50] ;              ← Wi-Fiモジュールをハード・リセット

 pinMode(PB1, OUTPUT);  //RESET信号を出力設定
 digitalWrite(PB1, LOW); //RESET信号をLow
 delay(100);
 digitalWrite(PB1, HIGH);//RESET信号をHigh
 for(int n = 0; n < 5; n ++){ //初期化処理の終了待ち
   Serial.print("*"); ←              Wi-Fiモジュールのリ
   delay(1000);                      セット終了を「*」を表
 }                                   示しながら5秒間待つ
 Serial.println();
 Serial2.begin(115200);
 Serial.print("SSID?:");
 getstr(linebuf);     //SSID入力
 String ssid = linebuf;            アクセス・ポ
 Serial.print("PASS?:");           イントのSSID
 getstr(linebuf);     //パスワード入力  とパスワード
 String passwd = linebuf;          をキーボード
 Serial.println("Connecting！！");  から入力
```

```
/* AT命令 アクセスポイントへの接続 使用したSSID, PASSWORDは保存 */
 Serial.println(atout("AT+CWJAP_DEF=\"" + ssid +
                      "\",\"" + passwd + "\""));
 Serial.print("Push Enter key:");
 getstr(linebuf);
                                  ATインストラクションで
                                  アクセス・ポイントに接
                                  続する．SSIDとパスワー
                                  ドはWi-Fiモジュールの
/* AT命令出力 */                   フラッシュ・メモリに保存
String atout(String data) {
 String resp = "";              ATインストラクション出力関数
 String res;

 SerialUART2.println(data); //UART2からAT命令出力
 while (1) {
   while (! SerialUART2.available()); //レスポンス待ち
   res = SerialUART2.readStringUntil(10);
   resp += res;
   if(res.indexOf("OK") != -1) return resp; //OKレスポンス
   if(res.indexOf("ERROR") != -1) return ""; //ERRORレスポンス
 }                            Wi-Fiモジュールから「OK」また
}                            は「ERROR」応答があるまで待つ
```

リスト2 ラジオ局アクセスのための初期化プログラム

```
uint8_t uartbuf [8192*3] ; //UARTリング・バッファ
                                受信用に24Kバ
 struct url {      //ラジオ局URLリスト  イトのリング・バ
  String host;                   ッファ領域を定義
  String file;
  uint16_t port;   ラジオ局のURL構造体(ドメイ
 }urllist [] = {    ン名, ファイル名, ポート番号)
 {"wbgo.streamguys.net","/thejazzstream",80},
 {"wbgo.streamguys.net","/wbgo128",80},
 {"ice1.somafm.com","/defcon-128-mp3",80},
 {"ice1.somafm.com","/folkfwd-128-mp3",80},
 {"ice1.somafm.com","/illstreet-128-mp3",80},
 {"ice1.somafm.com","/secretagent-128-mp3",80},
 {"ice1.somafm.com","/bootliquor-128-mp3",80},
```

```
 {"tokyofmworld.leanstream.co","/JOAUFM-MP3",80},
                                            };
                  UART2のフロー制御のため，RTS機能を
                  STM32F405マイコンの指定のピンに設定
 Serial.begin(115200);
 codec_reg_setup();      //DAC初期化   I²Sライブラリの
 setRTSpin();            //RTS機能選択   DMAバッファの
 I2S.setBuffer(buf, 8192*2); //I2Sバッファ初期化  定義
 I2S.setsample(44100);   //I2Sサンプリング周波数設定
 Serial.println("ラジオメニュー ");
 Serial.println("+++++++++++++++++++++");
 Serial.println("音量 (u:大きく d:小さく) ");
 Serial.println("選局 (n:次局 p:前局) ");
 Serial.println("終了 (e:終了) ");
 Serial.println("+++++++++++++++++++++");
```

のSSIDとパスワードの入力を行います．毎回行うのは冗長なので，別メニューで設定し，設定した情報は，ESP‐WROOM‐02のフラッシュ・メモリに保存するようにしました．

● ラジオ局アクセスのための初期化
　リスト2に示すように，受信するラジオ局のURL（ホスト名，ファイル名，ポート番号）一覧を構造体を利用してurllist[]として作成しました．MP3プレーヤと同様にcodec_reg_setup()でDACを初期化します．
　setRTSpin()はWi-Fiモジュールとマイコン・ボードのUARTインターフェースのフロー制御を行うため，RTS信号をSTM32F405マイコンから出力します．
　STM32GENERICのUARTライブラリでは，フロー制御をサポートしていなかったため，STM32のHAL（Hardware Abstract Layer）を直接使って設定します．STM32 HALは，STM32GENERICの中にあります．

● URLを指定してラジオ局をオープン
　リスト3に示すように，Wi-Fiモジュールを初期化してから，ATインストラクションで指定のインターネット・ラジオ・サーバにHTTPリクエストを送り，TCPコネクションをオープンします．
　Wi-Fiモジュールを透過モード（ネットワークでUARTからのデータ通信を行うモード）にして，GETリクエストでラジオ・オーディオ・データ送出をインターネット・ラジオ・サーバに依頼します．

● ラジオ・オーディオ・データをMP3デコード
　ラジオ音声は連続的にUARTを通して送られてきます．リスト4に示すように，これをMP3デコーダの前のリング・バッファでバッファリングしてからMP3プレーヤと同様にMP3デコードして，D-Aコンバータから音声信号を出力します．
　MP3フレーム長は可変長で，MP3デコードしないと長さはわかりません．リング・バッファから一旦は0x600の長さでデータをテンポラリ・バッファ（inbuf[]）にコピーし，これをMP3デコードに渡してMP3デコードを行います．フレーム長がわかっ

リスト3　URLを指定してラジオ局をオープンするプログラム
```
for(int num = 0;num < 8; num++){
  initWiFi(); ← Wi-Fiモジュールを初期化
  Serial.println("Site:" + urllist [num] .host + urllist [num] .file);
  atout("AT+CWMODE=1"); ← Wi-FiをStationモードに設定
  if(atout("AT+CIPSTART=\"TCP\",\"" +urllist [num] .host + "\","+urllist [num] .port) == "")
    return;                                    ラジオ局のサーバにTCPコネクションを要求
  atout("AT+CIPMODE=1"); ← Wi-Fi，UART間を透過モードに設定

  String str= "GET " +urllist [num] .file+ " HTTP/1.1¥r¥n" + "Host:" + urllist [num] .host + "¥r¥n¥r¥n";
  atout("AT+CIPSEND"); ← 透過モードの開始          透過モードに設定してHTTPリクエストを送出
  Serial2.println(str); ← この後HTTPレスポンスとラジオ・オーディオ・データが送られてくる
}
```

リスト4　ラジオ・オーディオ・データをMP3デコードするプログラム
```
//ラジオ・オーディオ・データ・バッファリング：8192×3バイト      受信データのバッファリング(24Kバイト)
Serial2.readBytes(uartbuf,8192*3);
wp = 8192*3;
rp = 0;                                        8Kバイトのuartバッファに4Kバイトのデータが
while(1){                                       あればリング・バッファへの書き込み処理へ進む
  if((quant = Serial2.rxbufferhalf()) > 4096){ ← リング・バッファが1Kバイト以上空いているか確認
    if(8192*3 - (wp - rp) > 1024){
      Serial2.readBytes(uartbuf + (wp % (8192*3)), 1024);   リング・バッファに書き込んで，
      wp += 1024;       //リング・バッファの書き込みポインタを更新  書き込みポインタ(wp)を更新
    }
  }
  if(wp - rp > 0x600){ ← リング・バッファに0x600を超えるデータがあれば読み出し処理に進む
    for(int n = 0; n < 0x600; n++){ //MP3デコーダ入力バッファにデータをコピー  4バイト・メモリ境界にそろえるためにinbuf[]
      inbuf[n] = uartbuf[(rp + n) % (8192*3)]; ←            にリング・バッファのデータをコピー
    }
    samples = mp3dec_decode_frame(&mp3d, inbuf, 0x600, pcm, &info);//MP3デコード
    frame = info.frame_bytes;
    rp += frame;       //リング・バッファの読み出しポインタを更新
    uint32_t d;
    for (int n = 0; n < 1152 * 2; n++) {  ← フレーム長ぶんの読み出しポインタ(rp)を更新
      d = * (uint32_t *) &pcm[n] << 16;
      I2S.write(d >> 16);
      I2S.write(d); ← I²SのDMAリング・バッファに書き込み
    }
  }
}
```

ソフトウェア　**145**

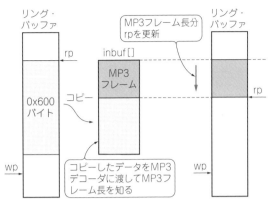

図3 MP3デコーダの処理で実際のフレーム長がわかったときに，フレーム長ぶんだけリード・ポインタ(rp)を進めるように制御するリング・バッファ読み出し時の制御

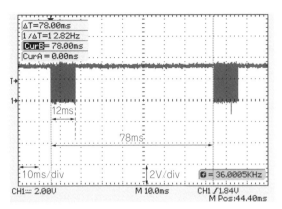

図4 放送受信時のWi-Fiモジュールから受け取ったUART受信波形
Wi-Fiモジュールからのデータ送信は921600 bpsで行っているが，12 ms程度しか続かず，次のデータ送信との間隔が空いてしまっている．これは，ATインストラクション・ファームウェアの制御によるもので，現状では128 kbpsの放送受信が限界である

たところで，リング・バッファの読み出しカウンタをこのフレーム長で更新するようにします．

　MP3デコーダに渡すデータは，メモリの4バイト境界にそろえる必要があります．フレーム長はバイト単位で可変となっているため，リング・バッファから取り出す0x600バイトのデータを4バイト境界にそろえてテンポラリ・バッファ (inbuf[]) にコピーします．MP3デコード後の処理は，MP3プレーヤと同じです．

● リング・バッファの制御

　MP3プレーヤでは，マイクロSDカードの読み出しが高速なので，読み出したデータを直接MP3デコーダに渡しました．しかし，インターネット・ラジオでは，サーバからのデータ受信があまり速くありません．また，ネットワークの特性上，非常にレスポンスが遅くなる場合があります．このような場合でも音が途切れないようにするために，ある程度の大きさのバッファをWi-FiモジュールとMP3デコーダとの間に入れる必要があります．今回は，リング・バッファ形式の24 Kバイトのバッファを使いました．

　Wi-Fiモジュールとの間のUARTインターフェース(UART2)は受信バッファを8 Kバイトに設定します．半分の4 Kバイト・バッファがたまったことを契機に，リング・バッファにデータを書き込み，ライト・ポインタ(wp)を更新します．このバッファにMP3デコーダに渡す0x600バイト以上データがたまったら，MP3デコーダに渡します．

　MP3デコーダは，0x600バイトのデータからMP3ヘッダを見つけてデコード処理を行います．オーディオ・データをPCMバッファ(1152×2ワードのバッファ)に出力します．バッファの内容をI²Sを使ってD-Aコンバータに送ることで，ラジオ放送を聞くことができました．

　I²SはSTM32GENERICのライブラリを使用しており，DMA転送でデータをD-Aコンバータに送っています．リング・バッファの読み出し制御は，0x600バイト以上データがあるときに読み出しを行います．**図3**に示すように，MP3デコーダの処理で実際のフレーム長がわかったときに，フレーム長ぶんだけリード・ポインタ(rp)を進めるように制御しています．

動作確認

● 受信性能(転送レート)

　今回，プログラム上に8つの音楽放送を行っているラジオ局のURLを載せています(**リスト2**)．いずれもMP3形式のビット・レート128 kbpsで放送しているサイトです．320 kbpsなどのより高音質の局もありますが，現状では，Wi-Fiモジュールの性能の限界のため128 kbpsが限界のようです．

　放送受信時のWi-Fiモジュールから受け取ったUART受信波形を**図4**に示します．これでわかる通り，Wi-Fiモジュールからのデータ送信は921600 bpsで行っていますが，12 ms程度しか続かず次のデータ送信との間隔が空いてしまっています．これは，ATインストラクション・ファームウェアの制御によるものです．

　Wi-FiモジュールのESP-WROOM-02のフラッシュ・メモリは書き換えられるので，ESP-WROOM-02のWi-Fi処理を書き直せば性能向上が可能です(Appendix 4を参照)．

　本プログラムも，サンプル・プログラムに含まれています．

Appendix 3

スイッチ＆LCD搭載Arduinoシールドで UI を作る
インターネット・ラジオの局名表示と選曲＆音量調整をボード側で行える！

第2章～第3章で紹介したサンプル・プログラム
は，IoTプログラミング学習ボード「ARM-First」
とパソコンを使って動かします．プログラムの選択
や操作や表示は，USBケーブルでつないだパソコ
ン上のターミナル・プログラムで行います．

本稿では，ARM-Firstの拡張コネクタに，
Arduino向けに安価（500円程度）に売られている
LCDキーパッド・シールドを搭載します（写真1）．
そして，サンプル・プログラムの操作をこのシール
ドで行えるようにプログラムを修正します．

使用したLCDキーパッド・シールドには，
SC1602仕様（HD4480互換）のキャラクタLCDとプ
ログラムから使用できるスイッチが付いています．

● キャラクタLCDを動かす

キャラクタLCDは，Arduino標準のLiquidCrystal
ライブラリがサポートしています．次のように，ヘッ
ダ・ファイルのインクルードを行うことで文字を出力
できます．

`#include 〈LiquidCrystal.h〉`

組み込まれているサンプル例のピン接続指定を，本
ボードに合わせて，次のように指定することで簡単に
動かせます．

`const int rs＝PA4, en＝PB11, d4＝PC13,`
`d5 ＝ PB8, d6 ＝ PB12, d7 ＝ PC7;`

● 方向キー・スイッチを動かす

5個の方向キー・スイッチは図1のような回路で接
続されており，押されたスイッチに対応して異なる電
圧がPC0ピン（アナログ電圧入力）に入力されます．た
だし，5V電源のArduino用に設計されているため，

本ボードのA-Dコンバータの入力範囲（0～3.3V）と
マッチしません．

そこで，図1のように4.7kΩの抵抗を追加して，出
力電圧が3.3V以下になるように改造します．

スイッチの入力処理では，各スイッチを押したとき
に応じて，次のように文字コードを出力させます．プ
ログラムをパソコンで操作するときのキーと一致させ
て，同じプログラムでパソコンでも方向キーでも操作
できるようにしました．

RIGHT → 'n', LEFT → 'p', UP → 'u', DOWN
→ 'd', SELECT → 'e'

● LCD，キーパッド・シールドによる操作

改造前のサンプル・プログラムでは，パソコン上の
ターミナル・プログラムに表示するメニュー画面から，
11個のプログラムを起動するようになっています．

本稿で改造したプログラムではLEFTボタンや
RIGHTボタンを操作し，1～Aまでの数字/英字を選
択してSELECTボタンを押すことで起動するプログラ
ムを決定します．

各プログラムでのキー操作を次に示します．

A）　プログラムの終了：SELECT
B）　次の曲（局）：RIGHT
C）　前の曲（局）：LEFT
D）　ボリュームUP：UP
E）　ボリュームDOWN：DOWN

LCDキーパッド・シールドを追加したサンプル・
プログラム（Arm_First_Test_lcd）も，ARM-First_
F405用のスケッチ例として収録しています．

〈白阪 一郎〉

写真1　方向キー（LEFT，RIGHT）でサンプル・プログラム・メ
ニューの番号を選んで起動する

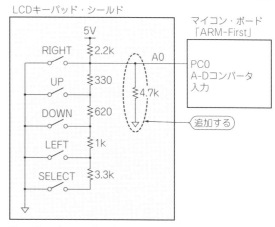

図1　キーパッド回路の改造は抵抗を追加して，スイッチが押さ
れたときの出力電圧を3.3V以内にする

Appendix 4

Wi-FiモジュールESP-WROOM-02の
ネットワーク通信を高速化する
高音質ラジオ局の放送データを滞りなく受信再生

第3章で解説したネットワーク・ラジオは，インターネット上のサーバからHTTP通信を通して受け取るHTTP Client処理を，ATインストラクションを使って構成しています．このプログラムでは，128kbpsで配信されているサイトの受信が限界です．

本稿ではESP-WROOM-02のTCP/IPの処理をチューニングしたHTTP Clientプログラムを Arduino IDEで作成して，Wi-Fiモジュールに入れます．これでビット・レート320kbpsで配信されている高音質のインターネット局を受信できるようになります．

● **デフォルトのファームウェアを書き換える**

Wi-Fiモジュール「First Bee」に搭載されているESP-WROOM-02マイコン・モジュールは，Arduino IDEにも対応しています．Arduino IDEにESP8266（ESP-WROOM-02に内蔵されたSoC）用のボード・ライブラリを導入することで[注1]，Wi-Fiモジュール用の独自のファームウェアを作成できます．

First Beeのコネクタ・ピンは，XBeeのピン配列に合わせてあります．XBee用のUSB変換インターフェース・ボードを使用することで，USB経由でフラッシュ・メモリの書き換えができます．

USB変換インターフェース・ボードには，秋月電子通商から販売されているAE-XBEE-USBを使用しました．**写真1**のようにWi-FiモジュールをUSB変換インターフェース・ボードに装着してパソコンのUSBに接続します．ドライバをインストールすると仮想COMポートとして認識されます．Arduino IDE

注1： 手順は https://github.com/esp8266/Arduino#installing-with-boards-manager を参照．ボードは「Generic ESP8266 Module」を選択する．

のシリアル・ポート番号に設定します．

このWi-Fiモジュールはフラッシュ・メモリの書き込み設定をArduino IDEから自動的に行う回路を実装しています．通常のArduino Unoなどと同様に，Arduino IDE上のビルド＆書き込みボタンの操作のみで，独自に作成したプログラムをESP-WROOM-02のフラッシュ・メモリに書き込めます．

● **高ビット・レートのラジオ局の受信**

高ビット・レートのMP3形式で配信しているラジオ局の受信のために，実際にどのくらいのデータ処理能力があればよいのか計算しました．

MP3データは，1フレーム1152サンプルの仕様になっています．サンプル・レートが44.1kHzならば，1フレーム時間は，$1152/44100 ≒ 26.1ms$です．1フレームのデータ量は，配信しているビット・レートによって異なります．**表1**に各ビット・レート時のデータ量と必要なデータ転送レートの計算結果を示します．

● **作成したHTTP Clientプログラムのコマンド**

作成した高スループットHTTP Client（radioclient）で受信したラジオ音声データは，従来と同様にUARTシリアル・インターフェースを介します．

radioclientには，次の3つの機能を実現するコマンドを実装しました．このコマンドはATインストラクションと同様にUARTシリアル・インターフェースで出力します．

①Wi-Fiアクセス・ポイントに接続する（aコマンド）
記述：a,"SSID", "PASSWORD"
②指定したurlとTCP/IPのWindow幅を指定するときラジオ・データをUARTシリアルで送出する（cコマンド）
記述：c, "url", "window幅"
③サーバとのコネクションを切断する（eコマンド）
記述：e

表1 各ビット・レートの放送受信に必要なデータ転送レート

ビット・レート [kbps]	1フレームの バイト数（実測） [バイト]	データ転送レート[注] [Kバイト/秒]
128	418	16
192	627	24
250	836	32
320	1045	40

注：データ転送レート＝1フレームのバイト数/1フレーム時間（0.026秒）

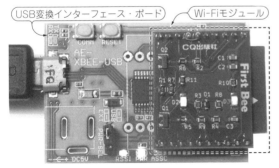

（USB変換インターフェース・ボード）　（Wi-Fiモジュール）

写真1　Wi-FiモジュールをUSB変換インターフェース・ボードに装着してパソコンのUSBに接続する

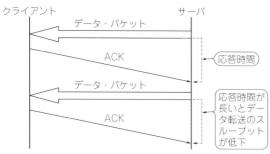

図1 通常のTCP/IPのデータ転送では，応答時間が長いとスループットが低下する

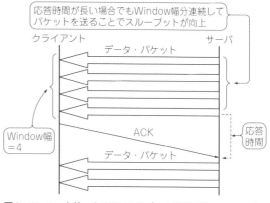

図2 Windowを使ったTCP/IPのデータ転送では，スループットが向上する

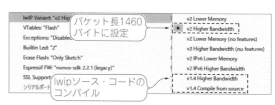

図3 Arduino IDEのボード・ライブラリのlwipオプションを見ると，TCP/IPのスピードアップのためのビルド・オプションがある

● TCP/IP処理のチューニング

TCP/IPでのデータ転送は，図1に示すようにパケットを受け取るごとにACKパケット応答で送達確認を行うことで信頼性を確保します．サーバが遠隔にある場合，応答確認のためにデータ転送が遅くなります．実際のラジオ局のサーバをping応答で確認すると海外のサーバが多いためか，百数十ms～二百数十ms程度かかります．

ESP-WROOM-02（ESP8266）のArduinoボード・ライブラリのデフォルトのパケット長は，536バイトを使用しています．応答が130msの場合，データ転送速度を計算すると次式のようになります．

536バイト÷0.13秒＝4.1Kバイト/秒

この程度のデータ転送速度では128kbpsの放送は受信できません．そこで，ESP-WROOM-02のArduinoのネットワーク処理では，複数個のパケットを受け取るごとに，1回ACKを返す方法（Window制御）を使います．ESP-WROOM-02のArduinoのネットワーク処理のデフォルトの設定では，図2に示すようにWindow幅は4になっています．データ転送速度を計算すると次式のようになります．

536バイト×4÷0.13秒＝16.5Kバイト/秒

比較的応答が速い（レスポンスが130ms程度の）サイトでも，ビット・レート128kbpsが限界のようです．

Arduino IDEのボード・ライブラリのlwipオプションを見ると，図3に示すようにTCP/IPのスピードアップのためのビルド・オプションがあります．v2 Higher Bandwidthまたはv1.4 Higher Bandwidthの設定では，パケット長を536バイトから1460バイトに変更してスループットを向上できます．パケット長を1460バイトに変更して，データ転送速度を計算すると次式のようになります．

1460バイト×4÷0.13秒＝44.9Kバイト/秒

これでビット・レート192kbpsのサイトの受信が可能となりました．

さらにデータ転送速度（スループット）を向上させるにはWindow幅を大きくします．Arduino IDEのボー

ド・ライブラリのlwipオプションを見ると，v1.4 Higher Bandwidthとv1.4 Compile from sourceの設定があります．v1.4のlwipソースを調べると，Window幅はシステム領域にアサインされた変数のように扱われ，Window幅（TCP_WND）をArduinoのスケッチから変更できます．v2では定数としてdefineされているので，変更するにはコンパイルし直します．

● TCP_WNDの変更によるTCP/IPのチューニング

v1.4 lwipでは，次のようにTCP_WNDに値を代入して，Window幅が変更できます[例：MSS（Maximum Segment Size）の6倍にする]．

```
TCP_WND = 6*TCP_MSS;
```

Window幅をより大きな値に設定すると，応答の遅いサイトの放送も聞けます．しかし反対に，応答の速いサイトのデータ転送は不安定になります．

そこで，次のようにURLのリストの中に，聴取するサイトに応じたWindow幅を設定します．

"http://wbgo.streamguys.net/wbgo128","6",

"http://ice2.somafm.com/bootliquor-320-mp3","7",

本書のサポート・ページにて，以下のプログラムを公開しています．

- ●ARMradio_client.ino：ARM-Firstのスケッチ
- ●radioclient.ino：First Beeのスケッチ

〈白阪 一郎〉

イントロ

基礎知識

実験の準備

プログラミング入門

本格実験

あれこれ実験室

Appendix 5

正確な時刻をLCDに表示するNTP時計の製作
STM32F405RGマイコンのリアルタイム・クロックを動かす

STM32F405RGマイコンにはリアルタイム・クロック・モジュールが内蔵されています．またARM-Firstボードには，リアルタイム・クロック用の32.786 kHz発振器が実装されています．これを使うと正確な時刻を計時できます．

本稿では，ボード搭載のWi-FiモジュールでNTPサーバから現在時刻を取得し，リアルタイム・クロックの時刻をLCDに表示するNTP時計を製作しました（**写真1**）．

● リアルタイム・クロック用ライブラリの作成

元のSTM32GENERICには，リアルタイム・クロック（RTC）用のライブラリがなかったので，RTC用のHAL（stm32f4xx_hal_rtc, stm32f4xx_hal_rtc_ex）を使った簡単なライブラリを作り，カレンダと時刻を表示するプログラムを作成しました．作成したRTCライブラリには，次の機能を実装しました．

①日付・時刻の設定
②日付・時刻の読み出し
③時刻データのバックアップの有無チェック
④1秒ごとの割り込みハンドラ登録機能
⑤ファイルのタイム・スタンプ

リアルタイム・クロックの時刻設定は，Wi-Fiを通してNTPサーバから現在時刻を取得し，プログラム開始時に設定します．1度リアルタイム・クロックの計時が開始されると，他のプログラムが実行中であっても，リセットを入力してもリアルタイム・クロックが動き続けます．

再度NTP時計を起動した場合，NTPサーバからの現在時刻の取得は行わず，すぐに表示を開始します．

写真1 NTPサーバから現在時刻を取得し，リアルタイム・クロックの時刻をLCDに表示するNTP時計

また，**図1**に示すようにV_{BAT}端子にバッテリを接続すると，マイコン・ボードの電源がOFFであっても計時のバックアップができます．

● NTPサイトからの現在時刻の取得

リアルタイム・クロック・ライブラリを使用するときは，次のようにRTC.hとtime.hをインクルードして使用します．

```
#include "RTC.h"
#include <time.h>
```

サンプル・プログラムのNTP時計は，最初にリアルタイム・クロックのバックアップ・メモリに書いた時刻データ有効フラグをチェックします（**リスト1**）．有効でない場合は，Wi-FiモジュールでNTPサイトから現在時刻を取得して，リアルタイム・クロックのレジスタに，現在の日付と時刻を設定します．日付と時刻の設定は，Wi-Fiモジュールから取得したNTPサーバ情報との親和性を考慮し，通常の「年月日」・「時分秒」の6桁のデータをそのまま指定しました（年は下位2桁のみ）．

● 1秒ごとの時刻の表示

時刻データが有効の場合は，日付と時刻の設定は行わずに1秒ごとの表示を開始します．日付と時刻データは，シリアル・コンソールとLCDキーパッド・シールド付きの場合は，LCDにも表示します．

リアルタイム・クロックの1秒ごとの割り込みを設定し，スケッチ・プログラムから指定した日付と時刻の表示関数を1秒ごとに割り込みハンドラから呼び出します．

リアルタイム・クロックの日付と時刻のレジスタ形式は一般的ではないため，今回作成したRTCライブラリでは，C言語標準のtm構造体の形式で時刻情報を読み出せるようにしました（**リスト2**）．

● ファイルのタイム・スタンプ

マイクロSDカードにファイルを作成すると，ファ

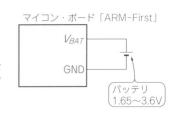

図1 V_{BAT}端子にバッテリを接続すると，ボードの電源がOFFであっても計時のバックアップができる

リスト1 RTCの初期化とNTPサーバからの時刻取得

```
String month = "JanFebMarAprMayJunJulAugSepOctNovDec";

RTC_Init();                              //RTC初期化 ← リアルタイム・クロックの初期化
if(!check_backup()){                     //RTC時刻データ有効フラグのチェック(0xdbd9)
  setRTSpin();                           //RTS機能選択          時刻データのバックアップの有無をチェック
  initWiFi();                            //Wi-Fi初期化
  atout("AT+CWMODE=1");                  //Wi-FiをStationモードに設定
  atout("AT+CIPSNTPCFG=1,9,¥"pool.ntp.org¥"");  //NTPタイムゾーン設定 ← タイム・ゾーンをGMT + 9に設定
  set_backup();                          //RTC時刻データ有効フラグ書き込み(0xdbd9)
  delay(2000);
  String strtime = atout("AT+CIPSNTPTIME?");  //時刻の読み出し ← 現在時刻の取得
  strtime = strtime.substring(strtime.indexOf("+CIPSNTPTIME:"),100);
  int y = strtime.substring(33,37).toInt();
  int d = strtime.substring(21,23).toInt();
  int h = strtime.substring(24,26).toInt();      取得データから時刻データを抽出
  int m = strtime.substring(27,29).toInt();
  int s = strtime.substring(30,32).toInt();
  int mo = month.indexOf(strtime.substring(17,20))/3 + 1;  時刻データをリアルタイム・クロックに設定
  setstime(y,mo,d,h,m,s);
```

リスト2 日付・時刻の表示

```
  setsecint(clockcount);
  while(!Serial.available() && !(keyin() == 'e'));  ← キーを押すことで動作を終了
  RTC_deint();  ← 1秒割り込みを停止

void clockcount(){  ← 1秒割り込みハンドラを登録
  struct tm stime;
  char day[][4] = {"SUN","MON","TUE","WED","THU","FRI","SAT"};
  char str[32];

  stime = getstime();  ← 時刻データ読み出し          日付，時刻のシリアル出力

  Serial.printf("%4d/%02d/%02d(%s)%02d:%02d:%02d¥n",1900+stime.tm_year,stime.tm_mon+1,
                    stime.tm_mday+1,day[stime.tm_wday],stime.tm_hour,stime.tm_min,stime.tm_sec);
  sprintf(str,"%4d/%02d/%02d(%s)",1900+stime.tm_year,stime.tm_mon+1,stime.tm_mday+1,
                                                            day[stime.tm_wday]);
  lcd.setCursor(0, 0);
  lcd.print(str);  ← 日付のLCD出力
  sprintf(str,"%02d:%02d:%02d    ",stime.tm_hour,stime.tm_min,stime.tm_sec);
  lcd.setCursor(0, 1);
  lcd.print(str);  ← 時刻のLCD出力
}
```

リスト3 タイム・スタンプ用コールバック関数

```
void dateTime(uint16_t* date, uint16_t* time){
  struct tm stime;

  stime = getstime();  ← RTCから日付と時刻の読み出し
  int16_t year = 1900+stime.tm_year;
  int8_t month = stime.tm_mon+1;
  int8_t day = stime.tm_mday+1;
  int8_t hour = stime.tm_hour;
  int8_t minute = stime.tm_min;          タイム・スタンプの設定
  int8_t second = stime.tm_sec;
  *date = (year - 1980) << 9 | month << 5 | day;
  *time = hour << 11 | minute << 5 | second >> 1;
}
```

リスト4 タイム・スタンプ用コールバック関数のSdFatライブラリへの登録

```
void setup() {
  :
  :
  :                              関数の登録
  RTC_Init();                   //RTC初期化
  SdFile::dateTimeCallback(dateTime);
}
```

この関数を作らない場合は，常に「2000/1/1 01:00」のタイム・スタンプが記録されるようです。

本ボードは，Wi-Fiに接続できれば，NTPサーバから現在時刻を取得できるので，サンプル・プログラムでは，NTP時計を動作させてリアルタイム・クロックの時刻合わせを行いました。時刻合わせをしない場合は，「2000/1/1 00:00」からボードの起動時間分が経過した時刻のタイム・スタンプが表示されます。リスト4に示すのは，RTCライブラリのタイム・スタンプ用のコールバック関数dateTimeをSdFatライブラリに登録する部分です。　　　　〈白阪 一郎〉

イル作成や更新日時が記録されます。Arduino上でもリアルアイム・クロックを使用してファイル作成・更新日時のタイム・スタンプを記録できます。

マイクロSDカードのファイル・システムに使用しているSdFatライブラリでは，ライブラリから現在時刻を取得するために呼び出されるコールバック関数（リスト3）を作成することでタイム・スタンプが記録できます。

Appendix 6

Arduino IDEに組み込むライブラリ“STM32GENERIC”
自作制御プログラムの追加法も

SPIやI²Cなどの標準的なインターフェースに接続するデバイスは，Daniel Fekete氏が開発したSTM32GENERICに組み込まれているライブラリを使うと動かすことができます．

使用したい機能がライブラリに含まれていない場合は，自分でSTM32GENERICに新たなライブラリを組み込むことで，Arduinoのスケッチ・プログラムから機能を使えるようにできます．既存のライブラリでの不具合や機能不足も，ライブラリ・ソースを修正することで比較的簡単に行うことができます．第2章で使用したMP3デコードは，筆者が追加しました．

● ライブラリの追加

STM32GENERICのライブラリは，hardwareフォルダにインストールしたSTM32GENERIC-master配下のlibrariesフォルダに，新しいライブラリのフォルダを作成します．

▶ライブラリ本体

図1に示すように，新しいライブラリのフォルダの中にsrcフォルダを作成して，ライブラリのソース・ファイルとヘッダ・ファイルを格納します．ライブラリは，C言語やC++言語で作成します．

● 配布のためのファイルの追加

フォルダに必要なファイルを格納すればスケッチから利用できるようになりますが，配布のために下記のファイルを追加します．

▶プロパティ・ファイル（library.properties）

ライブラリの情報を記述したプロパティ・ファイルです．詳細を表1に示します．

▶キーワード・ファイル（keywords.txt）

Arduino IDEのエディタ上でハイライト表示させたいキーワードを定義するファイルです．タブ区切りでキーワードと識別子を並べます．

指定できる識別子は次の通りです．

    KEYWORD1 - 型（Datatypes, Class）
    KEYWORD2 -メンバ関数と関数
    KEYWORD3
    LITERAL1 - 定数
    LITERAL2
    RESERVED_WORD
    RESERVED_WORD2
    DATA_TYPE
    PREPROCESSOR

ハイライト時の色は，LITERAL1が水色で，その他はオレンジ色です．　　　　　〈白阪 一郎〉

▶表1　プロパティ・ファイル（library.properties）の内容

項番	名　称	説　明
1	name	ライブラリの名前
2	version	ライブラリのバージョン
3	author	著者の名前とニックネーム，メール・アドレス
4	maintainer	メンテナの名前とメール・アドレス
5	sentence	ライブラリの目的を説明する文章
6	paragraph	ライブラリの目的(前項)より長い説明
7	category	次の値のいずれかを設定する．Display, Communication, Signal Input/Output, Sensors, Device Control, Timing, Data Storage, Data Processing, Other
8	url	ライブラリ・プロジェクトのURL(githubなど)
9	architectures	ライブラリによってサポートされるコンマ区切りのアーキテクチャのリスト．ライブラリにアーキテクチャ固有のコードが含まれていない場合は*を設定する
10	dot_a_linkage	trueに設定した場合，コンパイル後のオブジェクト・ファイル(.o)を，静的ライブラリ(.a)にまとめてからリンカへ渡す．不要なら定義しない
11	includes	ヘッダ・ファイルが複数あり，特定のヘッダ・ファイルだけをインクルードさせたい場合にコンマ区切りで指定する．この定義がなければ，srcフォルダのすべてのヘッダがインクルード対象となる
12	precompiled	コンパイル済みの静的ライブラリ(.a)と共通ライブラリ(.so)を使えるように設定する
13	ldflags	リンカへ渡すフラグを設定する

図1　ライブラリ・フォルダを追加して，ソース・ファイルとヘッダ・ファイルを格納する

第4章

気圧センサでドア開閉を推定！STM32マイコンAI電子工作

①データ収集 ②機械学習 ③ニューラル・ネットワーク実装の3ステップで完成

新里 祐教　Hirotaka Niisato

本章では，STM32マイコンのCPU上でニューラル・ネットワークを動かして，気圧センサで計測したデータの特徴を抽出してトイレのドアの開閉を推定します．

ここでは，ARM‐Firstに搭載されている気圧センサLPS22HB（STマイクロエレクトロニクス）を使って，AIでドア開閉を推定するシステムを製作します．

気圧センサは，気象測定以外にも，転倒検知やドローンなどで高さ推定といった用途に使えます．ここでは，閉空間であるトイレの気圧変動を利用して，AIでドア開閉を推定してみます．

ステップ1：データ収集

● トイレの中でドア開閉時の気圧データを集める

図1に示すのは，今回のAIシステム構築の流れです．ドア開閉時の気圧データを測定して，機械学習を行い，AI用のモデルを作成します．そのモデルをアプリに組み込んで，気圧センサの変化を捉えることで，ドアが開閉しているかどうかをAIで推定します．機械学習には，AI環境でよく利用されるTensorFlowを使います．

▶測定環境

今回実験で使用するトイレは，写真1のようにドアで仕切られた密閉空間です．このような環境では，ドア開閉時に気圧の変化を体感する人も多いと思います．

測定時は便座を閉じて，その上にパソコンとARM

‐Firstを置いてデータを取得しました．ドアの開閉は，強弱を付けていろいろなパターンで行い，3日間にわたってデータを取得しました．複数日でデータを取得した理由は，日々の天候変化による気圧変化があってもドア開閉を推定できるようにするためです．

▶気圧センサのスペック

ARM‐Firstに搭載されている気圧センサLPS22HBの主なスペックは，次のとおりです．

- 測定気圧範囲　：260 ～ 1260 hPa
- 測定値出力周期：1 ～ 75 Hz
- 気圧測定値　　：24ビット

LPS22HBは，データの分解能が24ビットなので，ドア開閉のような微細な気圧変動も捕捉できます．測定周期も短いため，ドア開閉時の気圧変動をリアルタイムに取得できます．

● プログラムを実行して気圧データを収集する

▶サンプル・プログラムの入手方法

ARM‐Firstの開発環境には，Arduino IDEを使いました．本稿で利用するソース・コードは，次の

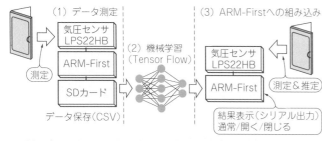

（1）データ測定：ドア開閉時の気圧の変化を測定
（2）機械学習：Google Colab上でTensorFlowを使って学習
（3）組み込み：学習したモデルをARM-Firstへ組み込み，推定を実行

図1　AIシステム構築のフロー
（1）データ測定，（2）機械学習，（3）組み込みの順番で，STM32マイコン上で動作するAIシステムを構築する

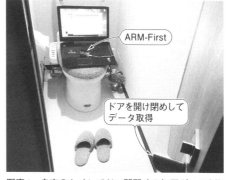

写真1　自宅のトイレでドア開閉時の気圧データを取得しているようす
トイレは密閉空間のため，ドアの開閉で内部の気圧の変化が生じる．便座がちょうどデスクの代わりになって，ふたを閉じてその上にPCとARM-Firstを置き，ドアを開閉してデータを取得した

URLからダウンロードできます.

https://github.com/hirotakaster/door_detect

　GitHubのページにある［Download ZIP］ボタンをクリックすると，ソース・コードをダウンロードできます.ダウンロードしたソース・コードは，Arduino IDEのメニュー・バーから［スケッチ］-［ライブラリをインクルード］-［.ZIP形式のライブラリをインストール］を選択して取り込みます.Arduino向けのソース・コードは，次の2種類を用意しています.

- bar：センサ・データ取得用ソース・コード
- door_detect：開閉推定用ソース・コード

　取り込んだデータ取得用ソース・コードは，Arduino IDEのメニュー・バーから［ファイル］-［スケッチ例］-［TensorFlowLite:door_detect］-［bar］を選択すると開きます.

▶プログラムの内容

　リスト1に示すのは，気圧センサからデータを取得するプログラムです.非常にシンプルで，サンプル・コード（press_calc）を使って気圧センサの値を読み出し，microSDカードのファイル（data.csv）に出力します.

トイレにARM-Firstを置いて電源を投入し，気圧センサからデータが出力されていることを確認したら，何度もドアを開閉してデータを取得していきます.

● 収集したデータを整備・分析する

▶整備：ピーク前後を切り取ってラベル付けする

　図2に示すのは，ドア開閉時の気圧変動データです.ドアを開いたときは，内部の気圧が低くなるので，下向きのピークが現れます.ドアを閉じたときは，内部の気圧が高くなるので，上向きのピークが現れます.また，測定時の天候によって気圧が変わるので，日によって中心値（開閉していない状態）が全く異なります.

　表1に示すのは，値の変化のピーク前後で切り取った16個分の気圧データです.このとき，それぞれのデータに対してドアの状態を示す0，1，2のラベル付けを行いました.このラベルは，後で機械学習や推定を行うときに利用します.

▶分析：グラフ化する

　私は，どれだけデータを整備するかが機械学習や推定の結果の良しあしを決めると考えています.いくら

リスト1　データを取得するプログラム（一部抜粋）
ARM-Firstの気圧センサ読み出しサンプル・コード（press_calc）を使って気圧センサの値をmicroSDカードのファイルに出力する

```
int LOOP_COUNTER = 5;

void loop() {
 static int hpa_s = 0, measure_count = 0;
 uint8_t buf[5];

 i2c_mem_write(0x20, PRESS_ADR, 0x10);
 i2c_mem_read(5, PRESS_ADR, 0x28, buf);
 hpa_s += (buf[2]*65536+buf[1]*256+buf[0]);
 measure_count += 1;

 if(measure_count == LOOP_COUNTER) {
  Serial.println(hpa_s / LOOP_COUNTER);

  File outputfile = sd.open("/data.csv", FILE_WRITE);
  outputfile.println(hpa_s/LOOP_COUNTER);
  outputfile.close();
  measure_count = 0;
  hpa_s = 0;
 }
 delay(5);
}
```

I²Cで気圧センサの値を読み出す

SDカードに生データを書き出す

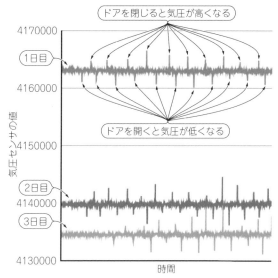

図2　取得した気圧変動データ（生データ）の分析
ドアの開閉によって気圧が変動する.またデータを取得する時の天候によって得られる値が異なってくる.ここでは3日にわたり60回のドアの開閉を行って，データを取得した

表1　取得したデータ
開け閉め時のピークを中心にして前後16個のデータとしてまとめる.また何もしていないとき（平時，ドアは閉じている）の状態についても取得しておく.それぞれ，0：平時，1：ドアを開けたとき，2：ドアを閉めたとき，としてラベリングしておく

ラベル	1	2	3	4		13	14	15	16
0	4163136	4163154	4163114	4163133		4162925	4163137	4163225	4163097
0	4163100	4163094	4163010	4163065		4163109	4162981	4163024	4163124
0	4162992	4163018	4163048	4163167		4163090	4163090	4163207	4163181
1	4163090	4163075	4162842	4162873	中略	4162976	4163027	4163102	4162995
1	4162933	4163074	4162966	4162837		4162932	4162939	4162994	4162913
1	4163088	4163046	4163122	4162757		4162800	4162929	4162831	4162963
2	4163222	4163116	4163301	4163317		4163490	4163613	4163622	4163695
2	4163170	4163231	4163113	4163267		4163786	4163736	4163913	4162753
2	4163147	4163156	4163240	4163186		4163476	4163317	4163274	4163070

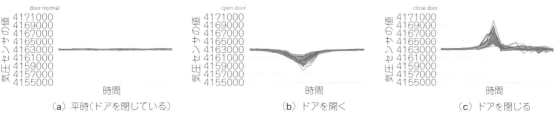

(a) 平時（ドアを閉じている）　　　　　　（b) ドアを開く　　　　　　（c) ドアを閉じる

図3　ドア開閉時の気圧データの変化
「平時」，「ドアを開く」，「ドアを閉じる」の各状態における気圧データの変化を標準化した．ドアを開いたときは気圧が低下し，閉じると上がる．それぞれにおいて特徴的なグラフになっているため，機械学習を行ってこの変化を推定することができる．勢いよく開閉すると気圧のピークが高くなる．そのため，ゆっくり開けたり閉じたりして，さまざまなデータをそろえることにした

大量のデータを用意しても，雑多なデータからは雑多な結果しか出てきません．収集したデータを整備，分析することで，機械学習・推定時に良い結果が出るようになります．

図3に示すのは，編集したデータをグラフ化した結果です．1日ごとに異なる気圧の変動は，初日の気圧を基準にして標準化しました．ドアの状態に応じて，それぞれ特徴的に気圧が変化しています．気圧変動の平均値は，開くときは ± 0.5 hPa，閉じるときは ± 0.9 hPa でした．このように開くときと閉じるときでデータの変化の仕方が異なります．これを利用すれば機械学習による推定ができそうです．

ステップ2：機械学習

● 無料のクラウド環境で学習モデルを作成する

収集したデータを使って，**図4**に示すフローに沿ってGoogle Colab上で機械学習を行います．

▶フレームワーク：TensorFlow

機械学習にはTensorFlowを利用します．学習結果としてのモデル・ファイルは，マイコンに組み込めるようにTensorFlow Lite用に変換します．TensorFlow Lite は，組み込み向けの軽量版 TensorFlow で，

Android/iPhoneといったスマートフォンからマイコンまで幅広く対応しています．

▶実行環境：Google Colab

Google Colab は，機械学習が利用できる無料のクラウド環境です．機械学習のデファクト・スタンダードの開発環境である Jupyter Notebook でコーディングできます．

Google Colabの良い点は，**図5**のようにGPU（NVIDIA Tesla K80）も無料で利用できる点です．高速に機械学習を行うときは，ハードウェア・アクセラレータが必須です．手持ちのパソコンにGPUがなくても，クラウド上で無料で機械学習ができます．

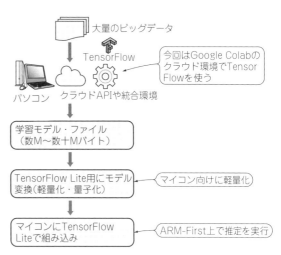

図4　機械学習のフロー
一度 TensorFlow で通常の学習モデルを作成してから，TensorFlow Lite でマイコン向けに軽量化する

図5　Google Colab で使用するハードウェア・アクセラレータの設定
［ランタイム］-［ランタイムタイプの設定］でGPU/TPUの設定ができる

図6　Google Colab で機械学習するプログラムは Google Drive 上から直接開ける
ソース・コード全体を Google Drive 上に置いておく．Google Colab を直接開いてプログラムを実行することができる．また，Google Colab から Goole Drive 上のファイルを扱えるメリットもある

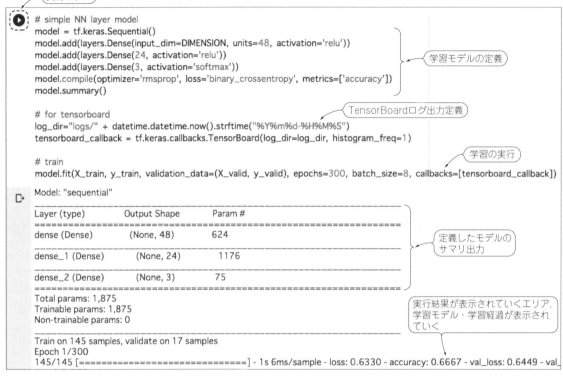

```
# simple NN layer model
model = tf.keras.Sequential()
model.add(layers.Dense(input_dim=DIMENSION, units=48, activation='relu'))
model.add(layers.Dense(24, activation='relu'))
model.add(layers.Dense(3, activation='softmax'))
model.compile(optimizer='rmsprop', loss='binary_crossentropy', metrics=['accuracy'])
model.summary()

# for tensorboard
log_dir="logs/" + datetime.datetime.now().strftime("%Y%m%d-%H%M%S")
tensorboard_callback = tf.keras.callbacks.TensorBoard(log_dir=log_dir, histogram_freq=1)

# train
model.fit(X_train, y_train, validation_data=(X_valid, y_valid), epochs=300, batch_size=8, callbacks=[tensorboard_callback])
```

```
Model: "sequential"
_____
Layer (type)                 Output Shape              Param #
=================================================================
dense (Dense)                (None, 48)                624
_____
dense_1 (Dense)              (None, 24)                1176
_____
dense_2 (Dense)              (None, 3)                 75
=================================================================
Total params: 1,875
Trainable params: 1,875
Non-trainable params: 0
_____
Train on 145 samples, validate on 17 samples
Epoch 1/300
145/145 [==============================] - 1s 6ms/sample - loss: 0.6330 - accuracy: 0.6667 - val_loss: 0.6449 - val_
```

実行ボタン

学習モデルの定義

TensorBoardログ出力定義

学習の実行

定義したモデルの
サマリ出力

実行結果が表示されていくエリア.
学習モデル・学習経過が表示され
ていく

図7 Google Colab上で機械学習を実行する（学習モデル部抜粋）

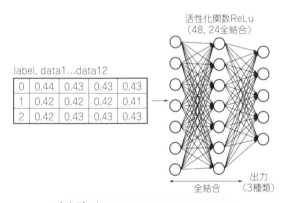

図8 今回の学習に使ったシンプル3層全結合ニューラル・ネットワーク

● サンプル・コードの配置方法

ソース・コードは，前述したGitHubのページから
ダウンロードできます．

https://github.com/hirotakaster/door_detect

- train.ipynb：Jupyter Notebookのプログラム
- sample.csv：気圧データ・ファイル

ダウンロードしたら，**図6**のように，この2つのファ
イルをGoogle Drive上に置きます．次に，Google
Driveに置いたtrain.ipynbをクリックして，Google
Colabを開いて機械学習を進めます．Google Driveと
Google Colabは連携しており，Colab側からDrive上
に気圧データ・ファイルを読み込んで利用します．

● 機械学習の実行

図7のように，Google Colab上でPythonプログラ
ムを実行します．

画面の左上にある実行ボタンをクリックすると，ブ
ロックのプログラムが進んでいきます．実行結果とlog
グもリアルタイムに表示されるので，クラウド上でも
手元で実行している感覚でプログラミングできます．
TensorFlowを利用するときは，TensorBoardという
ログを可視化するツールを利用すると学習モデルの評
価がわかりやすくなるため，ここで設定しておきます．

図8に示すのは，今回の学習モデルであるシンプル
3層全結合ニューラル・ネットワークです．入力デー
タは，整備した気圧データ（sample.csv）を使います．
生データをそのまま使うと，値の幅が非常に広いため
（4157760 〜 4170112），機械学習を行っても良い結果
になりません．そのため，ここでは気圧データを0.00
〜 1.00の値に正規化（min/max normalization）してか
ら学習を実行します．また学習においては，サンプル・
データの前後をカットした12個のデータを，ニュー
ラル・ネットワークの入力として利用します．

```
converter = tf.lite.TFLiteConverter.from_keras_model(model)
converter.optimizations = [tf.lite.Optimize.OPTIMIZE_FOR_SIZE]
tflite_model = converter.convert()
open("door_model_quantized.tflite", "wb").write(tflite_model)
…中略…
!xxd -i door_model_quantized.tflite > door_model_quantized.cc
!cat door_model_quantized.cc
unsigned char press_model_quantized_tflite[] = {
  0x20, 0x00, 0x00, 0x00, 0x54, 0x46, 0x4c, 0x33, 0x00, 0x00, 0x00, 0x00,
  0x00, 0x00, 0x12, 0x00, 0x1c, 0x00, 0x04, 0x00, 0x08, 0x00, 0x0c, 0x00,
…中略…
};
unsigned int door_model_quantized_tflite_len = 5664;
```

TensorFlow Lite用のコンバータ．モデルはTensorFlowで学習したモデル

TensorFlow Lite用モデルに量子化

TensorFlow Lite用モデル・ファイル出力

TensorFlow Lite用モデル・ファイルをC/C++言語向けに使えるようにファイル変換

配列として出力された内容・モデル長（5712）をコピー＆ペーストしてARM-Firstで実装の時に利用する

図9 TensorFlow Liteで使えるように量子化する（軽量化部を抜粋）

この学習モデルをテスト・データで評価（evaluate）したところ，推定確率が100％になりました．実際のサンプル・データを使って推定確率を評価してみたところ，94.4％でした．どちらの評価でも高い推定確率が得られたので，この学習モデルでドア開閉の推定が行えそうです．

● 学習モデルの軽量化

デフォルトのモデル・データはサイズが大きいので，そのままではマイコンに組み込めません．そこで，学習モデルを軽量化するために，**図9**のように`TFLite Converter.from_keras_model`クラスで量子化処理を行います．量子化では，32/64ビットの浮動小数点として使われているパラメータを1～8ビットの表現に変換したり，高速実行できるようにモデル・データを最適化したりします．

今回作成した学習モデルを`converter.convert()`で軽量化すると，次のようにサイズが変わります．
- モデル・データ：44696バイト
- 軽量化　　　　：5664バイト

軽量化の結果，モデル・データのサイズは88％も小さくなりました．この軽量化したモデル・データをTensorFlow Liteで組み込めるよう，C/C++言語の配列として`xxd`コマンドでダンプ出力します．この出力した配列をそのまま使って，ARM-Firstに組み込んでいきます．

ステップ3：ARM-FirstでAIを実行する

● STM32マイコンに学習モデルを組み込む

機械学習したモデルをARM-FirstにTensorFlow Liteを使って組み込んで，結果の確認を行います．**写真2**に示すのは，実際にトイレにARM-Firstを設置して結果を確認しているようすです．ここでは，2020年1月10日にリリースされたTensorFlow 2.1.0のTensorFlow Liteを使いました．

▶サンプル・スケッチの開き方

サンプル・プログラムは，Arduino IDEのメニュ

ARM-First

シリアル出力で結果の確認

ドアを開閉して推定結果を確認する

写真2 トイレでの実証実験のようす
便座の上にARM-Firstとパソコンを置いて，ドアを開閉してシリアル出力経由で結果を確認する

ー・バーから［ファイル］-［スケッチ例］-［TensorFlowLite:door_detect］を選択すると開きます．ソース・コードをビルドする前に，STM32 GENERIC/platform.txtにあるビルド・オプション「-Dprintf＝iprintf」を削除しておきます（これがあるとビルドに必ず失敗する．また，このオプションを削除しても，ARM-Firstの他のサンプル・プログラムのビルドや挙動に影響はなさそうだ）．

● 学習モデル・データの組み込み

Google Colabで学習したモデルを組み込みます．リスト2のように，軽量化した配列，配列長をそのままソース・コード（door_model_data.cpp）にコピー＆ペーストするだけです．この学習モデルは，次の推定プログラム実行時に読み込んで利用します．

● 推定プログラムの内容

リスト3に示すのは，TensorFlow Liteで推定を行うプログラム（main.cpp）の根幹部です．

最初にTensorFlowが処理するワーキング・メモリ領域を定義します．ARM-Firstに搭載されている

リスト3　推定プログラム（arduino_main.cppから一部抜粋）

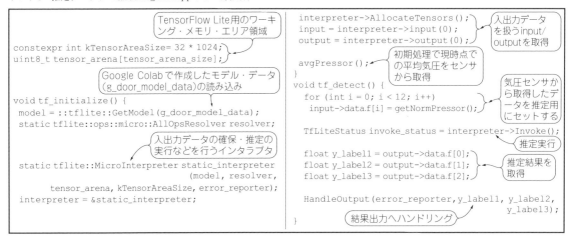

リスト2　Google Colabで学習したモデルをソース・コードに組み込む（door_model_data.cppから一部抜粋）

STM32F405RGはメモリが潤沢にあるので，思い切って32Kバイトを確保しましたが，安定して動作することが確認できました．

▶`tf_initialize()`：TensorFlow Liteの動作設定

`tf_initialize()`関数では，最初に学習モデルを読み込みます（`tflite::GetModel`）．次にTensorFlow Liteのコア部分である，`tflite::MicroInterpreter`を生成します．このインタラプタが入出力値，推定の実行を担っています．最後に平均気圧を求める関数`avgPressor()`を実行しています．これは学習モデルで使った平均気圧（bar1）と初期化時点での平均値（bar2）を使って，推定で使う気圧（bar）の値に加えるようにしています．

bar = bar + (bar1 - bar2)

また，学習モデルを作成するときに利用した気圧の最大値と最小値（max/min）を使って，取得した気圧データを正規化します．正規化を行うことで，天候による気圧の変動があっても，学習モデルに合わせた推定が行えます．正規化された気圧データは，`get NormPressor()`で取得して，推定の入力データにセットします．

図10　STM32マイコンに組み込んだニューラル・ネットワークでドア開閉を推定しているようす

▶`tf_detect()`：気圧データの取得と推定

`tf_detect()`関数では，気圧のデータを12個分だけ取得します．サンプル・データでは16個のデータを取得しましたが，推定モデルを作成する段階で前後をカットしているため，実際に推定モデル作成に使っているデータは12個です．そのため，ここでは入力パラメータを推定モデルに合わせて12個としています．

実際の推定は`interpreter->Invoke()`で行います．推定単体で実行したところ，8905回/秒で実行できるため，気圧データさえそろえてしまえば一瞬で推定できます．

● 実行結果

推定結果は，出力用の変数（`output`）に0.00〜1.00の確率値として入ってきて，`HandleOutput`関数でシリアル出力されます．

シリアル出力は，Arduino IDEのメニュー・バーから［ツール］-［シリアルモニタ］を選択すると起動します（図10）．約1秒おきに3つの確率値として推定結果が出力され，1番高い値がドアの状態を表しています．実際にトイレのドアを開閉すると，推定した結果として確認できます．

イントロ

基礎知識

実験の準備

プログラミング入門

本格実験

あれこれ実験室

第5章

クラウドにセンサ計測値を自動アップ！
IoTデータ・ロガーの製作

文字処理が得意なMicroPythonでプログラムをすっきり書く

白阪 一郎　Ichiro Shirasaka

本章では，IoT（Internet of Things；モノのインターネット）センシングの例として，気圧と温度データをクラウド上のサーバに蓄積してグラフ化するIoTデータ・ロガーを製作します。
ネットワーク処理が必要なIoT用の制御プログラムでは，さまざまな文字処理が必要です。多彩な文字処理機能をもっているMicroPythonを使用することで，プログラムを大幅に簡素化できます。

図1に示すのは，IoTデータ・ロガーで収集した気圧と温度のデータをクラウドに蓄積し，グラフ化したものです。このデータは，パソコンやスマートフォンなどから指定した日時の時系列のグラフとして表示できます。

身の回りの情報をセンサで取り込んでクラウド上のサーバに蓄積し，インターネット上のさまざまな情報と連携させて処理することで，より便利に活用できます。どのような情報を採取して，どのように活用するかは工夫次第です。

ハードウェア

● IoTデータ・ロガーの製作に必要なもの

製作したIoTデータ・ロガーを写真1に示します。気圧と温度データをクラウド上のサーバに蓄積してグラフ化します。

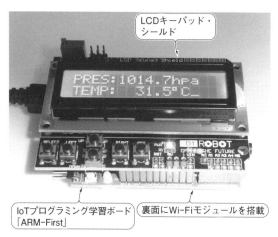

写真1　気圧と温度データをクラウド上のサーバに蓄積してグラフ化できるIoTデータ・ロガー

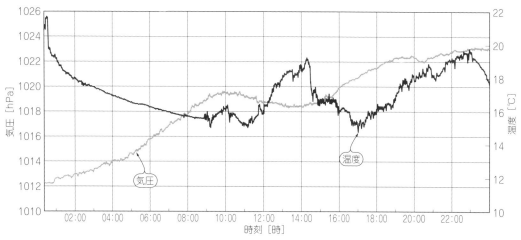

図1　IoTデータ・ロガーで収集した気圧と温度のデータをクラウドに蓄積しグラフ化したログ・データ

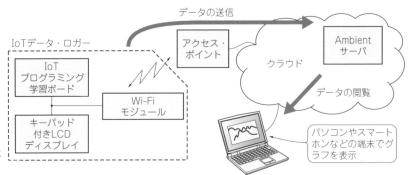

図2 気圧と温度データをクラウド上のサーバに蓄積してグラフ化するIoTデータ・ロガーの構成

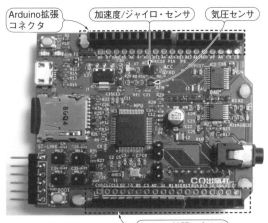

写真2 信号処理やセンサ情報の収集などを実験できるIoTプログラミング学習ボード「ARM-First」

写真3 LCDディスプレイが搭載され，16桁×2行の表示ができるLCDキーパッド・シールド

IoTデータ・ロガーに必要なハードウェア構成を図2に示します．製作には次のようなものを使います．
(1) IoTプログラミング学習ボード「ARM-First」（気圧センサ，温度センサ，Wi-Fiモジュールを搭載したマイコン・ボード）
(2) LCDキーパッド・シールド
(3) Wi-Fiルータ
(4) クラウド・サーバ(Ambient：無料)

● IoTプログラミング学習ボード

写真2に示すのは，信号処理やセンサ情報の収集などを実験できるIoTプログラミング学習ボード「ARM-First」です．マイクやオーディオ出力，気圧や加速度などのセンサをボード上に搭載しています．また，ボードの裏面側にWi-Fiモジュール「First Bee」を搭載しています．

マイクロプロセッサには，STマイクロエレクトロニクスのSTM32F405を使用しています．Arduino仕様の拡張端子が搭載されているので，Arduino用の各種拡張シールドを接続できます．LCD表示やネットワークへの接続などの機能の拡張に便利です．

なお今回は，IoTデータ・ロガーの制御プログラムをPython言語で記述したいので，ARM-FirstにMicroPythonインタプリタをインストールします（Appendix 7を参照）．

● LCDキーパッド・シールド

LCD表示器には，Arduino拡張コネクタに実装するArduinoシールドとして販売されているものを使用します．LCDシールドは，SainSmartをはじめ，いろいろなメーカから販売されています．

写真3に示すのは，製作に使用したLCDキーパッド・シールドです．LCDディスプレイが搭載され，16桁×2行の表示ができます．キーパッド配置の5個のスイッチと，リセット・スイッチが実装されています．SC1602仕様の4ビット・パラレル・インターフェースでマイコン・ボードに接続します．

● Wi-Fiモジュール

IoTプログラミング学習ボード「ARM-First」に搭載されているWi-Fiモジュール「First Bee」は，Wi-Fiの信号回路と32ビット・プロセッサを1チップに集積した，Espressif Systems製のESP-WROOM-02を使用しています．

ESP-WROOM-02は，ESP8266マイコンとアンテナ，および起動プログラムやAT Instruction Set（ATコマンド群）を格納したフラッシュ・メモリなどで構成されるモジュールです．ESP-WROOM-02は，このモジュール単体で日本国内での電波法の認証「技術基準適合証明」を取得しています．

IoTプログラミング学習ボードとの接続は，UARTシリアル・インターフェースを使用します．ESP-WROOM-02に書き込まれているAT Instruction SetをUARTシリアル・インターフェースを通して操作することで，Wi-Fiネットワークを通してインターネットに接続できます．

● Wi-Fiルータとクラウド・サーバ

センサからのデータは，パソコンなどから常時確認できるようにクラウド上のサーバに蓄積します．サーバには，アンビエントデーター社のAmbientサーバを使用しました．Ambientサーバは，無料アカウントを申請することでデータ蓄積用のサーバ領域を使用できます．

また，蓄積したデータでグラフの表示やダウンロードができます．Ambientサーバへのデータの蓄積は，図3に示すようにHTTPプロトコル（POST）を使用してデータを送ります．

気圧／気温を測定するしくみ

● IoTデータ・ロガーによる気圧と気温の測定

気圧と気温のデータは，写真3に示すようにLCDディスプレイに常時表示します．さらに，1分ごとのデータをWi-Fiネットワークを通してインターネット・クラウド上のAmbientサーバに蓄積します．

IoTデータ・ロガーのプログラムはすべてMicroPythonで記述されており，電源を投入すると自動的に起動します．

（a）HTTPリクエスト（クライアント→ホスト）
リクエスト・ライン POST/ドメイン名 HTTP/1.0
ヘッダ・ライン （ヘッダ情報）
改行（CRLF）
メッセージ・ボディ （センサ送信データ）

（b）HTTPレスポンス（ホスト→クライアント）
ステータス・ライン HTTP/1.1 200 OK
ヘッダ・ライン
改行（CRLF）
メッセージ・ボディ

図3 Ambientサーバへのデータの蓄積はHTTPプロトコル（POST）を使用してデータを送る

● 気圧センサ（LPS22HB）

気圧と気温を測定するセンサには，STマイクロエレクトロニクスのLPS22HBを使用しています．気圧については，±0.1 hPaの精度で絶対的な気圧の値を測定できます．ノイズも0.01 hPa以下と大変高精度な値が得られるデバイスです．天候の状態を知る気圧センサとしてはもちろん，高精度な気圧の値を利用して数10cmの精度で高度を知る用途にも使われています．

気圧データの出力（PRESS_OUT_H，PRESS_OUT_L，PRESS_OUT_XL）は，24ビットの2の補数値で出力されるので，そのまま絶対的な気圧の値を知ることができます．24ビットの出力から，実際の気圧の値を得る計算式を次式に示します．

$$気圧値＝（PRESS\_OUT\_H × 65536$$
$$+ PRESS\_OUT\_L × 256$$
$$+ PRESS\_OUT\_XL）/4096 ……… (1)$$

気温についても気圧と同様に，±1.5℃の精度で，絶対的な気温の値を2の補数値で得られます[注1]．氷点下の温度もそのまま特別な変換なしに測定できます．

気温データの出力（TEMP_OUT_H，TEMP_OUT_

注1：LPS22HBは気圧センサであるが，不良解析用に温度計測機能を備えている（ただし，温度計測機能をアプリケーションに使用することは想定されていない）．

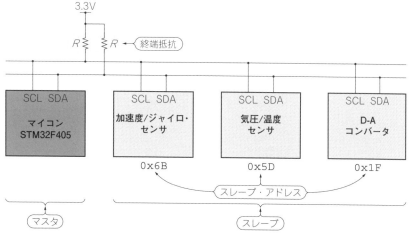

図4 マイコンのI²Cインターフェース信号（SCL，SDA）には複数の機器（スレーブ）を並列に接続できる

表1 気圧センサのI^2Cレジスタ・アドレス

レジスタ名	R/W	レジスタ・アドレス	機　能
CTRL_REG1	R/W	0x10	コントロール・レジスタ（測定ON/OFF）
PRESS_OUT_XL	R	0x28	気圧出力
PRESS_OUT_L	R	0x29	
PRESS_OUT_H	R	0x2A	
TEMP_OUT_L	R	0x2B	温度出力
TEMP_OUT_H	R	0x2C	

L）は16ビットです．その出力から，実際の気温の値を得る計算式を次式に示します．

$$気温値 = (TEMP\_OUT\_H \times 256 + TEMP\_OUT\_L)/128 \cdots\cdots (2)$$

センサの出力インターフェースはI^2CまたはSPIです．ここでは，I^2C接続を使用しました．

● I^2Cインターフェース

IoTプログラミング学習ボードでは，その他に加速度／ジャイロ・センサ（LSM6DSL）やD－Aコンバータ（WM8523）を同じI^2Cのインターフェースに接続しています．図4に示すように，マイコンのI^2Cインターフェース信号（SCL，SDA）には，複数の機器（スレーブ）を並列に接続できます．

各スレーブを選択するには，マスタからスレーブ・アドレスを送出することで行います．I^2Cインターフェース信号には，それぞれのデバイス（マスタ，スレーブ）がオープン・ドレイン出力で接続されるので，終端抵抗でプルアップしています．

I^2Cインターフェースでは，センサの設定や出力の読み出しを行うため，センサ内に制御用のレジスタを持っています．レジスタ・アドレスを指定して，I^2Cからの読み出しや書き込みを行います．センサの出力（PRESS_OUT_Hなど）を読み出したり，センサの設定を行ったりできます．表1に示すのは，プログラムで使用したレジスタ・アドレスです．

● 気圧と気温の表示

I^2Cインターフェースを制御するプログラムには，MicroPythonのI2Cクラスを使用します[注2]．I2Cクラスは，リスト1のようにpybモジュールをimport

注2：Pythonの「モジュール」，「クラス」，「メソッド」とは，Pythonで使用するさまざまな機能をあらかじめ使いやすい形でまとめたライブラリである．
　　ライブラリの最小の単位が「メソッド」で，同様の機能を持つメソッドを集めたものを「クラス」，さらにクラスを集めたものを「モジュール」と呼ぶ．標準で組み込まれていないモジュールについては，importすることで，モジュールの持つクラスやメソッドを使用することができる．

リスト1 I^2Cインターフェースを制御するプログラム

i2cオブジェクトを生成しSTM32F405のI^2C_1インターフェースをマスタ・モードで初期化

```
import pyb          ← pybモジュールをimport
i2c=pyb.I2C(1,pyb.I2C.MASTER)
i2c.mem_write(0x20,0x5D,0x10)
buf=i2c.mem_read(5,0x5D,0x28)
```

スレーブ・アドレス 0x5D を指定して CTRL_REG1（10h）に 0x20 を書き込み，測定を開始（10Hz）

スレーブ・アドレス 0x5D を指定して PRESS_OUT_XL（28h）から5バイトを読み出す（気圧：3バイト，気温：2バイト）

したあとで，I2Cクラスのオブジェクトの生成を行います．

気圧や気温のデータは，100 msに1回読み出しを行い，10回分の読み出しデータを積算して平均を取るようにしました．後述するLCDディスプレイには，値を1秒ごとに表示するようにしました．クラウド・サーバには，1分ごとに平均した読み出しデータをWi-Fiネットワーク・モジュールを使ってAmbientサーバに送ります．

100 msの時間間隔は，MicroPythonの割り込み処理（callback処理）を使用しています．

LCD表示の仕組み

● LCDキーパッド・シールド

LCD表示器はSC1602仕様（HD44780互換）として，多くのベンダが提供しています．このLCDキーパッド・シールドは，図5に示すように，4本のデータ信号と3本の制御信号の計7本の信号線でIoTプログラミング学習ボードとインターフェースする仕様になっ

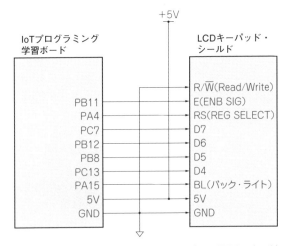

図5　LCDキーパッド・シールドは4本のデータ信号と3本の制御信号の計7本の信号線でIoTプログラミング学習ボードとインターフェースする

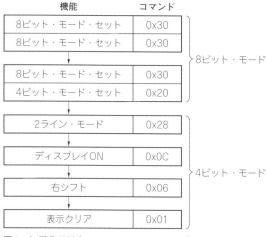

機能	コマンド
8ビット・モード・セット	0x30
8ビット・モード・セット	0x30
8ビット・モード・セット	0x30
4ビット・モード・セット	0x20
2ライン・モード	0x28
ディスプレイON	0x0C
右シフト	0x06
表示クリア	0x01

図6　初期化は所定のコマンドをLCDキーパッド・シールドに適切なタイミングで送る

ています．信号線の仕様を次に示します．

RS：コマンドとデータの区別

　　（0：コマンド，1：データ）

E：D4 ～ D7のデータの取り込みストローブ

D4 ～ D7：4ビット・データ・バス

BL：バック・ライトON/OFF

LCDキーパッド・シールドは，拡張コネクタを使ってIoTプログラミング学習ボードに接続します．

● LCDの初期化

LCDキーパッド・シールドは4ビット・パラレル・モードとして使用します．8ビット・パラレル・モードをデフォルトとしているため，使用開始時に4ビット・パラレル・モードへの移行や表示方法を設定する「初期化」作業が必要です．

初期化がされていない状態では，文字の表示位置に四角が16個表示されます．この四角が消えることで初期化の成功がわかります．初期化は，所定のコマンドをLCDキーパッド・シールドに適切なタイミングで送ることで行います．初期化処理のフローチャートを図6に，初期化コードをリスト2に示します．

● 文字列の表示

気圧センサLPS22HBから読み出したデータから，式(1)を用いて気圧値に，式(2)を用いて気温値にそれぞれ変換して表示します．Pythonでは％演算子による文字列フォーマットを使って，LCDに表示する文

リスト2　LCDの初期化プログラム

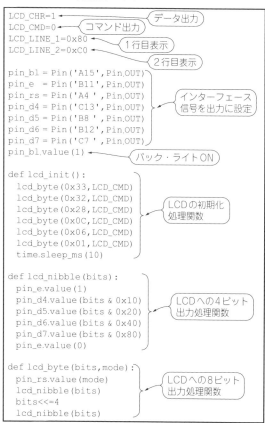

字列を生成します．リスト3に示すように，lcd_string関数でLCDに1文字ずつ表示します．

LCDの初期化や文字表示させるライブラリをlcd1602.pyとして作成しました．

Ambientサーバへの接続

● Wi-Fiモジュールの接続

センサから取得したデータをAmbientサーバに送るためにWi-Fiモジュールを操作します．

このモジュールは，Wi-Fiネットワーク通信をシリアル・インターフェース(UART)通信に変換する機能を持っています．Wi-Fiモジュールを通して，IoTプログラミング学習ボードのシリアル・インターフェースを使って，センサから取得したデータをAmbientサーバに送ります．

リスト3　LCDに文字列を表示するプログラム

```
def lcd_string(message,line):        ← 文字列表示処理関数
    lcd_byte(line, LCD_CMD)          ← 表示行の設定
    for c in message:
        lcd_byte(ord(c), LCD_CHR)    ← 1文字出力
lcd_string("PRES:%6.1fhpa"%hpa, LCD_LINE_1)              ← 1行目に気圧を表示
lcd_string("TEMP:%6.1f%sC"%(tmp,chr(0xdf)),LCD_LINE_2)   ← 2行目に気温を表示
```

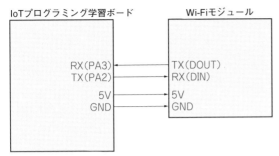

図7 IoTプログラミング学習ボードとWi-Fiモジュールの接続

IoTプログラミング学習ボードの拡張コネクタにWi-Fiモジュールを搭載すると，**図7**のように接続されます．

● Wi-Fiモジュールの制御はAT Instruction Setを使う

ESP-WROOM-02にはWi-Fi接続やTCP/IPプロトコル・スタック機能があって，シリアル・インターフェース(UART)を介して操作します．

ESP8266マイコンのフラッシュ・メモリを書き換えるインターフェースも提供されています．マイコンに搭載されたArduino仕様を利用して，プログラムを作成するライブラリも用意されています．

IoTデータ・ロガーでは，出荷時にESP8266に書き込まれているAT Instruction Setを使用して，ネットワークの制御をSTM32F405RGマイコンで行います．

AT Instruction Setの詳細は，ESP-WROOM-02の開発元であるEspressif Systems社のWebサイト(https://www.espressif.com/en/support/download/documents)を参照してください．

● シリアル・インターフェース(UART)による送受信

図8に示すのは，シリアル・インターフェース(UART)のデータ構造です．1つ1つのデータ単位(7ビットまたは8ビット)の前後には，スタート・ビットとストップ・ビットが付いています．データの開始や終了を判別できるように，スタート・ビットの1→0の変化点でデータ開始のタイミングを受信側に伝えています．

パリティ・ビットはデータの正当性をチェックするために付加します．偶数パリティ(パリティ・ビットを含めた"1"の数が偶数になるようにパリティを付加)

や奇数パリティ(パリティ・ビットを含めた"1"の数が奇数になるようにパリティを付加)，およびパリティなしの設定ができます．

Wi-FiモジュールのUARTインターフェースのデータ通信速度(1秒間に送受信できるビット数で単位はbps．**図8**の1/T)は，デフォルトでは115200 bpsに設定されています．AT Instruction(ATコマンド)で，より高速(最大921600 bps)に設定を変えられます．今回はそのまま使用します．

UARTインターフェースを使用するには，MicroPythonのUARTクラスを使用します．UARTインターフェース(UART2)や通信速度，通信バッファの大きさなどを次のように設定して，オブジェクト生成を行います．

```
uart=pyb.UART(2,115200,read_buf_
   len=4096)
```

　　ただし，UART2使用時，通信速度115200 bps，リード・バッファ 4096バイトに設定

UARTインターフェースによるデータの入出力は，次の関数で行います．

- Write文字列を書き込み(送信)
  `uart.write("Write文字列")`
- データ読み出し(受信)
  `uart.read()`
- 改行コードまでデータ読み出し(1行受信)
  `uart.readline()`

● Wi-Fiネットワークへの接続

アクセス・ポイント接続の処理を**リスト4**に示します．Wi-Fiモジュールをアクセス・ポイントに接続する機能はAT Instruction Setに用意されており，シリアル・インターフェースからのコマンド操作で接続できます．接続に成功したときは，アクセス・ポイントからDHCPで取得したIPアドレスを表示します．

● Ambientサーバとのデータの送受信

AmbientではIoTのセンサ・データの送受信に，ネットワーク・プロトコルのHTTPを使用しています．Ambientサイトには，IoTのいろいろな言語環境に対応したデータ授受を行うためのライブラリ(https://ambidata.io/refs/)が用意されています．ここではPython/MicroPython用ライブラリ(Ambient.py)を使

図8 シリアル・インターフェース(UART)による送受信のデータ形式

リスト4　Wi-Fiネットワーク・モジュールをアクセス・ポイントに接続するプログラム

```
print("===START CONNECT===")          ← アクセス・ポイント
nreq.connect("SSID","PASSWORD")           への接続

class Nrequest:
  def __init__(self, uart, reset):
    self.uart = uart
    self.dbuf = b''
    self.reset = Pin(reset, Pin.OUT)
    self.reset.value(0)              ← Wi-Fiモジュ
    delay(1)                            ールの初期化
    self.reset.value(1)                 処理
    print('Wait->', end='')
    for count in range(5):
      print('->', end='')
      delay(1000)
    print()
    while True:
      try:
        res = self.atout('AT+CWMODE_CUR=1')
        if b'OK' in res:
          print("Open Network UART")
        else:
          print("Not Open UART")
        return
      except:
        pass
              ← UARTインターフェースの初期化処理
```

```
  def atout(self, cmd, timeout=3000):
    t_count = 0
    resp = b''
    self.uart.write(cmd+'\r\n')
    while True:
      if self.uart.any() != 0:
        res = self.uart.readline()
        resp += res
        if b'OK' in res:
          #print(resp)
          return resp
        if b'ERROR' in res:
          return b''
      if t_count==timeout:return "Command_rp Timeout"
      t_count += 1
      pyb.delay(1)            ← ATコマンド出力処理
                         ← Wi-Fiをステーション・モードに設定
  def connect(self, ssid, password, timeout=5000):
    self.atout('AT+CWMODE_CUR=1')
    res = self.atout('AT+CWJAP_CUR="%s","%s"' %
                      (ssid, password),timeout)
    #print(res)      ← 指定したアクセス・ポイントに接続
    if "CONNECTED" in res:print("WIFI CONNECTED")
    res = self.atout('AT+CIFSR', timeout)
    if "STAIP" in res:
      work = res.decode().split()[1]    ← 取得したIPアド
      print(work.split(':')[1])           レスの読み出し
```

用しました.

　ライブラリ内では，Python/MicroPythonのHTTP
プロトコルでのネットワーク・アクセス用に
urequest.pyが使われています．しかし，このままで
は本Wi-Fiモジュールを動かせません．

　そこで，今回作成したプログラムではurequest.py
からHTTPプロトコルを扱う機能を取り込んで
nrequest.pyを作成し，これを呼び出すことで，本Wi
-Fiモジュールを動かせるようにしました．Ambient.
pyライブラリのurequest.pyの呼び出し部分を**リスト
5**のように書き換えることで対応できます．

● Ambientサーバを利用する方法

　Ambientサーバを利用するためには，ユーザ登録（無
料）が必要です．ユーザ登録を行い，ログイン後の画
面（**図9**）でチャネルを追加します．

リスト5　HTTPプロトコルでのネットワーク・アクセス用ライブ
ラリを呼び出す部分

```
class Ambient:
  def __init__(self, nreq, channelId, writeKey,
  *args):
    try:                    ← 修正した部分
        #import nrequest
        self.requests = nreq
        self.micro = True
```

　ユーザ登録を行うとチャネルIDとリード・キー，
ライト・キーが通知されます．IDとキーを**リスト6**
に示すように指定します（チャネルは8個まで作れる）．
センサ・データの送信だけなら，リード・キーの指定
は省略できます．

　センサ・データの送信は，sendメソッドを使って
行います．1つのIDあたり，一度にd1 ～ d7まで8つ

図9　Ambientサーバを利
用するためには，ユーザ登
録（無料）が必要になる

のデータを送れます.

● Ambientクラウドへの気圧／気温データのログ

　IoTデータ・ロガーのメイン・プログラムp_tlogger.pyを**リスト7**に示します.これは,気圧／気温データのキーパッドLCDディスプレイ表示と,データを1分ごとにAmbientに送信するロガー・プログラムです.プログラムを動かすには次のようにします.

(1) IoTプログラミング学習ボードをパソコンにUSB接続すると,STM32F405RGマイコンのフラッシュ・メモリ領域がパソコンのドライブとして認識されます.

(2) 修正したAmbientライブラリ(Ambient.py),LCDライブラリ(LCD1602.py),nrequestライブラリ(nrequest.py)を(1)で認識されたフラッシュ・メモリにコピーします.

(3) p_tlogger.pyをmain.pyにリネームして,同様にフラッシュ・メモリにコピーします.

(4) プログラムのスタート前に,必ずSTM32F405RGのフラッシュ・メモリ領域のドライブをWindowsからアンマウントします.

(5) IoTプログラミング学習ボードのRESETボタンを押すと,書き込んだプログラムがスタートします.

リスト6　センサ・データをAmbientサーバに送信するプログラム

```
from ambient import Ambient
am=Ambient(チャネルID,'ライトキー') #
resp=am.send({'d1':気圧の値,'d2':気温の値})
if resp["status"]==200:
 print("Logging completed!")
```

データ送信用のオブジェクトを生成
気圧,気温データを送信
送信の正常終了(statusが200)を確認

リスト7　気圧／気温計測IoTロガーのメイン・プログラム

```
'''
*category  Micropython Library
*package   気圧、温度ロガー
*author    Ichiro Shirasaka
*copyright 2018 Ichiro Shirasaka All Rights Reserved
*version   1.0'''
def measure():
  global hpa, tmp, hpa_s, tmp_s, measure_count

  buf = i2c.mem_read(5,93,0x28)        センサからの読み出し
  hpa_s += (buf[2]*65536+buf[1]*256+buf[0])/4096
  tmp_s += (buf[4]*256+buf[3])/128
  measure_count += 1                   気圧,気温の換算
  if measure_count == 5:
    hpa = hpa_s / 5          測定データの平均
    tmp = tmp_s / 5
    measure_count = 0
    hpa_s = 0
    tmp_s = 0                           気圧のLCD表示
    lcd1602.lcd_string("PRES:%6.1fhpa" % hpa,0)
  if measure_count == 2:               気温のLCD表示
    lcd1602.lcd_string("TEMP:%6.1f%sC " %
                       (tmp,chr(0xdf)),1)
  else:
    lcd1602.lcd_string("TEMP:%6.1f%sC *" %
                       (tmp,chr(0xdf)),1)
                    LCD表示,データ送信用
def dispatch(t):    割り込みハンドラ
  global time_count, time_f, time_1m

  if time_count % 2 == 0:
    time_f = 1
  if time_count == 600:
    time_1m = 1
    time_count = 0
  time_count += 1


#Main routine    メイン処理
import pyb
from pyb import I2C, Timer

time_f = 0
```

```
time_1m = 0
time_count = 0
hpa = 0
tmp = 0
hpa_s = 0
tmp_s = 0
measure_count = 0
buf = bytearray(5)                     センサの初期化
i2c = I2C(1,pyb.I2C.MASTER)
i2c.mem_write(0x20,0x5d,0x10)          LCDライブラリの
from lcd1602 import Lcd1602            インポート
lcd1602 = Lcd1602('A15','B11','A4','C13',
                  'B8','B12','C7')
lcd1602.lcd_init()        LCDの初期化
lcd1602.lcd_string("Thermometer",0)
uart = pyb.UART(2,115200, timeout=3000,
                         read_buf_len=4096)
from nrequest import Nrequest    Wi-Fiネットワーク・
print("==気圧/温度ロガー ==")       ライブラリのインポート
nreq = Nrequest(uart, 'B1')
                UARTインターフェース,Wi-Fiモジュールのリセット・
                ピンを指定してネットワーク・オブジェクトを生成
print("===START CONNECT===")
nreq.connect("SSID","PASSWORD", timeout=10000)
                SSID,PASSWORDと接続待ち時間を設定
                してWi-Fiアクセス・ポイントに接続
print("===START LOGGING===")
from ambient import Ambient        Ambient処理の初期化
am = Ambient(nreq, ID, 'ライトキー ')
tim_100ms = Timer(1, freq=10)
tim_100ms.callback(dispatch)       タイマ割り込み設定

while True:
  if time_f != 0:       タイマ割り込みボトム・ハーフ処理
    measure()
    time_f = 0
  if time_1m != 0:
    time_1m = 0
    print("気圧:%6.1fhpa 気温:%2.1f℃" % (hpa, tmp),
                                         end="¥r")
    resp = am.send({'d1': hpa, 'd2': tmp})
    if resp.status_code == 200:
      print("Logging completed!")
```

Appendix 7

MicroPythonの設定と使い方

● MicroPythonを初心者に勧める理由

　Pythonは文法がシンプルで扱いやすい言語です．また，オブジェクト指向が使えるので，世の中に流通しているさまざまなライブラリを組み込むことで，高度な機能拡張が簡単に行えます．私は初心者の方に，Pythonとマイコン・ボードの組み合わせでプログラミングを始めることを推奨しています．

　MicroPythonは，メモリ容量の制限が厳しいマイコン・ボード上で動くように，Pythonの機能を制限したマイコン用インタプリタです．オーストラリアのダミアン・ジョージ氏が2013年に，STM32F405RGを使ったPyboardと呼ばれる開発ボード向けに開発しました．Pyboard以外にも多くのマイコン・ボード上で動作するので，組み込み制御プログラムとして利用できます．

　ネットワーク処理が必要なIoT用の制御プログラムでは，ネットワークとやりとりするためにさまざまな文字処理が必要です．MicroPythonの多彩な文字処理機能はプログラムを大幅に簡素化できます．また，インタプリタによるプログラミングはインタラクティブに（対話形式で）プログラムを動作でき，難しいネットワークやクラウドへの接続を少しずつ試しながら動作させることで理解を深めながらプログラミングできます．

　MicroPythonの特徴を以下に示します．

- Python3互換
- インタプリタなのでコンパイルすることなしに実行できる
- マイコン周辺機能にアクセスするためのライブラリを内蔵している
- REPL（Read-Eval-Print Loop）で1行ごとに実行可能

ARM-FirstへのMicroPython プログラムの書き込み

　ARM-Firstに搭載されているフラッシュ・メモリにMicroPythonを書き込むには，STマイクロエレクトロニクスが提供しているSTM32CubeProgrammerを使います．ST-LINKだけでなく，USB経由での書き込みもサポートしています．ARM-FirstにはST-LINK用のコネクタも用意されていますが，USBからのDFUモードによる書き込みなら，ボードをパソコンのUSBポートにつなぐだけでフラッシュ・メモリにMicroPythonインタプリタを書き込めます．

● バイナリ・イメージを入手する

　MicroPythonのダウンロード・サイトからバイナリ・イメージをダウンロードします．

　https://micropython.org/download/

　いろいろなマイコン向けのMicroPythonのバイナリ・イメージがありますが，ARM-First向けには，Pyboard用のバイナリ（PYBv1.1）を使用します．

● dfu形式をhexまたはbin形式に変換する

　バイナリ・イメージのファイルの拡張子がdfuです．STM32CubeProgrammerではdfu形式のファイルは扱えないので，hexまたはbin形式に変換します．

　dfuからhexまたはbinに変換するには，以下のURLからダウンロードできる「DFU File Manager（STSW-STM32080）」を使用します（図1）．

　https://www.st.com/ja/development-tools/stsw-stm32080.html

● DFUモードでバイナリ・イメージを書き込む

　USBケーブルをパソコンに接続し，ボード上のボタンを操作してARM-FirstをDFUモードにします．

図1　DFU File Managerによるdfu→hex変換

この状態でSTM32CubeProgrammerを立ち上げてUSBで「Connect」を実行します．接続したら，先ほど変換したhexまたはbinファイルのパスを入力して[Start Programming]ボタンを押すと，フラッシュ・メモリへの書き込みができます編注．

● リセットを実行する

書き込みが終わってリセット・ボタンを押すと，MicroPythonが起動して，Windowsから仮想COMポートと外部ストレージを認識できます．仮想COMポートにTera Termなどのターミナル・ツールをつなぐことで，インタラクティブにMicroPythonの操作を行えます．仮想COMポートのボー・レートは115200bpsです．

REPL（対話型評価環境）による プログラムの実行

C言語やArduinoスケッチなどのコンパイラ言語では，プログラムの作成や実行は「プログラムの入力→コンパイル→フラッシュの書き込み→実行」など，いくつかの手順を踏む必要があります．MicroPythonには対話しながらプログラミングができるREPLが組み込まれており，「>>>（プロンプト）」の後に命令を1行入力するとすぐに実行されます．

例えば，以下のように計算式を入力して[Enter]を押すと，直ちに実行されて計算結果を出力します．

```
>>> 10/3
3.333333
>>> 2**64          ← **はべき乗の演算
18446744073709551616  ← 整数計算は桁数の制限がない
```

if文，while文，for文などの条件文，繰り返し文は，文を入力してすぐには実行されず，ブロックを抜ける指示を行ってから実行されます．

編注：STM32CubeProgrammerのバージョンやPC環境によって挙動に違いがある可能性がある．書き込みがうまくいかない場合は，ツールのバージョンなどを変えて試してみていただきたい．

まとまったプログラムを 作成/実行する場合

● 長いプログラムはファイルとして保存，転送する

短いプログラムの場合はREPLを使ったプログラム入力が簡便で良いのですが，長いプログラムを入力する場合は，REPLではプログラムの修正や実行が面倒です．

長いプログラムを作成するときは，以下のような手順でプログラムを実行すると効率的です．

(1) パソコン上のエディタでプログラムを入力し，テキスト・ファイルとして保存する
(2) パソコンから外部ストレージとして見えているフォルダにプログラムをコピーする
(3) ボードのRESETボタンを押してプログラムを実行し，動作を確認する

● テキスト・エディタ「Notepad++」

エディタはどのようなものでも使えますが，作成したプログラムにエラーがあったときにエラー箇所を特定する行番号を表示できるものが必須です．筆者は，下記のURLからダウンロードできるフリーのテキスト・エディタ「Notepad++」を使用しています．

https://notepad-plus-plus.org/

エディタは使用する前に，文字コード（UTF-8）や改行コード（LF，つまりUnixフォーマット），デフォルトの言語（Python），タブ幅（4，スペースで置換）などを設定します（図2）．

● プログラムのファイル名と実行順序

MicroPythonは，外部ストレージおよび認識しているフラッシュ・メモリ上のファイル（SDカードを挿入している場合はSDカード上のファイル）を，boot.py→main.pyの順に実行します．

Notepad++で作成したプログラム・ファイル（仮にtest.pyとする）をフラッシュ・メモリなどにコピーします．次にmain.pyをエディタで開いて，以下のような起動用の指定を書き込んでおきます．

```
exec(open('test.py').read(), globals())
```

これでRESETボタンを押すとtest.pyが実行できます．　　　　　　　　　　　　　　　　〈白阪 一郎〉

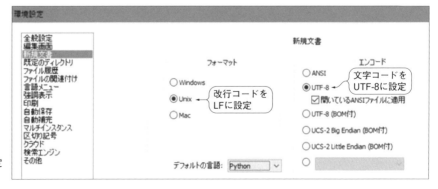

図2　エディタの環境設定を行う（Notepad++の例）

Appendix 8

MicroPythonによる周辺I/Oの動かし方

MicroPython(Pyboard用)では，pybモジュールをインポートすることで，さまざまなI/Oをプログラムから扱えるようになります．

pybモジュールがサポートしている機能を調べるには，REPL(対話型評価環境)の「>>>」に以下の命令を入力します(図1).

```
import pyb
help(pyb)
```

ディジタル / アナログ入出力機能の使い方

● GPIO(ディジタル入出力機能)

GPIOは，pybモジュールのPinクラスのオブジェクトを作成して操作します．

```
import pyb
変数 = pyb.Pin("ピン番号",pyb.Pin.ピンモード)
  または
from pyb import Pin
変数 = Pin("ピン番号", Pin.ピンモード)
    ただし，
      ピン番号：CPUピン名のPA15などから
               Pを除いたもの
      ピンモード：IN / OUT / OPEN_DRAIN /
                PULL_UP / PULL_DOWN
```

例として，LED(緑)とLED(黄)を交互にON/OFFするプログラムをリスト1に示します．このプログラムは，[Ctrl]-[C] で終了します．

● ADC(A-D変換機能)

A-D変換は，ADCクラスのオブジェクトを作成して操作します．変数.read()で変換値を読み出せます．

```
>>> import pyb
>>> help(pyb)
object <module 'pyb'> is of type module
  __name__ -- pyb
  fault_debug -- <function>
  bootloader -- <function>
  hard_reset -- <function>
  info -- <function>
  unique_id -- <function>
  freq -- <function>
  repl_info -- <function>

  Timer -- <class 'Timer'>
  rng -- <function>
  RTC -- <class 'RTC'>
  Pin -- <class 'Pin'>
  ExtInt -- <class 'ExtInt'>
  pwm -- <function>
  servo -- <function>
  Servo -- <class 'Servo'>
  Switch -- <class 'Switch'>
  Flash -- <class 'Flash'>
  SD -- <SDCard>
  SDCard -- <class 'SDCard'>
  LED -- <class 'LED'>
  I2C -- <class 'I2C'>
  SPI -- <class 'SPI'>
  UART -- <class 'UART'>
  CAN -- <class 'CAN'>
  ADC -- <class 'ADC'>
  ADCAll -- <class 'ADCAll'>
  DAC -- <class 'DAC'>
  Accel -- <class 'Accel'>
  LCD -- <class 'LCD'>
>>>
```

図1　REPLにてpybモジュールの機能一覧を表示した

リスト1　LED(緑)とLED(黄)を交互にON/OFFするプログラム

```
from pyb import Pin          ← pybモジュールのPinクラスをインポート
import time                  ← timeモジュールをインポート
led_green = Pin("B4", Pin.OUT)    ← PB4ピンを出力に設定(緑LEDに接続)
led_yellow = Pin("A15", Pin.OUT)  ← PA15ピンを出力に設定(黄LEDに接続)
while True:                  ← 以下を永久ループ
    led_green.value(1)       ← PB4ピンをHighに
    led_yellow.value(0)      ← PA15ピンをLowに
    time.sleep(0.5)          ← 0.5秒待ち
    led_green.value(0)       ← PB4ピンをLowに
    led_yellow.value(1)      ← PA15ピンをHighに
    time.sleep(0.5)          ← 0.5秒待ち
```

リスト2　押したボタンに対応する出力を読み出すプログラム

```
from pyb import ADC, Pin
from time import sleep
a0 = ADC(Pin("A0"))      ← PA0ピンを指定
while True:
    print("BTN:%d" % a0.read())   ← A-D変換値の読み出し
    sleep(1)
```

表1 タイマ出力指定

タイマ番号	出力ピン番号			
	チャネル1	チャネル2	チャネル3	チャネル4
TIM1	PA8	PA9	PA10	PA11
TIM8	PC6	PC7	PC8	PC9
TIM2	PA0 / PA5	PA1 / PB3	PA2 / PA10	PA3 / PB11
TIM3	PA6 / PB6 / PC6	PA7 / PB5 / PC7	PB0 / PC8	PB1 / PC9
TIM4	PB6	PB7	PB8	PB9
TIM5	PA0	PA1	PA2	PA3
TIM9	PA2	PA3	–	–
TIM10	PB8	–	–	–
TIM11	PB9	–	–	–
TIM12	PB14	PB15	–	–
TIM13	PA6	–	–	–
TIM14	PA7	–	–	–

リスト4 LEDを2秒間隔で点滅させるプログラム

```
from pyb import Pin
import time
b4 = Pin("B4", Pin.OUT)
while True:
    b4.value(1)        ← PB4ピンをHighに
    time.sleep(1)      ← 1秒待ち
    b4.value(0)        ← PB4ピンをLowに
    time.sleep(1)      ← 1秒待ち
    print(time.ticks_ms())
```

リスト3 圧電スピーカを指定の周波数で鳴らすプログラム

```
from pyb import Pin, Timer
tim = Timer(2, freq=1000)    ← タイマ番号2, 周波数1000Hz
ch = tim.channel(1, Timer.PWM, pin=Pin("A5"))    ← チャネル1, PA5から出力
ch.pulse_width_percent(50)   ← デューティ比50%
tim = Timer(2, freq=500)     ← 500Hz
tim = Timer(2, freq=100)     ← 100Hz
tim = Timer(2, freq=0)       ← 出力停止
```

変数 = ADC(Pin("ピン番号"))

例として，ARM-FirstにLCDキーパッド・シールドを載せ，押したボタンに対応する出力を読み出すプログラムをリスト2に示します（LEDキーパッド・シールドの押しボタンとボードのA-Dコンバータの接続は，第5部 Appendix 3の図1を参照のこと）．

● PWM（パルス幅変調機能）

PWMは，STM32F405RGのタイマ出力を指定して操作します．表1に示すように，STM32F405RGは12個のタイマを持っており，それぞれCH1～CH4のチャネルが表1に示す出力ピンに対応しています．そこで，PWM出力したい出力ピンに対応するタイマ番号とチャネル番号を以下のように指定することで，PWMの周波数［Hz］とデューティ比［%］を設定できます．

```
from pyb import Pin, Timer
変数1 = Timer(タイマ番号, freq=周波数)
変数2 = 変数1.channel(チャネル番号,Timer.PWM,
                    pin=Pin("ピン番号"))
変数2.pulse_width_percent(デューティ比)
```
　ただし，
　　タイマ番号：1～14("TIM"の文字は除く)
　　チャネル番号：1～4

例として，PA5に圧電スピーカを接続して指定の周波数で鳴らすプログラムをリスト3に示します．

● time（時間制御機能）

timeは一定時間プログラムの走行を停止させたり，プログラムの実行時間を表示します．

```
import time
time.sleep(秒)
```

( )内に指定した時間だけ，プログラムの動作を待たせることができます．

- time.sleep(秒)
- time.sleep_ms(ミリ秒)
- time.sleep_us(マイクロ秒)

また，マイコン・ボードを起動したときからの時間経過を，指定した単位で表示できます．

- time.time(秒)
- time.ticks_ms(ミリ秒)
- time.ticks_us(マイクロ秒)

例として，LEDを2秒間隔で点滅させるプログラムをリスト4に示します．

割り込みの使い方

● タイマ割り込み

pybモジュールのTimerクラスを使うと，callback関数を使ったタイマ割り込みができます．次のように設定します．

```
from pyb import Timer
変数 = Timer(タイマ番号, freq=周波数)
変数.callback(割り込み関数名)
```

リスト5 割り込みを使用して
LEDをON/OFFするプログラム

```
from pyb import Pin, Timer
b4 = Pin("B4", Pin.OUT)

def ledon_off(t):          ← LED ON/OFFコールバック・ルーチン
    b4.value(not b4.value())   ← 割り込むたびにLEDのON/OFFが反転

tim = Timer(1)    ← タイマ番号に1を指定
tim.init(freq=0.5)    ← 割り込みは2秒間隔とする
tim.callback(ledon_off)    ← 割り込み設定
```

リスト6 キーボードから入力した文字をUARTで折り返して画面に表示するプログラム

```
from pyb import UART
uart = UART(2, baudrate=115200, parity= None, bits= 8, stop=1)    ← 初期設定（UART2を使う. PA2が送信, PA3が受信となる）
while True:
    txdata = input('tx:')    ← キーボードからテキスト割り込み設定
    print("%dByte out" % uart.write(txdata))    ← UARTで送信し, 送信バイト数を表示
    while uart.any() == 0: pass    ← 受信待ち
    rxdata = uart.read()    ← 受信したデータを読み出す
    print("rx:%s" % rxdata.decode())    ← 受信したデータをデコードし, 文字として表示
```

def 割り込み関数名(t): //タイマ・オブジェクトを
　　　　　　　　　　　　引き数とした関数の処理

　ただし, タイマ番号：1 ～ 14

　タイマ番号に1を指定し割り込みを2秒に設定したい場合は, 次のようになります.

```
from pyb import Timer
tim = Timer(1)        //タイマ番号に1を指定
tim.init(freq=0.5) //割り込み間隔を2秒に設定
tim.deinit()          //割り込みを解除する
```

　例として, タイマ割り込みを使用してLEDをON/OFFするプログラムを**リスト5**に示します.

周辺インターフェース制御機能の使い方

　STM32F405RG に内蔵されているI/Oインターフェースを MicroPython から動かしてみましょう.

● UARTを使う

　STM32F405RGにはUARTインターフェースが6ポートあります. UARTの初期設定では, 使用するピンの指定（バス番号の指定）やボー・レートなどを, 次のように設定します.

```
from pyb import UART
uart = UART(バス番号, baudrate=転送レート,
        bits=ビット幅, parity=パリティ指定,
            stop=ストップ指定)
```

　ただし,

　　バス番号：1 ～ 6

　　ビット幅：7 / 8 / 9 [ビット]

　　パリティ指定：None / 0(偶数) / 1(奇数)

　　ストップ指定：1 / 2 [ビット]

▶ メソッド例

● uart.read(10)　　//10文字を読み出す

● uart.read()//受信した文字を全て読み出す

● uart.readline()　//1行を読み出す

● uart.readinto(buf)//bytearray bufに読み出す

● uart.write('abc')　//3文字を書き込む

● uart.any()//受信したデータのバイト数を返却.
　　　　　　　　　データがない場合は0を返却

【参考】https://docs.micropython.org/en/latest/
pyboard/library/pyb.UART.html

　例として, キーボードから入力した文字をUARTで折り返して画面に表示するプログラムを**リスト6**に示します. UARTのピンはPA2, PA3を使用しています(UART2を指定した). このピンをジャンパ線で接続することで, UARTのTX出力を折り返してRXで受信できます.

● SPIを使う

　汎用のSPIインターフェースは3ポート搭載されています. SPIの初期設定では, SPIインターフェースの指定, 転送レート, SPIモード（マスタ, スレーブ）などを, 次のようにして設定します.

```
from pyb import SPI
spi = SPI(id, モード, baudrate = 転送レート,
            polarity = クロック極性,
            phase = クロック位相,
            bits = ビット数指定,
            firstbit = エンディアン指定)
```

　　ただし,

リスト7 キーボードから入力した文字をSPIで折り返して画面に表示するプログラム

```
from pyb import SPI
spi=SPI(1, SPI.MASTER, baudrate=1000000)          ← SPIの初期化
while True:
    txdata = input("tx:")                          ← キーボードから送信するデータを入力
    buf = bytearray(len(txdata))                   ← 送信バイト数分の，受信用バッファを定義
    spi.write_readinto(txdata, buf)                ← txdataを送信し，折り返されたデータをbufに入れる
    print("rx:%s" % bytes(buf).decode())           ← バッファの内容を文字に変換
```

リスト8 I²Cインターフェースの加速度センサを読み出すプログラム

```
import pyb,time
buf = bytearray(6)
i2c = pyb.I2C(1, pyb.I2C.MASTER)                    ← I2Cの初期化
i2c.mem_write(0x30, 107, 0x10)                      ← 加速度センサ測定開始（52Hz）
while(True):
    buf = i2c.mem_read(6, 107, 0x28)                ← 加速度センサ読み出し(X, Y, Z)
    accex = buf[1]
    accey = buf[3]
    accez = buf[5]                                                 ← センサ値を出力
    print("acx:%3d acy:%3d acz:%3d"%(accex,accey,accez), end="\r")
    time.sleep(0.5)
```

id：識別名(1 / 2 / 3)
モード：SPI.MASTER / SPI.SLAVE
クロック極性：0 / 1
クロック位相：0 / 1
ビット数指定：8
エンディアン指定：SPI.MSB / SPI.LSB

▶メソッド例
● spi.read(10)　//10バイトを読み出す
● spi.read()　//受信したバイトを全て読み出す
● spi.readinto(buf)　//bytearray bufを読み出す
● spi.write(buf)　//bytearray bufに書き込む
● spi.write_readinto(write_buf, read_buf)
　　　　　　// 書き込みと読み出しを同時に実行
● spi.deinit()　　　//SPIをdisable
● spi.init(……)　// 記述内容は初期化時と同じ
【参考】https://docs.MicroPython.org/en/latest/
library/pyb.SPI.html

　例として，キーボードから入力した文字をSPIで折り返して画面に表示するプログラムを**リスト7**に示します．SPIのピンはsck：PA5, miso：PA6, mosi：PA7を使用しています(SPI1を指定した)．misoとmosiをジャンパ線で接続しておくと，折り返してSPIインターフェースを動かすことができます．

● I²Cを使う
　I²Cインターフェースは，STM32F405RGには3ポート搭載されています．I2Cの初期設定では，使用するピンの指定や転送レートなどが設定できます．
```
from pyb import I2C
i2c = I2C(バス番号，モード)
i2c.init(addr = スレーブ・アドレス,
              baudrate = 周波数)
```

ただし，
　バス番号：1 ～ 3
　モード：I2C.MASTER / I2C.SLAVE
▶メソッド例
● i2c.scan()　　//接続されている機器の
　　　　　　　　　スレーブ・アドレスを表示する
● i2c.readfrom(0x3e, 10)
　　//スレーブ・アドレス0x3eから10バイト読み出す
● i2c.readfrom_into(0x3e, buf)
　　//スレーブ・アドレス0x3eからbufに読み出す
● i2c.writeto(0x3e, buf)
　　//スレーブ・アドレス0x3eにbufから書き込む
● i2c.readfrom_mem(0x3e, 0x40, 10)
　　//スレーブ・アドレス0x3eにスタート・アドレス
　　　0x40を出力して10バイト読み出す
● i2c.readfrom_mem_into(0x3e, 0x40, buf)
　　//スレーブ・アドレス0x3eにスタート・アドレス
　　　0x40を出力してbufに順次データを読み出す
● i2c.writeto_mem(0x3e, 0x40, buf)
　　//スレーブ・アドレス0x3eにスタート・アドレス
　　　0x40を出力してbuf内のデータを順次書き込む
【参考】https://docs.MicroPython.org/en/latest/
library/pyb.I2C.html

　例として，I²Cインターフェースに接続した加速度センサの値(X, Y, Z)を読み出すプログラムをリスト8に示します．

マイクロSDカードの使い方

　ARM-Firstにおいて，MicroPythonからマイクロSDカードを使用するには次のようにします．
　マイクロSDカードをソケットに挿入してRESET

ボタンを押すと，自動的にルートにマウントされます．そこで，次のようにパスを指定することで，SDカード上のファイルとフラッシュ・メモリ上のファイルを指定できます．

    /sd　　：マイクロSDカード
    /flash：フラッシュ・メモリ

リセット時にSDカードが挿入されていない場合は，自動的にマウントされないため，次のように手動でマウントして使用します．

```
import os, pyb
sd = pyb.SDCard()
os.mount(sd, '/sd')
os.listdir()
        //フラッシュ・メモリ上のファイルを表示
os.listdir('/sd')
        //マイクロSDカード上のファイルを表示
```

この場合は，ルートにはフラッシュ・メモリが，/sdにはマイクロSDカードがマウントされます．

● ファイルの入出力

MicroPythonもPython3と同じようにファイル入出力の操作ができます．

```
変数 = open('ファイル・パス名',
    mode='モード指定',
    buffering=バッファリング指定,
    encoding='エンコーディング指定')
```
ただし，

　モード指定：r / w / a / b(開くモードを指定
　　　　　　　　する．rはリード・モード，wは
　　　　　　　　ライト・モード，aはアペンド・
　　　　　　　　モード，bはバイナリ・モード)
　バッファリング指定：0 / 1 / 2以上
　　　　　　　　　　(0はバッファリングなし，
　　　　　　　　　　1はライン・バッファリング，
　　　　　　　　　　2以上はフル・バッファリングで
　　　　　　　　　　これがデフォルト)
　エンコーディング：shift-jis / euc_jp / utf-8
　　　　　　　　　　　　　　　　　　　　　　など

▶メソッド例
● 変数.read(10)　　//10バイト読み出す
● 変数.read()　　//ファイル全て読み出す
● 変数.readline()　//1行読み出す
● 変数.readlines()
　　　　　　//読み出した複数行のリストを返す

リスト9　シンプルな気圧/温度ログ・プログラム

```
from pyb import I2C, RTC
import time, pyb, os

buf = bytearray(5)
i2c = I2C(1, pyb.I2C.MASTER)         ←（I2Cの初期化）
i2c.mem_write(0x20, 93, 0x10)        ←（センサの初期化）
rtc = RTC()
date = input("year,month,day,hour,minutes...").split(",")  ←（現在時刻を入力）
date.insert(3,0)
date += [0,0]
rtc.datetime([int(dt) for dt in date])  ←（RTCに現在時刻を設定）
fp = open("log.txt","w")             ←（ファイルをオープン）
sb = 0
count = 120
while True:
    h = rtc.datetime()[4]
    m = rtc.datetime()[5]            ←（時，分，秒の読み出し）
    s = rtc.datetime()[6]
    if s != sb:                      ←（1秒経過の判断）
        buf = i2c.mem_read(5, 93, 0x28)   ←（センサの読み出し）
        hpa = (buf[2]*65536+buf[1]*256+buf[0])/4096   ←（気圧/気温データの変換）
        tmp = (buf[4]*256+buf[3])/128
        data = "時刻:%02d:%02d:%02d 気圧:%6.1fhpa 気温:%5.1fC\n" % (h, m, s, hpa, tmp)
        print(data, end="")                                           ←（2分間ログ）
        len = fp.write(data)         ←（気圧/気温データのファイルへの書き込み）
        sb = s
        count -= 1
        if count == 0: break
fp.close()                           ←（ファイルをクローズ）
```

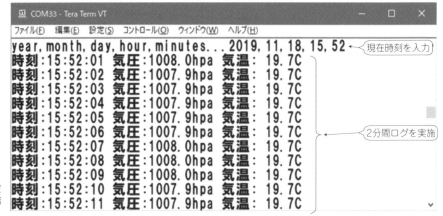

図2 シンプルな気圧/温度
ログ・プログラムの実行結
果

- 変数.readinto(buf) //bytearray bufに読み出す
- 変数.write(buf) //bytearray bufを書き込み
- 変数.seek(100) //ファイルの現在位置を
  先頭から100バイトにする
- 変数.seek(0,2) //ファイルの現在位置を
  ファイル終端にする
- 変数.tell() //ファイルの現在位置を返す

● **RTC**(リアルタイム・クロック)

pybモジュールのRTCクラスを使用することで,STM32F405RGに内蔵されているリアルタイム・クロックを動作できます.

リアルタイム・クロックの値は,関数を使って読み出して利用するほかに,マイクロSDカードなどに書き込むファイルのタイムスタンプにも使用されます.

したがって,マイクロSDカードなどにファイルを書き込む場合は,リアルタイム・クロックを次のように設定してください.

```
from pyb import RTC
変数 = RTC()
変数.datetime(カレンダ+時刻)
```

ただし,

カレンダ+時刻:(year, month, day, wday,
　　　　　　　 hour, minute, second, millisecond)

wday:1~7(月曜~日曜の曜日を示す)

datetimeの引き数として,カレンダ+時刻をタプルで指定します.タプルとはデータ構造の1つであり,リストと同じように複数の値を持てます.ただし,リストとは違い,要素の変更ができません.

datetimeの引き数を指定しないときは,現在のRTCの値をタプルで出力します.

設定例を以下に示します.

```
from pyb import RTC
rtc = RTC()
rtc.datetime((2019,1,7,1,13,15,0,0))
        //2019年1月7日(月)13時15分0秒を設定
rtc.datetime()
```

シンプルな気圧/温度 ログ・プログラム

最後に,気圧と温度を記録するプログラムを紹介します.**リスト9**は,気圧センサ(不良解析用に温度計測機能も備えている)[注1]の値を,タイムスタンプ付きで1秒ごとにSDカード内のログ・ファイル(log.txt)に保存するプログラムです.

プログラムが起動するとリアルタイム・クロックの時刻合わせの入力指示があるので,指示に従って現在時刻を入力します.リアルタイム・クロックは,時刻合わせを行うと電源をOFFするまでは計時を継続します.リセットしても時刻の初期化は行われません.

マイクロSDカードを挿入して起動してください.マイクロSDが挿入されていない場合は,フラッシュ・メモリに書き込まれます.プログラムは2分間,気圧と温度のログを行い,終了します(**図2**).

〈白阪 一郎〉

◆参考文献◆
(1) pyboard 用クイックリファレンス,https://micropython-docs-ja.readthedocs.io/ja/latest/pyboard/quickref.html

---

注1:この気圧センサが備える温度計測機能はあくまでも不良解析用であり,アプリケーションに使用することは想定されていない.

索 引

サポート・ページのご案内

本書についての情報を，以下のWebページにまとめています．

https://shop.cqpub.co.jp/hanbai/books/MTR/MTRZ202110.html

　本書で紹介したプログラムのサンプル・コードも，こちらのWebページからダウンロードできます．自分で入力したプログラムがうまく動かない場合などに参考にしてみてください．また，紙面では一部しか掲載できなかったソース・コードの全文を確認できます．

※プログラムはすべて著者のもとで動作を確認済みですが，開発環境のバージョンの違いなどにより，挙動に違いがある可能性があります．あらかじめご了承ください．

※プログラムの著作権は，各著作権者にあります．また，プログラムやデータにバグや欠陥があったとしても，著作権者とＣＱ出版(株)は，修正や改良の義務を負いません．

〈著者一覧〉 五十音順

大中 邦彦 （おおなか・くにひこ）

塩川 暁彦 （しおかわ・あきひこ）

白阪 一郎 （しらさか・いちろう）

高梨 光 （たかなし・ひかる）

永原 柊 （ながはら・しゅう）

新里 祐教 （にいさと・ひろたか）

原 文雄 （はら・ふみお）

- ●**本書記載の社名，製品名について** ── 本書に記載されている社名および製品名は，一般に開発メーカーの登録商標または商標です．なお，本文中では ™，®，© の各表示を明記していません．
- ●**本書掲載記事の利用についてのご注意** ── 本書掲載記事は著作権法により保護され，また産業財産権が確立されている場合があります．したがって，記事として掲載された技術情報をもとに製品化をするには，著作権者および産業財産権者の許可が必要です．また，掲載された技術情報を利用することにより発生した損害などに関して，CQ出版社および著作権者ならびに産業財産権者は責任を負いかねますのでご了承ください．
- ●**本書に関するご質問について** ── 文章，数式などの記述上の不明点についてのご質問は，必ず往復はがきか返信用封筒を同封した封書でお願いいたします．勝手ながら，電話での質問にはお答えできません．ご質問は著者に回送し直接回答していただきますので，多少時間がかかります．また，本書の記載範囲を越えるご質問には応じられませんので，ご了承ください．
- ●**本書の複製等について** ── 本書のコピー，スキャン，デジタル化等の無断複製は著作権法上での例外を除き禁じられています．本書を代行業者等の第三者に依頼してスキャンやデジタル化することは，たとえ個人や家庭内の利用でも認められておりません．

JCOPY 〈出版者著作権管理機構 委託出版物〉
本書の全部または一部を無断で複写複製（コピー）することは，著作権法上での例外を除き，禁じられています．本書からの複製を希望される場合は，出版者著作権管理機構（TEL：03-5244-5088）にご連絡ください．

定番 STM32 で始める IoT 実験教室

2021 年 10 月 1 日発行

© 白阪 一郎 / 永原 柊 / 大中 邦彦 / 新里 祐教 / 原 文雄 / 塩川 暁彦 / 高梨 光 2021

著 者 　白阪 一郎 　　永原 柊
　　　　大中 邦彦 　　新里 祐教
　　　　原 文雄 　　　塩川 暁彦
　　　　高梨 光

発行人 　小 澤 拓 治
発行所 　C Q 出 版 株 式 会 社
〒112-8619 東京都文京区千石 4-29-14
電話 　販売 　03-5395-2141
　　　　広告 　03-5395-2131

定価は表紙に表示してあります
無断転載を禁じます
乱丁，落丁本はお取り替えします
Printed in Japan

編集担当 　平岡 志磨子
表紙 　西澤 賢一郎
DTP 　株式会社啓文堂
印刷・製本 　三共グラフィック株式会社